工业机器人操作与编程

主　编　陈　艳　金烜旭
副主编　谷兴文　全扣高　刘牧歌

北京理工大学出版社
BEIJING INSTITUTE OF TECHNOLOGY PRESS

内 容 简 介

本书以安川工业机器人为研究对象，全书内容共7章，分别为工业机器人概述、安全教育、安川工业机器人产品系列及选型、工业机器人的硬件系统、工业机器人运维知识、搬运的操作与编程、码垛的操作与编程。本书通过详细的图解，对安川工业机器人的操作、编程、日常维护与保养的方法等内容进行介绍，并通过两个工业机器人实例工作站将前面的知识点融会贯通，帮助读者了解工业机器人的硬件系统构成，使读者能够掌握工业机器人操作、编程、日常维护与保养的具体操作方法。

本书适合职业本科自动化技术与应用、机械设计制造及自动化、机器人技术及其他相关专业学生使用，也可供相关行业工程技术人员和研究人员参考。

图书在版编目（CIP）数据

工业机器人操作与编程 / 陈艳，金烜旭主编.

北京：北京理工大学出版社，2024.6

ISBN 978-7-5763-4195-9

Ⅰ. TP242.2

中国国家版本馆 CIP 数据核字第 2024SD8731 号

责任编辑：陆世立　　**文案编辑**：李　硕

责任校对：刘亚男　　**责任印制**：李志强

出版发行 / 北京理工大学出版社有限责任公司

社　　址 / 北京市丰台区四合庄路 6 号

邮　　编 / 100070

电　　话 / （010）68914026（教材售后服务热线）

（010）68944437（课件资源服务热线）

网　　址 / http://www.bitpress.com.cn

版 印 次 / 2024 年 6 月第 1 版第 1 次印刷

印　　刷 / 涿州市新华印刷有限公司

开　　本 / 787 mm×1092 mm　1/16

印　　张 / 12.5

字　　数 / 294 千字

定　　价 / 89.00 元

前言

工业机器人是自动化生产线、智能制造车间、数字化工厂以及智能工厂的重要基础设备。高端制造需要工业机器人，产业转型升级也离不开工业机器人。

党的二十大明确指出：“努力培养造就更多卓越工程师、高技能人才”。为了满足智能制造背景下装备制造业人才培养的需求，辽宁理工职业大学以产教融合、校企合作为改革方向，校企双方共同制订人才培养方案和课程标准，使职业教育紧跟产业结构调整升级。由于工业机器人技术复杂，种类繁多，工业机器人的“使用难”“维修难”问题已经成为目前影响工业机器人有效利用的首要问题，本书就是为解决以上问题而编写的。

本书遵循职业教育规律，充分考虑职业院校学生的学习特点，精心规划教学内容，全书言简意赅、图文并茂、通俗易懂，使学生能够在较短的时间内掌握生产现场最需要的工业机器人应用技术，开阔视野，激发他们研究机器人的兴趣。

本书由辽宁理工职业大学工业机器人技术专业领域资深一线教师和苏州富纳艾尔科技有限公司的技术专家共同编写而成。本书在编写过程中坚持课程改革新理念，具有以下特色。

（1）以技能操作培养为主线。

本书按照工业机器人的应用特点，从工业机器人的实际结构出发，以技能操作培养为主线来编写，突出实践性特点。

（2）企业专家把关，确保技术的先进性和权威性。

书中涉及的主要技术资料均来自企业，搬运、码垛的操作与编程是以苏州富纳艾尔科技有限公司自主研发的机械手实训设备为载体，通过两个真实案例，将全书知识点贯穿其中。

编者在编写本书的过程中参阅了国内外相关资料，在此向原作者表示衷心感谢！由于工业机器人技术发展迅速，加之编者水平有限，书中难免有疏漏之处，恳请广大读者批评指正。

编　者

2023年10月

目录

第1章

工业机器人概述

1.1 工业机器人的发展情况

1.1.1 国外的发展情况

国外工业机器人技术的发展经历了以下3个阶段。

1. 产生和初步发展阶段（1958—1970年）

工业机器人领域的第一件专利由乔治·德沃尔在1958年申请，名为“可编程的操作装置”。约瑟夫·恩格尔伯格对此专利很感兴趣，联合德沃尔在1959年共同制造了世界上第一台工业机器人，他们称之为Robot，含义是“人手把着机械手，把应当完成的任务做一遍，机器人再按照事先教给它们的程序进行重复工作”。因为这台机器人主要用于工业生产的铸造、锻造、冲压、焊接等领域，所以称为工业机器人，如图1-1所示。

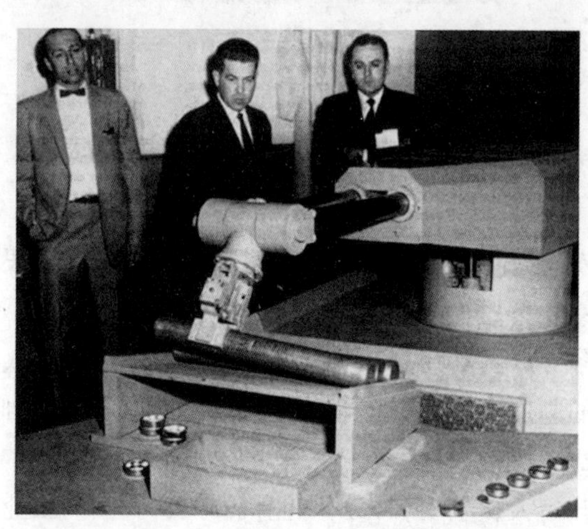

图1-1 世界上第一台工业机器人

2. 技术快速进步与商业化规模运用阶段（1970—1984年）

这一时期的技术相较于此前有很大进步，工业机器人开始具有一定的感知功能和自适应能力，并可以离线编程，还可以根据作业对象的状况改变作业内容。伴随着技术的快速进步，这一时期的工业机器人在商业运用上迅猛发展，工业机器人的“四大家族”——库卡（KUKA）、ABB、安川（YASKAWA）、发那科（FANUC）公司分别在1974年、1976年、1978年和1979年开始了全球专利的布局，如图1-2所示。

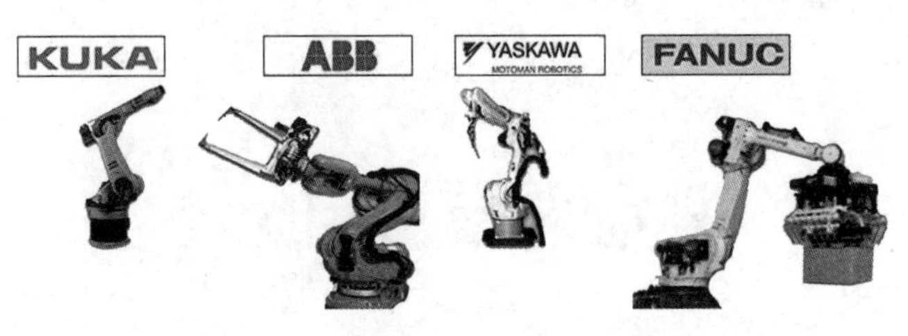

图1-2 “四大家族”工业机器人

3. 智能机器人阶段（1985年至今）

智能机器人带有多种传感器，可以将传感器得到的信息进行融合，有效地适应变化的环境，因而具有很强的自适应能力、学习能力和自治功能。在2000年以后，美国、日本等国都开始了智能军用机器人研究。2002年，美国公司和日本公司共同申请了第一件“波士顿机械狗”（Boston Dynamics Big Dog）智能军用机器人专利，如图1-3所示。

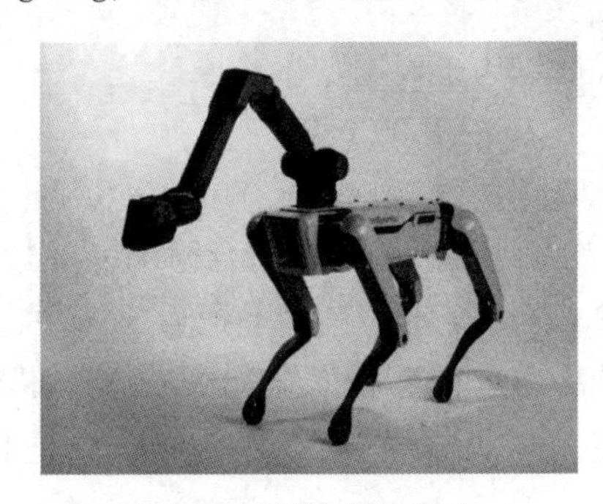

图1-3 波士顿机械狗

1.1.2 国内的发展情况

我国的工业机器人发展起步相对较晚，大致可分为以下4个阶段。

1. 理论研究阶段（20世纪70年代—80年代初）

由于当时国家经济条件等因素的制约，我国主要从事工业机器人基础理论的研究，在机构学等方面取得了一定的进展，为后续工业机器人的研究奠定了基础。

2. 样机研发阶段（20世纪80年代中后期）

随着工业发达国家开始大量应用和普及工业机器人，我国的工业机器人研究得到政府的重视和支持，国家组织了对工业机器人需求行业的调研，投入大量的资金开展工业机器人的研究，并进行了样机开发。

3. 示范应用阶段（20世纪90年代）

我国在这一阶段研制出平面关节型统配机器人、直角坐标机器人、弧焊机器人、点焊机器人等7种工业机器人系列产品，102种特种机器人，实施了100余项机器人应用工程。为

了促进国产机器人的产业化，我国还在20世纪90年代末建立了9个机器人产业化基地和7个科研基地。

4. 初步产业化阶段（21世纪以来）

《国家中长期科学和技术发展规划纲要（2006—2020年）》突出增强自主创新能力这一条主线，着力营造有利于自主创新的政策环境，加快促进企业成为创新主体，大力倡导以企业为主体，产学研紧密结合。国内一大批企业或自主研制，或与科研院所合作，加入了工业机器人研制和生产行列，我国工业机器人进入初步产业化阶段。

在国内密集出台的政策和不断成熟的市场等多重因素驱动下，工业机器人增长迅猛。根据测算，近五年中国工业机器人市场规模始终保持增长态势，预计2024年中国工业机器人市场规模将进一步扩大，超过110亿美元。

1.2　工业机器人的发展方向

工业机器人在许多生产领域的应用实践证明，它在提高生产自动化水平，提高劳动生产率、产品质量及经济效益，改善工人劳动条件等方面，有着令世人瞩目的作用。随着科学技术的进步，机器人产业必将得到更加快速的发展，工业机器人将得到更加广泛的应用。

1. 技术发展趋势

在技术发展方面，工业机器人正向轻量化、智能化、模块化和系统化的方向发展。未来主要的发展趋势如下。

（1）结构的模块化和可重构化。

（2）控制技术的高性能化、网络化。

（3）控制软件架构的开放化、高级语言化。

（4）伺服驱动技术的高集成度和一体化。

（5）多传感器融合技术的集成化和智能化。

（6）人机交互界面的简单化、协同化。

2. 产业发展趋势

近年来，工业机器人在汽车、电子、金属制品、塑料及化工产品等行业已经得到了广泛的应用。据统计，2021年全球工业机器人市场规模为175亿美元，超过2018年达到的历史最高值165亿美元，安装量创下历史新高，达到48.7万台，同比增长27%。随着市场需求的持续释放以及工业机器人的进一步普及，工业机器人市场规模将持续增加，预计2024年将有望达到230亿美元。

1.3　工业机器人的典型应用案例

工业机器人是集合了机械、电气、电子、计算机、控制、传感器、人工智能等多门科学的，适用于现代化制造的综合型自动化装备。现阶段，工业机器人发展异常迅速，技术也非常成熟，已应用到汽车生产、航空航天、金属加工、电子电气、矿山开采等多个工业领域，可以代替焊接、搬运、码垛、喷涂、装配、检测等多方面的人工作业。在工业机器人所有应用领域中，汽车行业是最醒目的一个。随着“中国制造 2025”战略规划的提出，对工业机器人及其应用领域的发展提出了更高的要求。深入了解工业机器人的结构功能以及在汽车制造领域的应用情况，对汽车行业的发展有着至关重要的作用。

1.3.1 3C 电子领域典型应用

近些年来，3C（Computer，Communication，Consumer）电子领域以迅雷不及掩耳之势迅速成为工业机器人行业争抢的香饽饽，这一市场不仅引来国外企业的周密布防，而且也让国内众多企业有了新的发展机会。从整体而言，在我国 3C 领域中，以华南地区的电子消费品市场应用空间最为巨大，但机器人应用难度也是行业之最。

我国 3C 电子领域的自动化需求主要是部件加工，如玻璃面板、手机壳、PCB 等功能性器件的制造、装配和检测，部件贴标、整机贴标等。部件加工目前小部分实现了自动化，大部分还是人力手动加工。相对于全球而言，我国在 3C 电子领域的工业机器人应用还远远不够。

以手机通信为例，手机生产分为贴片、测试、组装 3 个环节，共 80 多道工序。每一道工序对于生产环境的要求都很高，所以车间有温湿度检测、静电防护等设备。以深圳为例，其电子制造公司每日产能以百万计算，这就有引入机器人的基础，而包括一些手机外壳、玻璃、盖板在内的零部件制造技术的工艺和设备都相当成熟，有很高的自动化发展的可能性和可操作性。整体而言，目前在整个电子产品的组装环节自动化程度很低，3C 电子领域的自动化还停留在初级阶段。

竞争促进了电子厂商生产效率的革新，以便他们快速地响应市场的变化，帮助他们拥有更高效能的生产制造能力和更高品质的产品管理质量控制。敏捷制造、柔性制造、精益制造成为电子厂商的发展方向，而工业机器人高精度、高柔性、高精度的特点正好迎合了这一发展方向和制造趋势。

随着 3C 电子领域的发展，我国成为工业机器人最大的市场。巨大的市场蛋糕，吸引了众多的企业、人才、资金纷纷进入，工业机器人产业成为国内目前热门的产业之一，各方面都投入了极大的热情，试图寻求更大的突破，3C 电子领域则成为目前众多企业最重要的掘金点。

在传统应用市场中，工业机器人技术及种类已经相当齐全，想要有所突破很难，只有在新的应用领域，我们才能与国外先进企业一争高下。3C 电子领域作为目前发展最迅速、机器人应用相对不那么成熟的应用市场，较高的技术壁垒势必成为企业寻求差异化竞争道路上的一片蓝海，成为工业机器人企业的宠儿。

1. 模块化工业机器人在手机智能制造过程中的应用前景

（1）3C 产品制造的挑战。

目前，3C 电子领域面临多重挑战，如产品本身的质量挑战，以及生产线的员工挑战等。3C 电子产品，尤其是手机产品对于精细度的要求日益增加，主要包括以下几点。

①零件体积小，大部分零件都是毫米级。

②零件不规则，如摄像头、排线等。

③产品样式多，产品系列众多。

④更新周期快，一台专用设备可能只能用几个月就无法适用于新产品。

⑤外观要求高，表面不能有细微划痕。

⑥速度要求高，生产效率对手机制造相当重要。

⑦故障率要求低，发生故障将导致全线停产。

此外，生产线熟练工人短缺，技术工人短缺；品质管控难，生产效率把控存在不确定性；工人工资快速上升，重复性工作导致工人情绪化等因素也将影响产品的生产制造。

因此，虽然自动化是发展趋势，但是3C电子生产线的很多工序目前仍由人工完成，人工所占比例依然很高。另外，自动化专用设备大量使用，在更换产品时，这些自动化专用设备可能失去价值，现阶段只有从部分工序开始导入工业机器人，且大部分工业机器人用来做搬运和上下料等工作。

(2) 3C产品制造的趋势。

在3C电子领域，工业机器人的应用种类有以下4种：以直角坐标为代表的模块化机器人、SCARA4轴关节机器人、传统六轴机器人，以及双臂机器人。现阶段，直角坐标机器人应用比例最高，产品性能较为稳定。

综上所述，不同类型的工业机器人具有不同的应用范围，对于3C电子，尤其是手机制造而言，直角坐标机器人现阶段更具针对性。直角坐标机器人是模块化的初级阶段，由x、y、z这3个轴组合而成，其优点有：可由单轴模组快速组合和重构；算法简单，通过直线差补和圆弧插补即可实现空间曲线和轨迹；精度高、成本低，可直接嫁接到自动化设备和生产线中。

同时，它的缺点也很明显：本体结构缺乏柔性，空间利用率低；工作死角区域大，无法进入狭小空间，容易与周围物体发生干涉和碰撞；行程变更难度大；不可逆转。

一种比直角坐标机器人更高级的模块化机器人是可扩展串联机器人。它一般由4~6个关节模块组成，臂长可以调节或更换，其优点如下：可根据现场需要选择轴数和调节臂长；空间利用率高，可深入狭小空间；本体轻型化后比传统机器人更为轻便。

与此同时，它也存在以下缺点：仅适用于比较轻型的场合（这对3C电子领域是优点）；刚性比直角坐标机器人差；控制趋于复杂；精度控制难度大。

2. 高速轻载4轴桌面机器人服务3C自动化

(1) 机器人在3C领域面临的问题。

随着我国市场对工业机器人的接受度和应用范围扩大，我国工业机器人市场潜力无穷，其中3C电子以产业集群效应赢得全世界瞩目。据悉，我国3C电子领域有超过2 000万的产业工人，如果以工业机器人替代人工，可想而知我国3C电子领域的自动化市场有多大。以华硕电脑股份有限公司为例，该公司生产线上至少有1万工人，如果改用SCARA机器人，人工替代空间会非常大。

在这样的背景下，3C电子领域的自动化运用逐渐成熟，但同时面临的问题也不断显现，提出的要求也更加具体。

(2) 高速高精4轴工业机器人关键技术攻关。

4轴工业机器人不同于6轴等更多关节的工业机器人，它的质量更轻、体积更小、使用更轻便。与直角坐标等两轴机器人相比，它的机械手运行更灵活。因此，4轴工业机器人目前在 3C 电子领域运用广泛。

4 轴工业机器人在 3C 电子领域最常见的应用是装配、拆卸、锡焊、点胶。由于此类工作具有高重复性，因此用 SCARA 机器人之类的专用机器人可以很好地完成。未来，这类应用预计将增长最快。

物料操作是第二大应用领域，主要包括物料搬运、码垛和机加工等。由于对工人安全的日益关注和不断上升的工资成本，工业机器人越来越多地被引入物料操作过程中。

不过，目前手机等消费品的更新换代周期越来越短，性能要求越来越高，现有的 4 轴工业机器人需要在各方面加以完善和改进，尤其是在精度和稳定性方面。

(3) 双臂机器人。

双臂机器人不是两个单臂机器人的简单组合，而是通过双臂的协调性控制来完成更复杂的工作。在未来的工业生产中，双臂机器人将会发挥越来越重要的作用，尤其是在 3C 电子领域，双臂机器人优势将更加明显。

电子器件的精巧度高、更新周期快、性能要求高，使用单臂机器人常常无法达到加工要求。双臂机器人就如同人类的双手，仅需要一个控制器，即可使双臂动作同步协调，运动轨迹也非常灵活，因此拥有高弹性的操作空间，能够有效克服生产线上多个单臂机器人容易产生彼此干涉、碰撞的问题。使用双臂机器人还能够减少生产线上机器人的数量，降低生产成本。

双臂机器人尤其适用于 3C 电子领域的零部件组装。少量、多样、定制化的生产已成为当前 3C 电子产品生产线的发展趋势，而双臂机器人因为独立性高，不需要生产线上的工具与之配合，所以在生产线变动的时候仅需要更换双臂机器人机械手末端的夹具，具有极高的灵活性。

国外对双臂机器人的研究始于 20 世纪 90 时代，最早的研究工作主要是针对双臂的运动轨迹规划，以及基于多个机器人在同一工作环境中如何不相互碰撞而展开的。在双臂机器人的研究方面，美国、日本等国的研究人员凭借先进的制造技术和手段，以及雄厚的研究经费的支持，做出了很多技术性的突破。国内双臂机器人的研究相对开始较晚，主要涉及运动轨迹规划、动力学及协调控制等方面。

双臂机器人后续将在工业自动化中扮演重要角色，目前涉足双臂机器人的公司主要有 ABB、库卡、安川、川田工业（KAWADA）及不二越（FUJIKOSHI）等。2014 年 9 月，ABB 公司发布了世界首台真正实现人机协作的双臂机器人 YuMi。此款双臂机器人具有人性化视觉与触觉功能的设计，能够完美地实现人机协作工作。YuMi 的双臂灵巧，并以软性材质包裹，同时配备创新的力传感技术，从而保障了人类同事的安全。YuMi 具有高灵敏度，双臂极其灵活，可适用于各种精密度高的工作，除了能够与人很好地配合工作，还能够与机器进行协调工作。

目前，双臂机器人已经开始在 3C 电子领域运用，尽管目前售价在几十万元一台，但是它的工作量相当于两台单臂机器人，而且灵活性、配合度更高，更适用于部分柔性工序。

1.3.2 汽车生产领域典型应用

工业机器人在汽车生产的冲压、焊接、喷涂、总装这 4 个工艺中都有广泛的应用，下面

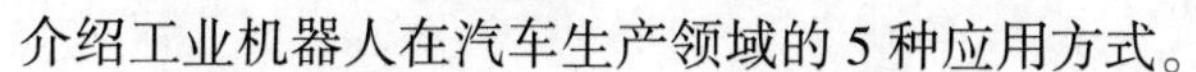

介绍工业机器人在汽车生产领域的 5 种应用方式。

1. 工业机器人搬运

工业机器人末端法兰盘安装执行器可以方便、快速地从指定位置抓取零部件并精确搬运定位到指定工位，搬运过程中不会对零部件进行损坏。根据工件的不同形状和不同状态，工业机器人末端可以安装不同的执行器。

2. 工业机器人点焊

点焊技术在汽车车身制造中非常重要，路径规划是车身焊接的主要问题。工业机器人通过安装不同的焊枪，运行不同的程序，可以对车身的各种位置和不同的部件进行焊接，具有较高的焊接精度和重复精度。随着汽车制造技术的发展，工业机器人与焊接技术结合的效果也将越来越好。

3. 工业机器人弧焊

工业机器人弧焊装置是在机器人本体安装送丝设备，通过传感器在计算机的控制下进行点位运动和连续轨迹运动，同时可以利用直线插补和圆弧插补的功能来进行直线焊缝和圆弧形焊缝的焊接。

4. 工业机器人喷涂

工业机器人喷涂可分为涂胶系统和喷漆系统。工业机器人涂胶系统主要包括涂胶泵、涂胶枪等装置，在合理利用车身材料的物理及化学性质的基础上，工业机器人快速对密封焊接和减震部位进行不同形状和厚度的涂胶。同理，工业机器人喷漆系统由喷枪和喷漆泵组成，能够均匀、快速地对车身表面进行喷漆。

5. 工业机器人装配

工业机器人是柔性自动化系统的核心设备，除机器人本体外，主要结构是传感器和末端执行器。末端执行器针对不同的装配工件，可以安装不同机构。工业机器人装配系统的主要功能是通过传感器获取机器人本体与装配对象和环境的相互信息，通过末端执行器实现装配作业。工业机器人主要用于安装汽车整车发动机总成、密封挡风玻璃、安装仪表盘、安装车门、安装轮胎等。

第2章

安全教育

2.1 人身安全

1. 工业机器人安全注意事项

在开启工业机器人之前，请仔细阅读产品手册，并务必阅读产品手册里的安全章节里的全部内容。请在熟练掌握设备知识、安全信息以及注意事项后，再正确使用工业机器人。

2. 关闭总电源

在进行工业机器人的安装、维修、保养时，切记要将总电源关闭，带电作业可能会产生严重后果。如果不慎遭高压电击，可能会导致心跳停止、烧伤或其他严重伤害。在得到停电通知时，要预先关断工业机器人的主电源及气源。突然停电后，要在来电之前预先关闭工业机器人的主电源开关，并及时取下夹具上的工件。

3. 与工业机器人保持足够安全距离

在调试与运行工业机器人时，它可能会执行一些意外的或不规范的运动，并且所有的运动都会产生很大的力量，可能严重伤害工作人员或损坏其工作范围内的任何设备，所以要时刻警惕，与工业机器人保持足够的安全距离。

4. 静电放电危险

静电放电是电势不同的两个物体间的静电传导，它可以通过直接接触传导，也可以通过感应电场传导。搬运部件或部件容器时，未接地的人员可能会传递大量的静电荷，这一静电放电过程可能会损坏敏感的电子设备。所以在有此标识的情况下，要做好静电放电防护。

5. 紧急停止

紧急停止优先于任何工业机器人控制操作，它会断开工业机器人电动机的驱动电源，停止所有运转部件，并切断由工业机器人系统控制且存在潜在危险的功能部件的电源。出现下列情况时，请立即按下紧急停止按钮。

（1）工业机器人运行时，工作区域内有工作人员。

（2）工业机器人伤害了工作人员或损伤了机器设备。

6. 火灾应对

发生火灾时，应在确保全体人员安全撤离后再灭火，并及时处理受伤人员。当电气设备（如工业机器人或控制器）起火时，应使用二氧化碳灭火器，切勿使用水或泡沫。

2.2 设备安全

工业机器人速度慢，但质量大，并且力度很大，运动中的停顿或停止都会产生危险。即

使可以预测运动轨迹，但外部信号有可能改变操作，会在没有任何警告的情况下产生预想不到的运动。因此，当进入保护空间时，务必遵循所有的安全条例。

（1）如果在保护空间内有工作人员，请手动操作工业机器人。

（2）当进入保护空间时，请准备好示教编程器，以便随时控制工业机器人。

（3）注意旋转或运动的工具，如切削工具和锯，确保在接近工业机器人之前这些工具已经停止运动。

（4）注意工件和工业机器人系统的高温表面，工业机器人电动机长期运转后温度很高。

（5）注意夹具并确保夹好工件。如果夹具打开，工件会脱落并导致人员受伤或设备损坏。夹具非常有力，如果不按照正确方法操作，也会导致人员受伤。工业机器人停机时，夹具上不应置物，必须空机。

（6）注意液压、气压系统以及带电部件，即使断电，这些电路上的残余电量也很危险。

（7）示教编程器的安全。示教编程器是一种高品质的手持式终端，它配备了高灵敏度的电子设备。为避免操作不当引起的故障或损害，请在操作时遵循以下安全条例。

① 小心操作。不要摔打、抛掷或重击，这样会导致破损或故障。在不使用该设备时，将它挂到专门的支架上，以防意外掉到地上。

② 示教编程器的使用和存放应避免被人踩踏电缆。

③ 切勿使用锋利的物体（如螺钉、刀具或笔尖）操作触摸屏，这样可能会使触摸屏受损。应用手指或触摸笔去操作示教编程器触摸屏。定期清洁触摸屏，灰尘和小颗粒可能会挡住屏幕，造成故障。

④ 切勿使用溶剂、洗涤剂或擦洗海绵清洁示教编程器，应使用软布蘸少量水或中性清洁剂清洁。

⑤ 没有连接 USB 设备时，务必盖上 USB 端口的保护盖。如果端口暴露到灰尘中，可能会中断或发生故障。

（8）手动模式下的安全。在手动减速模式下，工业机器人只能减速操作，只要在安全保护空间之内工作，就应始终以手动减速模式进行操作。在手动全速模式下，工业机器人以程序预设速度移动，手动全速模式应仅用于所有人员都处于安全保护空间之外时，而且操作人必须经过特殊训练，熟知潜在的危险。

（9）自动模式下的安全。自动模式用于在生产中运行机器人程序。在自动模式下，常规模式停止机制、自动模式停止机制和上级停止机制都将处于活动状态。

（10）配线注意事项。例如，连接安川 YRC1000micro 控制柜与周边机器、夹具控制柜间的电源线要和主电源线分开配线。另外，还要远离高压电源线，避免平行配线。若无法避免，请使用金属管或者金属槽来防止电信号的干扰。必须仔细确认电线插头编号后再连接安川 YRC1000micro 控制柜之间及其与周边机器的电源线。一旦连接错误，有可能导致电子设备损坏。请将用到的所有配线和配管收纳在地道内，以防被人或叉车等踩压。电源线连接配置如图 2-1 所示。

图 2-1　电源线连接配置

第3章

安川工业机器人产品系列及选型

3.1 安川机械手的基本规格

以 MOTOMAN-GP8/AR700 为例，安川机械手基本规格如表 3-1 所示。

表 3-1 安川机械手基本规格（MOTOMAN-GP8/AR700）

项目		说明
构造		垂直多关节型
自由度		6
可搬质量	手腕部	8 kg
	u 臂部	1 kg
重复定位精度		±0. 02 mm
可动范围	*s* 轴（旋转）	-170°~+170° （壁挂式：-30°~+30°）
	l 轴（下臂）	-65°~+145°
	u 轴（上臂）	-70°~+190°
	r 轴（手腕旋转）	-190°~+190°
	b 轴（手腕摆动）	-135°~+135°
	t 轴（手腕回转）	-360°~+360°
最大速度	*s* 轴	7. 94 rad/s、455°/s
	l 轴	6. 72 rad/s、385°/s
	u 轴	9. 07 rad/s、520°/s
	r 轴	9. 59 rad/s、550°/s
	b 轴	9. 59 rad/s、550°/s
	t 轴	17. 45 rad/s、1 000°/s
允许扭矩（4）	*r* 轴	17 N · m
	b 轴	17 N · m
	t 轴	10 N · m

续表

项目		说明
允许转动惯性（GD2/4）	r 轴	0.5 kg · m^2
	b 轴	0.5 kg · m^2
	t 轴	0.2 kg · m^2
本体质量		32 kg
防护等级		IP67
安装方法		地面、壁挂、倾斜、倒挂
安装环境	温度	0~45 ℃
	湿度	20%~80%RH（无结露）
	振动加速度	4.9 m/s^2（0.5g）以下
	海拔	1 000 m 以下
	其他	无引火性、腐蚀性气体、液体 无溅水，少油、粉尘 远离电磁源 远离磁场
电源容量		1 kV · A
控制柜		YRC1000/YRC1000micro
噪声		75 dB 以下

3.2 安川机械手的选型规则

在应用工业机器人之前，通常需要先对机器人本体进行符合使用条件的选型，末端执行器则针对不同的使用行业以及环境进行定制。

对于机器人本体的选型，主要的选型条件包括应用场合、有效负载、自由度（轴数）、工作范围、重复精度、最大工作速度、本体质量、刹车和转动惯量、防护等级（IP等级）9个方面。

1. 应用场合

在选型时，应评估导入的工业机器人用于怎样的场合以及什么样的制程。如果需要人工协同完成，对于通常的人机混合的半自动线，以及配合新型力矩感应器的场合，特别是需要经常变换工位或移位移线的情况，协作型机器人（Cobots）应该是一个很好的选择。如果是寻找一个紧凑型的取放（Pick & Place）料机器人，最好选择水平关节型机器人（Scara）。如果是针对小型物件快速取放的场合，并联机器人（Delta）适合这样的需求。下面以垂直关节多轴机器人（Multi-axis）为例进行说明，这种机器人可以适应非常大范围的应用，包括取放料、码垛，以及喷涂、去毛刺、焊接等专用制程。现在，工业机器人制造商针对每一种应用制程都制定了相应的方案，用户只需要明确希望工业机器人做什么工作，以及从不同的种类当中选择适合的型号。安川搬运机器人如图 3-1 所示，安川打磨机器人如图 3-2 所示。

图 3-1 安川搬运机器人

图 3-2 安川打磨机器人

2. 有效负载

有效负载是工业机器人在其工作空间可以携带的最大负荷，从 3 kg 到 1 300 kg 不等。如果用户希望工业机器人将目标工件从一个工位搬运到另一个工位，有效负载为工件的质量加上工业机器人手爪的质量。

特别需要注意的是工业机器人的负载曲线，在不同的位置，工业机器人的实际负载能力会有差异。

3. 自由度（轴数）

工业机器人配置的轴数直接关联其自由度。如果是一个简单的场合，如从一条皮带线取放工件到另一条皮带线，那么 4 轴工业机器人就足以应对。如果应用场合在一个狭小的工作空间内，且机械手需要进行很多扭曲和转动，那么 6 轴或 7 轴工业机器人将是最好的选择。

轴数一般取决于应用场合。应当注意的是，在成本允许的前提下，应尽量选型多轴数的工业机器人。这样方便后续的重复利用和改造，使工业机器人能适应更多的工作任务。

不同的工业机器人制造商使用不同的轴或关节的命名方式。基本上，第一个关节（J1）是接近工业机器人底座的那个，接下来的关节依次称为 J2、J3、J4…依此类推，直到到达机械手末端为止。

4. 工作范围

工作范围是指工业机器人机械手末端或手腕中心所能到达的所有点的集合，也称为工作区域。由于末端执行器的形状和尺寸是多种多样的，为真实反映工业机器人的特征参数，一般工作范围是指不安装末端执行器时的工作区域。工作范围的形状和大小是十分重要的，工业机器人在执行某项作业时，可能会因为存在手部不能到达的区域而不能完成任务。

5. 重复精度

重复精度是指工业机器人完成例行的工作任务时，每一次到达同一位置的能力。目前大多数工业机器人的重复精度为±0. 02～±0. 05 mm。如果应用工序是组装电子线路板，则要求工业机器人的重复精度较精密。如果应用工序是比较粗糙，如打包、码垛等，则不需要工业机器人具有太过精密的重复精度。

另外，组装工程的工业机器人精度的选型要求，应根据组装工程各环节尺寸和公差的传递和计算来决定。例如，来料物料的定位精度、工件本身在冶具中的重复定位精度等指标应从 2D 方面以正负来表示。事实上，由于工业机器人的运动重复点不是线性的，而是在 3D 空间运动，该指标可以是公差半径内球形空间的任何位置。

当然，现在的工业机器人采用机器视觉技术配合运动补偿，可以大大降低其工作时对来料精度的要求和依赖，提升整体的组装精度。

6. 最大工作速度

最大工作速度取决于作业的周期，规格表列出了每个工业机器人的最大工作速度，考虑到实际工作时存在加减速的过程，因此最大工作速度往往达不到标称值。最大工作速度的单位通常为°/s。除标出最大工作速度外，有的工业机器人制造商也会标出工业机器人的最大加速度。

7. 本体质量

机器人本体质量是设计工业机器人单元时的一个重要因素。如果工业机器人必须安装在一个定制的机台甚至在导轨上，则用户可能需要知道它的质量才能设计相应的支撑。

8. 刹车和转动惯量

工业机器人制造商会提供工业机器人制动系统的信息，有些工业机器人会对所有的轴配备刹车。当意外断电时，不带刹车的负重机器人的轴不会锁死，有造成意外的风险。

某些工业机器人制造商会提供工业机器人的转动惯量。对于设计的安全性来说，这将是一个额外的保障。如果工业机器人的动作需要一定量的扭矩才能完成，那么在选型时需要注意在该轴上使用的扭矩是否正确。如果选型不正确，工业机器人可能由于过载而停机。

9. 防护等级（IP 等级）

不同的使用环境应选择相应的防护等级，该参数一般由工业机器人制造商提供。例如，生产食品、医药、医疗器具、易燃易爆品时，工业机器人的防护等级会有所不同。

第 4 章

工业机器人的硬件系统

4.1 工业机器人硬件系统的组成

1. 机械系统

机械系统又称操作机或执行系统。工业机器人的机械系统由机身、臂部、腕部、末端执行器等组成。机身是工业机器人用来支撑机械手的部件，安装有驱动和其他装置，如图 4-1(a)所示。臂部是工业机器人用来支撑腕部以实现较大运动范围的部件，一般分为上臂和下臂。腕部用来连接臂部和末端执行器，灵活的腕部可以扩大臂部的动作范围。末端执行器是装在腕部的重要部件，它可以是两手指或多手指手爪，也可以是喷枪等作业工具。

2. 控制系统

控制系统是工业机器人的指挥系统，它控制驱动系统，让机械系统按照规定的要求工作，如图 4-1(b)所示。控制系统有多种分类方法：按照运动轨迹，可以分为点位控制系统和轨迹控制系统；按照控制原理，可以分为程序控制系统、适应性控制系统和人工智能控制系统；按照有无信息反馈，可以分为开环控制系统和闭环控制系统。

3. 驱动系统

工业机器人的驱动系统是向机械系统的各个运动部件提供动力的装置，根据驱动器的不同，可分为电驱动系统、液压驱动系统和气压驱动系统。驱动系统中的电动机、液压缸、气缸可以与操作机构直接相连，也可以通过齿轮传动、链传动、谐波齿轮传动、螺旋传动、带传动装置等与执行机构相连，如图 4-1 (c) 所示。

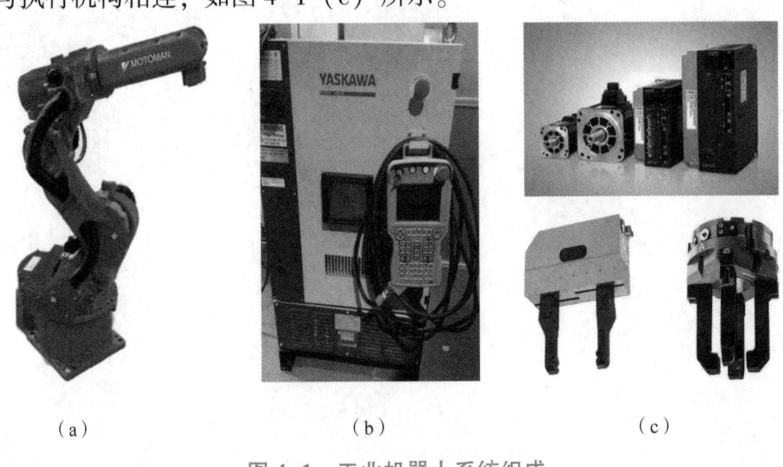

(a) (b) (c)

图 4-1　工业机器人系统组成

(a) 机械系统；(b) 控制系统；(c) 驱动系统

4. 传感系统

工业机器人要正常工作，就必须与周围环境保持密切联系，除了关节伺服驱动系统的内部位置传感器，通常还要配置视觉、触觉等外部传感器，以及传感信号的采集处理系统。

5. 人机交互系统

人机交互系统是使操作人员参与工业机器人控制，与工业机器人进行联系的装置，如计算机的标准终端、命令控制台、信息显示板、示教编程器等。人机交互系统主要可分为两类：命令给定装置和信息显示装置。

6. 工业机器人–环境交互系统

工业机器人–环境交互系统是实现工业机器人与外部环境中设备相互联系和协调的系统。工业机器人可与外部设备集成为一个功能单元，如加工制造单元、焊接单元、装配单元等。为了与周围设备集成，工业机器人内部 PLC 可以与外部设备联系，完成外部设备的逻辑与顺序控制。工业机器人一般还有串行与网络通信接口等，用来完成数据存储、远程控制及离线编程等工作。

安川机器人由机器人本体、示教编程器、控制柜等部件组成，硬件连接方式如图 4–2 所示。

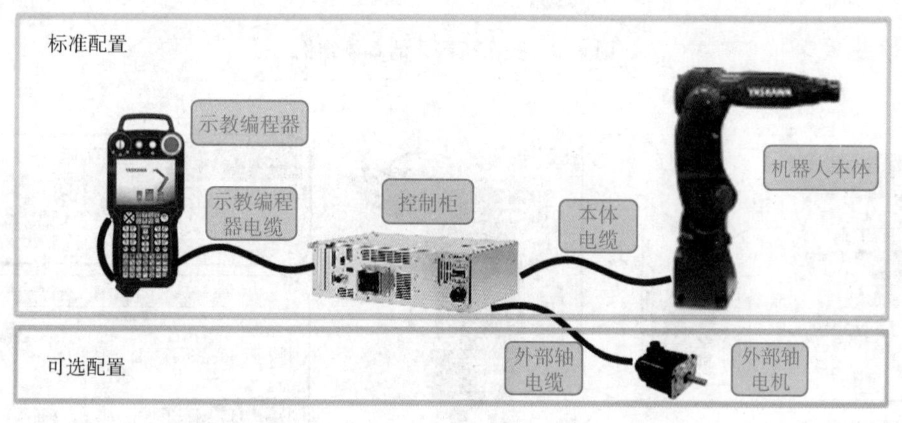

图 4–2　安川机器人的硬件连接方式

4.2　工业机器人本体

1. 安川机器人关节介绍

安川机器人是通过伺服电动机驱动的轴和手腕构成的机构部件，其本体结构如图 4–3 所示，其中 s、l、u 轴称为基本轴（Basic Axes），r、b、t 轴称为手腕轴（Wrist Axes），轴的旋转方向均分为正负（或左右、上下）两个不同的方向。

2. 安川机器人本体接口

为了驱动安装在机器人手及腕部的周边设备，安川机器人本体提供了航空插头与气管的快速接口。安川机器人本体接口如图 4–4 所示。

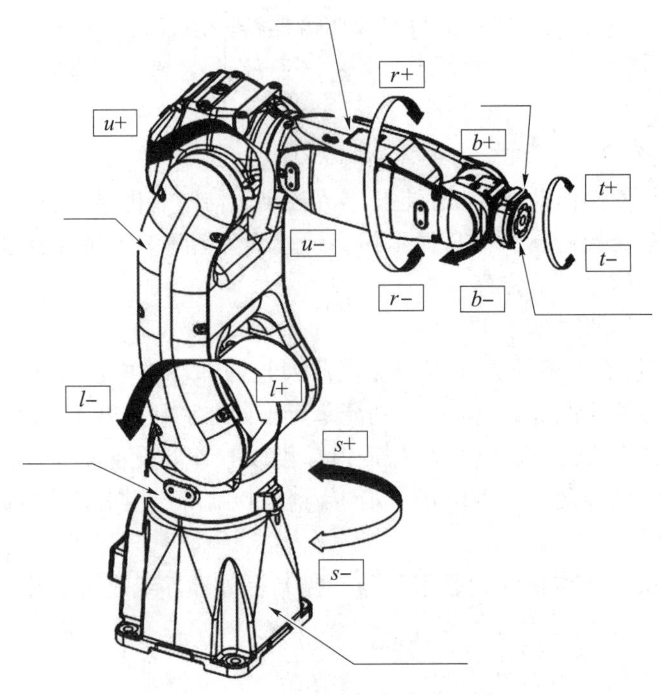

图 4-3　安川机器人的本体结构

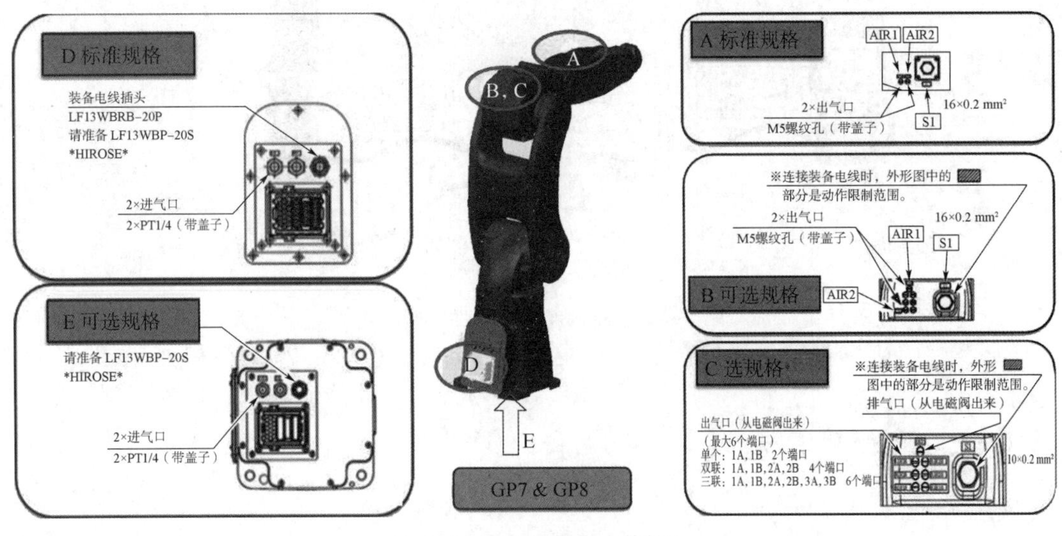

图 4-4　安川机器人本体接口

3. 安川机器人控制器

控制器是工业机器人的“大脑”，所有程序和算法都是在工业机器人主控制器中处理完成的。控制器主要包括 CPU 模块、总线通信模块、扩展 I/O 模块、数字量 I/O 模块等。安川机器人控制器接口说明如图 4-5 所示。

以安川 YRC1000micro 控制柜为例，其硬件参数如表 4-1 所示。

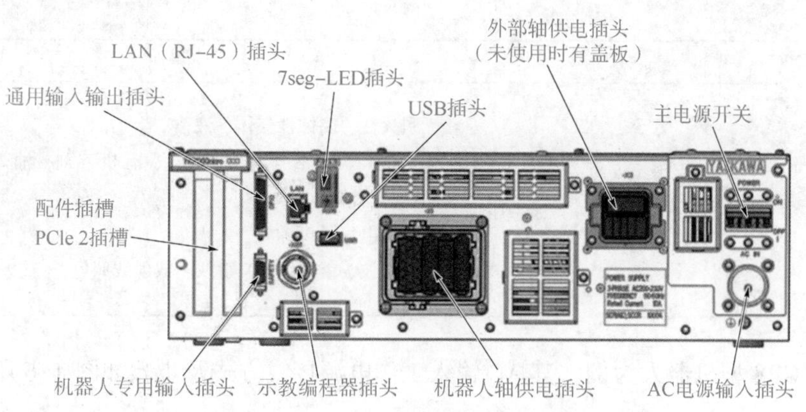

图 4-5　安川机器人控制器接口说明

表 4-1　安川 YRC1000micro 控制柜硬件参数

项目		说明
控制柜本体	防尘/防滴等级	IP20
	外形尺寸	425（宽）mm×125（高）mm×280（深）mm（不含凸起物）
	冷却方式	直接冷却
	电源	三相 AC 200/220 V（+10%～−15%）50/60 Hz（±2%） 单相 AC 200/230 V（+10%～−15%）50/60 Hz（±2%） 控制柜型号不同，可连接的电源规格也不相同
	接地	工作接地（接地电阻 100 Ω 以下）专用接地
	噪声等级	60 dB 以下
	输入输出信号	专用信号（硬件）输入：7，输出：1 通用信号（最大标准）输入：24，输出：24（晶体管输出：24）
	位置控制方式	并行通信方式（绝对值编码器）
	驱动单元	AC 伺服用伺服包
	加减速控制方式	软件伺服控制
	存储容量	200 000 条步骤，10 000 条机器人命令
安装环境	周围温度	0～+40 ℃（运转时） −10～+60 ℃（搬运、保管时） 温度变化在 0.3 ℃/min 以下
	相对湿度	10%～90%（不结露）
	海拔	海拔 1 000 m 以下 海拔 1 000 m 以下 超过 1 000 m 时，每增加 100 m，最大周围温度降低 1%。最高可在 2 000 m 使用。2 000 m 时，最大周围温度（通电时）为 36 ℃
	振动加速度	0.5g 以下

续表

项目		说明
安装环境	其他	无引火性、腐蚀性气体、液体 无粉尘、切削液（含冷却液）、有机溶剂、油烟、水、盐分、药品、防锈油 不靠近电气噪声源 无强微波、紫外线、X 射线、放射线照射

以安川 GP8 型机器人为例，其 AC 输入工作电源接线方式及步骤如图 4-6 所示。

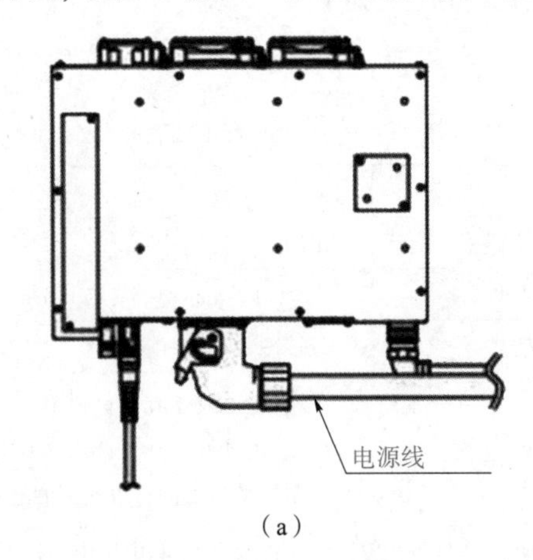

(a)

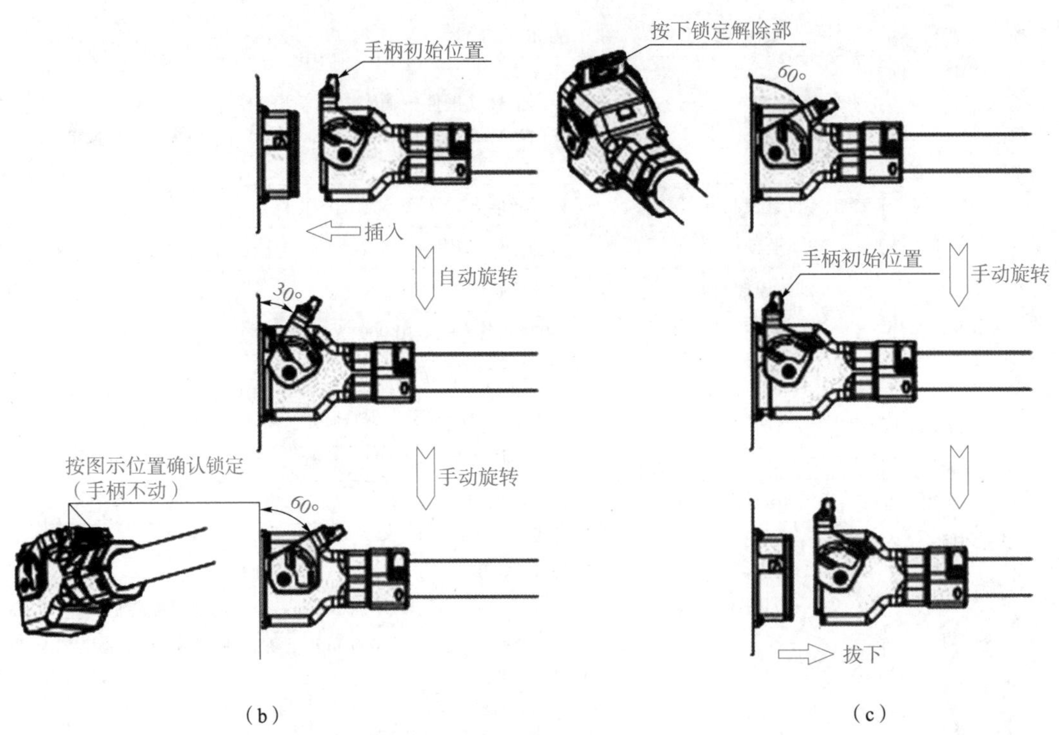

(b)　　(c)

图 4-6　安川 GP8 型机器人 AC 输入工作电源接线

(a) 接线方式；(b) 接线步骤（插入）；(c) 接线步骤（拔下）

4.3　认识示教编程器

示教编程器用于对工业机器人及周边设备进行操作和编程，使其按照实际工作需要完成指定的作业任务。操作工业机器人时，需要熟练掌握对应的示教编程器的使用方法和注意事项。下面以安川机器人示教编程器为例，详细讲解示教编程器的使用。安川机器人示教编程器如图 4-7 所示。

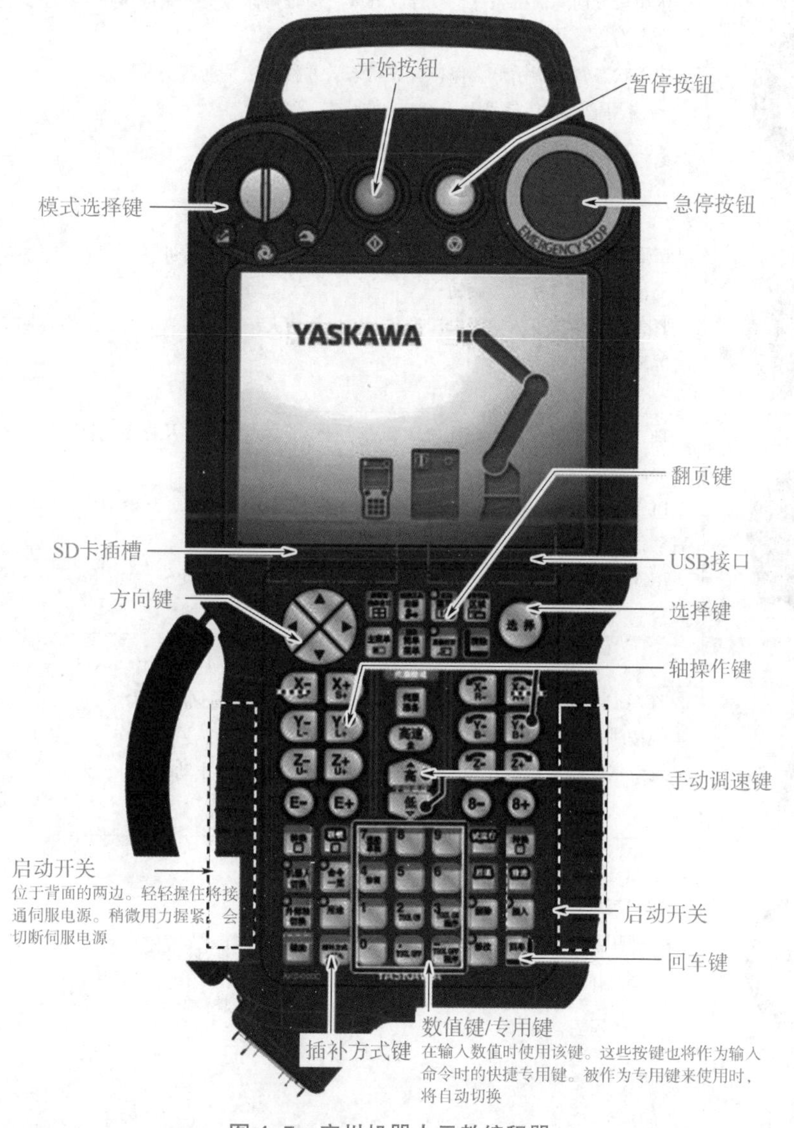

图 4-7　安川机器人示教编程器

1. 示教编程器的按键

安川机器人示教编程器按键说明如表 4-2 所示。

表 4-2　安川机器人示教编程器按键说明

按键名称和图示	说明
开始按钮	按下该按钮，机器人开始运动，运转中保持亮灯状态 除按下该按钮进行运动外，也可以由外部专用输入信号启动机器人，此时运转指示灯同样会亮灯 由于警报发生、暂停、模式切换等状况而停止运动时，运转指示灯熄灭
暂停按钮	按下暂停按钮时，运动中的机器人暂停动作（全模式通用） 按钮按下期间保持亮灯，放开则灯灭，但是机器人仍会保持在停止状态，直到重新下达启动命令为止 以下状态暂停指示灯会保持灯亮状态，并且无法重新启动及操作 • 专用输入暂停信号保持为 ON 的状态 • 远端控制时，外部设备要求暂停时 • 各种作业引发的停止状态（如焊接时发生异常）
急停按钮	按下急停按钮时，将自动切断伺服电源，机器人动作停止 复位时，顺时针旋转旋钮 紧急停止状态下，伺服电源准备 ON 指示灯灭 屏幕显示异常信息
模式选择键	TEACH：示教模式，使用 P. P. 启动信号进行点位示教及程序编辑设定，此模式下不接受外部启动信号控制 PLAY：再现模式，按下开始按钮后，依照所编辑的程序开始动作，此模式下不接受外部启动信号控制 REMOTE：远端控制模式，通过外部信号控制机器人动作，此模式下不接受 P. P. 启动信号控制
启动开关	TEACH 模式下，当伺服指示灯闪烁时，轻按将接通伺服电源 轻按时，保持伺服电源接通；放开时，中断伺服电源 紧急情况时重压本开关，伺服电源中断，机器人停止动作
选择键	在主菜单、下拉式菜单中进行项目选择 在通用显示区域对选择项目进行设定 在信息区域显示多调信息
方向键	控制光标移动，同时按住转换键和方向键可以滚动画面

续表

按键名称和图示	说明
主菜单键	主菜单开关切换，按住本键和方向键中的上/下按钮可调整画面亮度
简单菜单键	简单菜单开关切换
伺服准备键	TEACH 模式下按下本键伺服指示灯闪烁，此时轻按启动开关即可接通伺服电源。伺服电源 ON 时指示灯恒亮 PLAY 模式下按下本键伺服电源接通，指示灯恒亮 REMOTE 模式下由外部伺服电源启动信号控制
清除键	解除当前状态 在菜单区域取消子菜单 在通用显示区域解除正在输入的数据及输入状态 在信息区解除多条显示 解除发生中的错误
选择窗口键	多画面显示 在多画面显示时，按本键进行画面顺序切换 同时按住转换键和该键，多画面显示与单画面显示切换
坐标键	手动操作机器人模式下，按本键进行坐标系切换 切换顺序为关节坐标系→直角/圆柱坐标系→工具坐标系→用户坐标系 切换后在画面状态栏中显示当前坐标系
直接打开键	显示与当前操作相关内容，显示程序内容时，将光标移到命令上按本键，将显示此命令相关内容，举例如下 • CALL 命令：显示被调用的 JOB 内容 • 作业命令：正使用的条件文件内容 • 输入/输出命令：该点位输出输入状态显示 直接打开状态下本键左上方指示灯常亮，再次按下本键则自动返回到原画面

续表

按键名称和图示	说明
翻页键	切换至下一画面，在指示灯亮时有效，同时按住转换键和本键，将回到前一画面
区域键	在显示屏幕上各区域间切换 切换顺序为菜单区域→通用显示区域→信息区域→主菜单区域 同时按住转换键和本键，可进行语言切换
转换键	特定功能键与本键同时按时，可切换其他功能 可与本键同时按的按键有主菜单键、坐标选择键、区域键、插补方式键、方向键、数值键 具体转换功能请参照各键说明
联锁键	特定功能键与本键同时按时，可切换其他功能 可与本键同时按的按键有多画面选择键、试运行键、前进键、数值键 具体转换功能请参照各键说明
命令一览键	在编辑程序时，按下本键显示命令清单，再按一次本键关闭命令清单
机器人切换键	轴操作时，切换机器人轴 按本键时，可进行机器人轴操作 本键在一台 DX100 控制多台机器人时有效
外部轴切换键	轴操作时，切换外部轴 按下本键可切换至外部轴操作模式 本键在系统装备外部轴时有效

续表

按键名称和图示	说明
插补方式键 插补方式	指定再现时机器人点位间运动方式 插补方式显示于缓冲区上 插补方式切换顺序为 MOVJ→MOVL→MOVC→MOVS 同时按下转换键和本键可依次切换标准插补模式→外部基准点插补模式→传送带插补模式（可选功能）
辅助键 辅助	呼叫功能 同时按下联锁键和本键，会弹出确认触摸屏有效或无效的对话框。若设定为无效，则只能使用键盘操作
试运行键 试运行	本键与联锁键同时按下时，可进行程序的连续动作确认 机器人依照示教编程器的命令进行动作，若命令速度高于示教模式的最高速度，则依示教模式最高速度运行 机器人动作期间若放开本键，则停止动作
前进键 前进	按住本键时，机器人向前运行，放开本键则停止前进 只执行移动命令，动作速度由手动速度调整控制 同时按住联锁键和本键，执行移动速度以外的命令
后退键 后退	按住本键时，机器人向后运行，放开本键则停止后退 只执行移动命令，动作速度由手动速度调整控制
删除键 删除	指示灯亮时，按下本键执行删除命令
插入键 插入	按下本键，在光标所在位置插入新的命令

续表

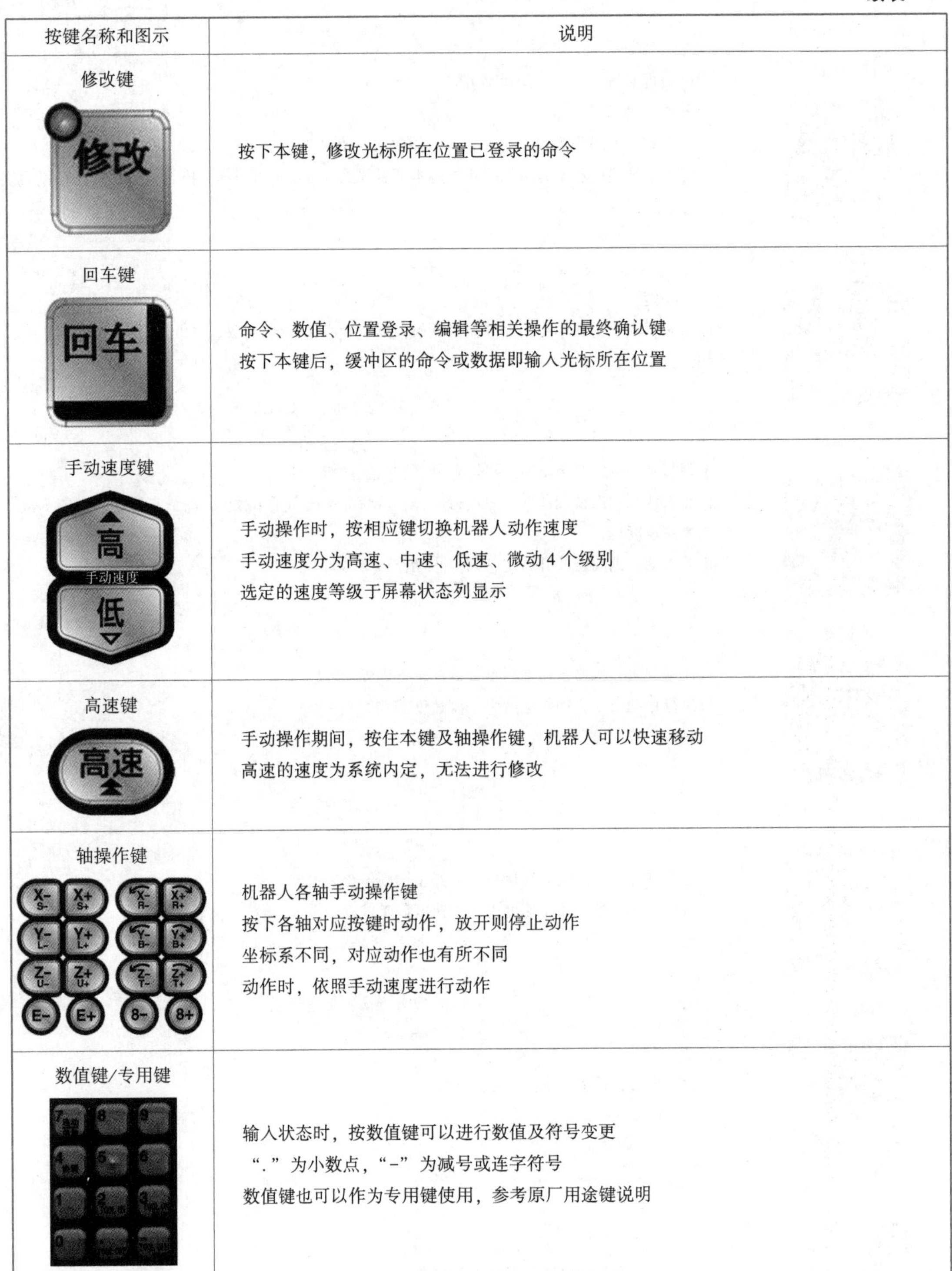

按键名称和图示	说明
修改键	按下本键，修改光标所在位置已登录的命令
回车键	命令、数值、位置登录、编辑等相关操作的最终确认键 按下本键后，缓冲区的命令或数据即输入光标所在位置
手动速度键	手动操作时，按相应键切换机器人动作速度 手动速度分为高速、中速、低速、微动 4 个级别 选定的速度等级于屏幕状态列显示
高速键	手动操作期间，按住本键及轴操作键，机器人可以快速移动 高速的速度为系统内定，无法进行修改
轴操作键	机器人各轴手动操作键 按下各轴对应按键时动作，放开则停止动作 坐标系不同，对应动作也有所不同 动作时，依照手动速度进行动作
数值键/专用键	输入状态时，按数值键可以进行数值及符号变更 “.”为小数点，“-”为减号或连字符号 数值键也可以作为专用键使用，参考原厂用途键说明

以安川 GP8 型机器人示教编程器为例，其接线方式如图 4-8 所示。

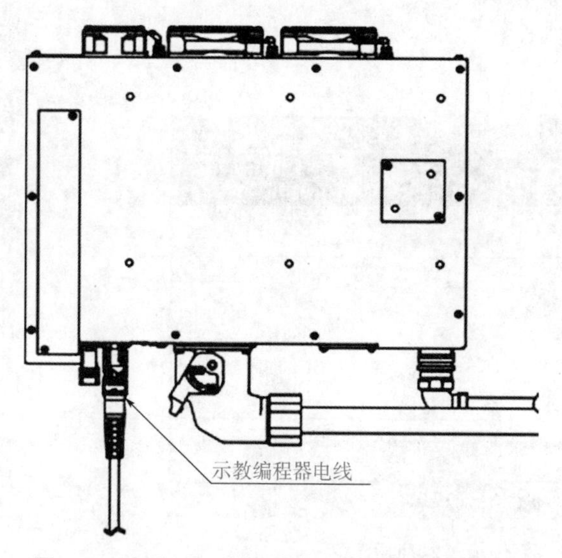

图 4-8　安川 GP8 型机器人示教编程器接线方式

2. 示教编程器界面显示

示教编程器界面分为 5 个显示区，包括通用显示区、主菜单栏、状态栏、信息显示区和菜单栏，如图 4-9 所示。这几个区域可用区域键移动。

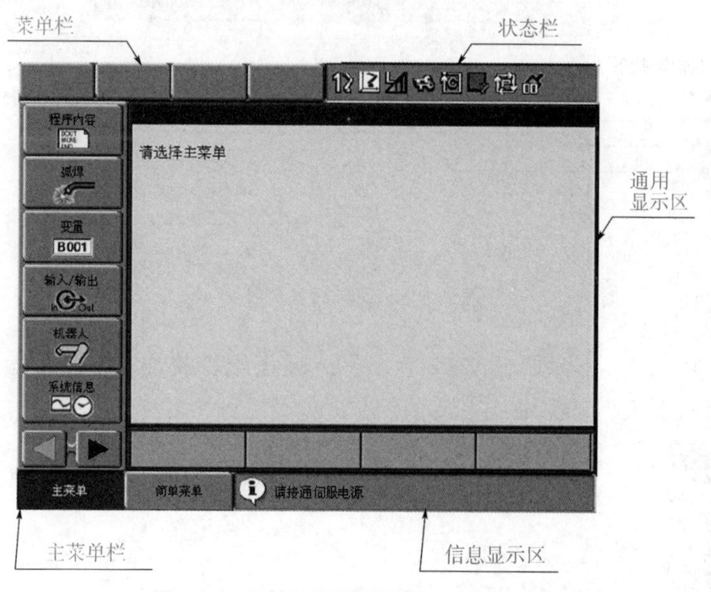

图 4-9　示教编程器界面的 5 个显示区

（1）通用显示区。

通用显示区中将显示操作的名称、命令编辑区和缓冲区，如图 4-10 所示。用户可在通用显示区内编辑程序、特性文件和各种设定。

（2）主菜单栏。

主菜单栏显示各菜单及其子菜单，按主菜单键或单击界面下方的“主菜单”选项，即可切换显示，如图 4-11 所示。

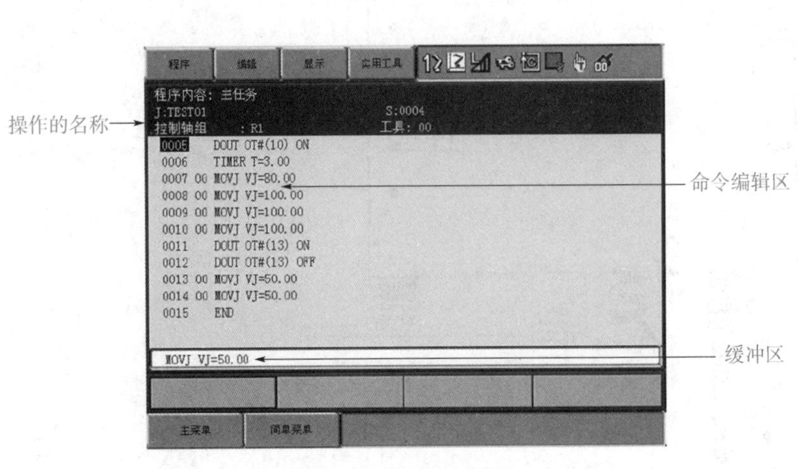

图 4-10 通用显示区

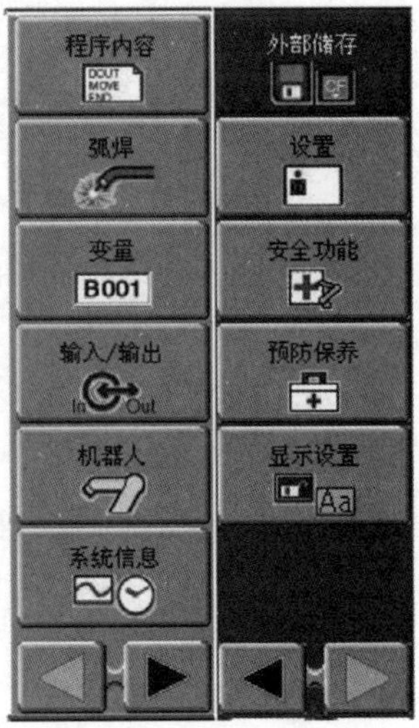

程序内容
外部储存
弧焊
设置
变量
B001
安全功能
输入/输出
预防保养
机器人
显示设置
系统信息

图 4-11 主菜单栏

(3) 状态栏。

状态栏中显示目前机器人的各项状态，其中各个按钮如图 4-12 所示。

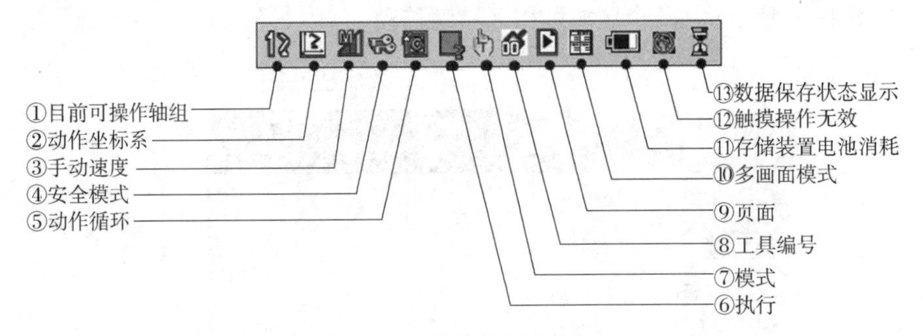

图 4-12 状态栏各个按钮

① 目前可操作轴组：当系统配置多台机器人或搭配工装轴、基座轴等外部轴时，通过该按钮可以切换机器人、基座轴或工装轴。

~ 机器人，最多 8 台。 ~ 基座轴，最多 8 轴。

~ 工装轴，最多 24 轴。

② 动作坐标系：显示目前所使用的坐标系，按坐标键可以进行切换。

关节坐标系，以轴操作键控制机器人各轴关节动作。

直角坐标系，机器人以 x、y、z 坐标方向移动，各轴协调连动。

圆柱坐标系，以 z 轴为中心做旋转运动或沿 z 轴直角方向平行运动。

工具坐标系，机器人沿所定义的工具坐标端点的 x、y、z 方向平行移动。

用户坐标系，由用户自行设定任意角度的 x、y、z 轴。

③ 手动速度：显示目前使用的手动速度，通过手动调速键进行切换，最高速度应低于250 mm/s。

微动。低速。中速。高速。

④ 安全模式：包括以下几种模式。

操作模式，供现场操作人员使用，可进行机器人启动、停止、监控等基本动作。

编辑模式，供示教编程人员使用，可进行程序编辑、点位示教等动作。

管理模式，供系统维护管理人员使用，可进行参数变更设定等管理。

安全模式。一次性管理模式。

⑤ 动作循环：包括以下几种选项。

单步。单循环。连续。

⑥ 执行：包括以下几种模式。

停止。暂停。紧急停止。

警报。动作中。

⑦ 模式：包括以下两种模式。

示教模式。再现模式。

⑧ 工具编号。

工具编号切换功能有效（S2C431 = 1）时，显示机器人所选择的工具编号。

⑨ 页面。

可切换画面时显示。

⑩ 多画面模式。

指定多画面表示时显示。

⑪ 存储装置电池消耗。

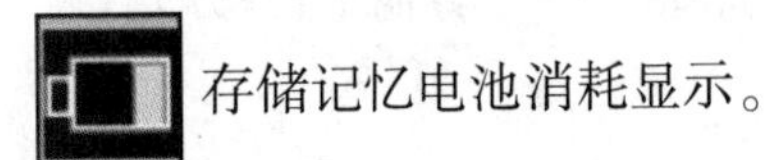
存储记忆电池消耗显示。

⑫ 触摸操作无效：包括以下两种模式。

触摸屏操作无效时显示。

存储装置电池消耗，且触摸操作无效时显示。

⑬ 数据保存状态显示。

数据资料保存时显示。

(4) 信息显示区。

信息显示区中显示异常、错误等提示信息，如图 4-13 所示。

图 4-13　信息显示区

① 当错误发生时，需先按清除键将错误信息（见图 4-14）清除，将错误解除后，才能继续操作。

② 信息显示区中显示信息时，按选择键可以选择当前发生的信息，单击“关闭”“取消”选项可退出列表。

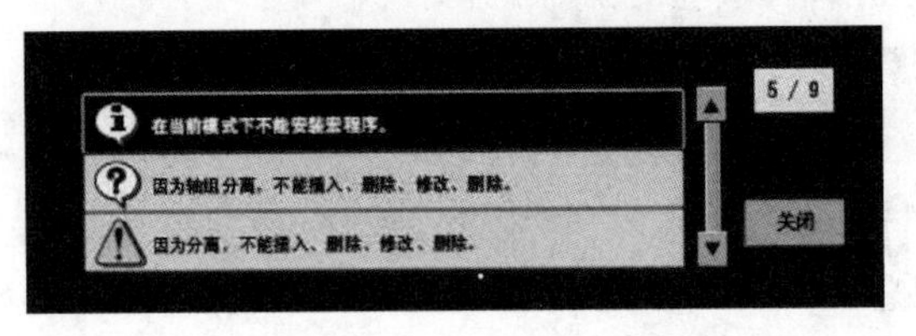

图 4-14　错误信息

(5) 菜单栏。

菜单栏中包括“程序”“编辑”“显示”“实用工具”4 个菜单，如图 4-15 所示。

图 4-15　菜单栏

第5章

工业机器人运维知识

5.1 电源的接通与切断

5.1.1 接通主电源

以安川 GP8 型机器人为例，将 YRC1000micro 控制柜的前门主电源开关转到 ON 的位置，如图 5-1 所示，就会接通主电源，内部控制系统会进行开机检查和生成当前值等操作。

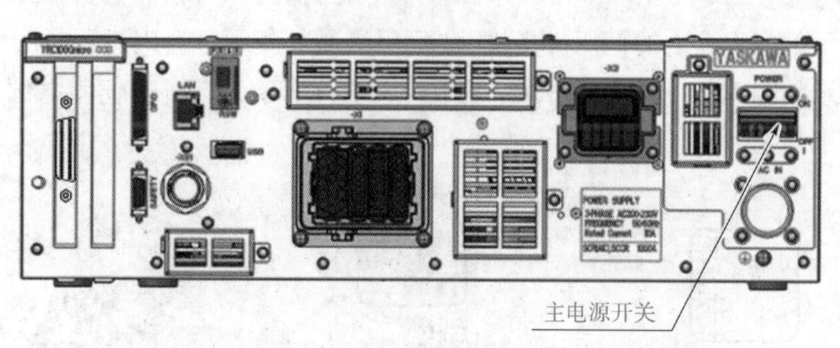

图 5-1 接通主电源

1. 开机检查

一旦接通主电源，YRC1000micro 控制柜内部就会进行开机检查，在示教编程器上会显示开机启动画面，如图 5-2 所示。

2. 开机主界面

示教编程器开机主界面如图 5-3 所示。

3. 接通电源的注意事项

示教编程器模式切换开关的钥匙应由系统管理员保管。在操作完成后，应拔出钥匙并交还给系统管理员。还应特别注意的是，示教编程器在插着钥匙状态下掉落在地，可能导致钥匙及模式切换开关受损。

接通 YRC1000micro 控制柜的主电源之前，请先确认机器人动作范围内无人员存在，并且操作人员在安全位置。若有人不慎进入机器人的动作范围内，请立即按下急停按钮。

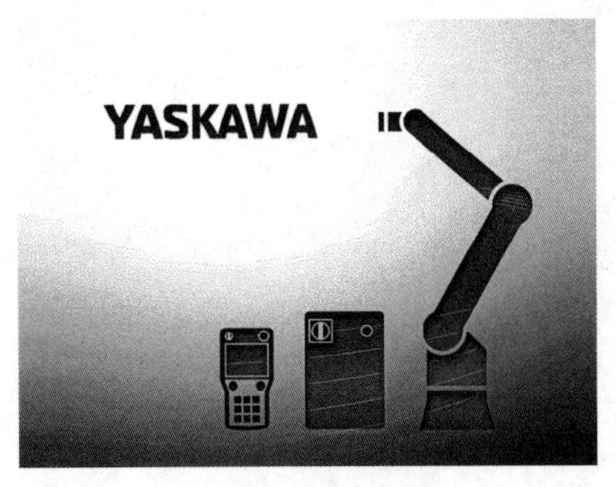

图 5-2　开机启动画面

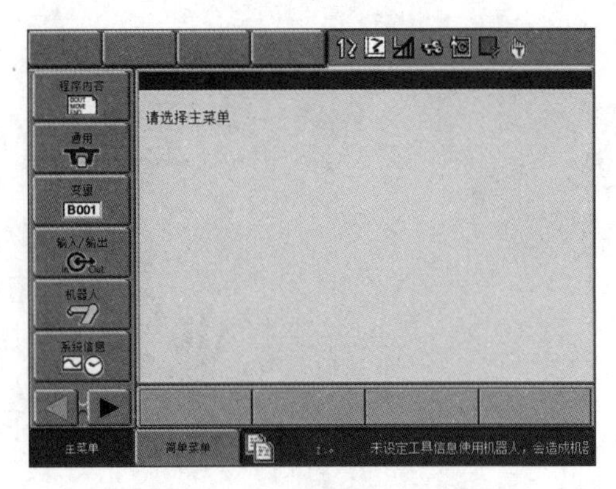

图 5-3　示教编程器开机主界面

5.1.2　接通伺服电源

1. 再现模式时

安全栏（工业机器人系统的防护围栏）关闭时，按下示教编程器上的伺服准备键，会接通伺服电源。接通伺服电源时，“伺服接通”指示灯会亮起，如图 5-4 所示。

2. 示教模式时

(1) 按下示教编程器上的伺服准备键，“伺服接通”指示灯会闪烁，如图 5-5(a)所示。

(2) 握住示教编程器上的启动开关，如图 5-5(b)所示，会接通伺服电源，示教编程器上的“伺服接通”指示灯会亮起。

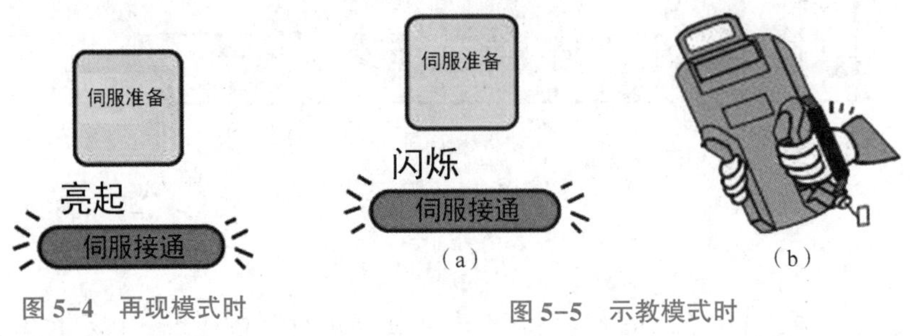

(a)　(b)

图 5-4　再现模式时

图 5-5　示教模式时

(a) 指示灯闪烁；(b) 握住启动开关

(3) 松开示教编程器上的启动开关，会切断伺服电源，“伺服接通”指示灯会熄灭。

3. 伺服电源接通的注意事项

握住启动开关会接通伺服电源，但握得太紧，会发出提示音并切断伺服电源，如图 5-6 所示。按下 YRC1000micro 控制柜前门处和示教编程器上的急停按钮或者通过外部信号急停时，握住启动开关无法接通伺服电源。

4. 动作模式安全信号有效/无效设定

机器人系统安全功能是通过动作模式进行有效/无效状态切换的，如表 5-1 所示。示教模式时，只有在安全栏（安全插座）信号输入无效情况下才能进行作业。

(a)

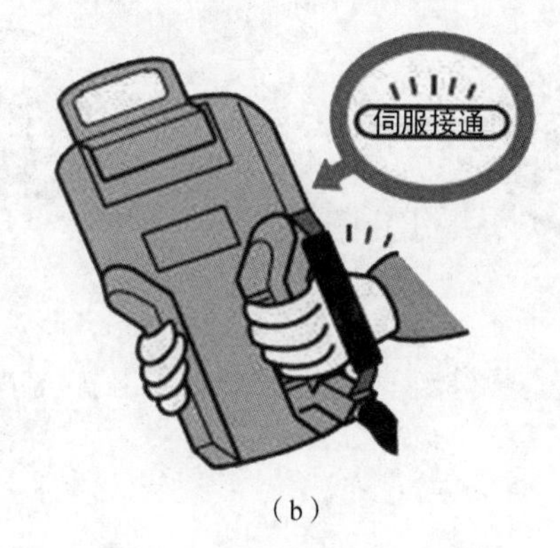

(b)

(c)

图 5-6　伺服电源的启动开关

(a) 松开时关闭；(b) 握住时开启；(c) 强力握住时关闭

表 5-1　动作模式安全信号有效/无效设定

安全功能	再现模式	示教模式
YRC1000micro 急停（PBESP）	有效	有效
外部急停（EXESP）	有效	有效
示教编程器急停（PPESP）	有效	有效
安全栏（安全插座）(SAFF)	有效	无效
示教编程器启动 SW（PPDSW）	无效	有效
伺服电源启动（ONEN）	有效	有效
机器人超程（OT）	有效	有效
外部轴超程（EXOT）	有效	有效
限速	无效	有效

5.1.3　切断电源

1. 切断伺服电源（急停）

按下急停按钮时，会切断伺服电源。急停按钮在 YRC1000micro 控制柜的前门处及示教编程器右上角，如图 5-7 所示。切断伺服电源后，会启动制动器，导致机器人无法动作。无论在何种模式（示教、再现、启动、远程）下，都可以通过急停按钮来切断伺服电源。

2. 切断主电源

切断伺服电源后，将 YRC1000micro 控制柜前门的主电源开关旋转至 OFF 一侧，即可切断主电源。

（a）

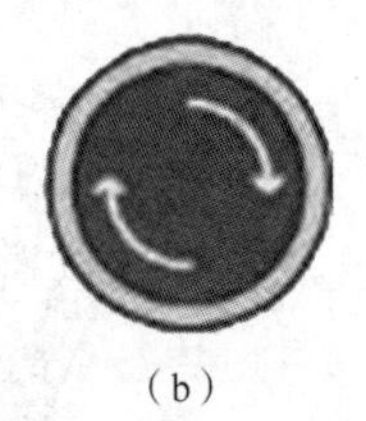
（b）

图 5-7　急停按钮

（a）示教编程器上的急停按钮；（b）YRC1000micro 控制柜前门处的急停按钮

5.2　工业机器人软件操作

5.2.1　数据的备份与恢复

将机器人存储器上的程序、参数等数据备份到外存储器上是机器人数据保护的一项重要操作。用于安川机器人数据备份的外部设备一般有软盘驱动器、USB 存储器等。采用 USB 存储器备份机器人数据具有操作方便、快捷等优点。

1. 数据的备份

YRC1000micro 控制柜可使用表 5-2 所示的外部存储装置进行数据保存或读取等操作。

表 5-2　保存、读取数据的外部存储装置

设备	功能种类	多媒体（保存/读取位置）	必要的选项功能
SD：示教编程器	标准	SD 卡	示教编程器内置插槽
USB：示教编程器	标准	USB 存储器	示教编程器内置插槽
FCI（YRC）	可选（1）	计算机（FCI 软件）	计算机和 FCI 软件
PC	可选（1）	计算机（MOTOCOM32 主机）	经由 RS-232C 时，可选“数据传输”功能和“MOTOCOM32”功能；经由以太网时，还有“Ethernet”功能
FTP	可选（1）	计算机等 FTP 服务器	“数据传输”功能、“Ethernet”功能和“FTP”功能
USBI：控制柜	标准	USB 存储器	CPU 基板（JANCD -ACP01）内置插槽

备份数据时，可使用示教编程器以及 CPU 基板（JANCD-ACP01）内置的 USB 插口，请使用以 FAT16 或 FAT32 格式化后的 USB 存储器。

（1）数据备份注意事项。

① 控制电源开启时，禁止插拔 USB 存储器。插入 USB 存储器时，会进行驱动识别处理，可能会对机器人的动作（循环时间）有影响。

② 访问文件时中断电源以及插拔 USB 存储器可能会损坏文件，因此访问文件时切记不要中断电源以及插拔 USB 存储器。

③ 使用 USB 存储器时，应确保 YRC1000micro 控制柜内温度范围合适，不可太冷或太热。

④ 控制柜震动时，请确保 USB 存储器没有脱落，应使用防止 USB 存储器脱落的装置进行固定。

⑤ CPU 基板（JANCD-ACP01）前面的 USB 存储器端口只能插入 USB 存储器，请不要连接 USB 存储器集线器或者其他的 USB 存储器设备。

⑥ USB 存储器的容量应在 4 GB 以下。

⑦ USB 存储器槽口有插入方向，如图 5-8 所示。安装 USB 存储器时，将示教编程器的背面朝上。拔出 USB 存储器后，应将 USB 存储器槽口的盖子关上。

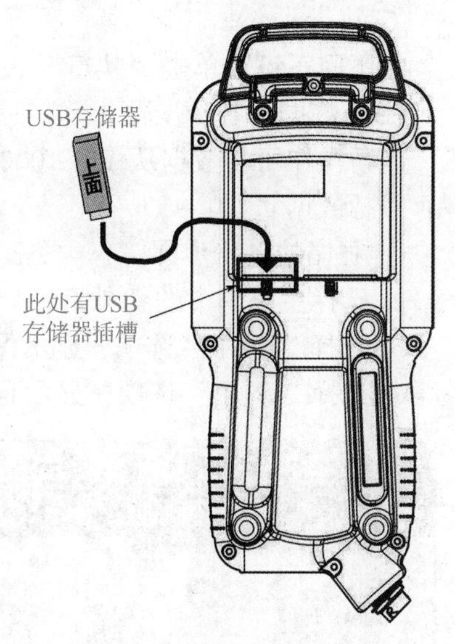

图 5-8　USB 存储器槽口

（2）数据备份流程。

用外部保存装置进行备份时，操作流程如图 5-9 所示。

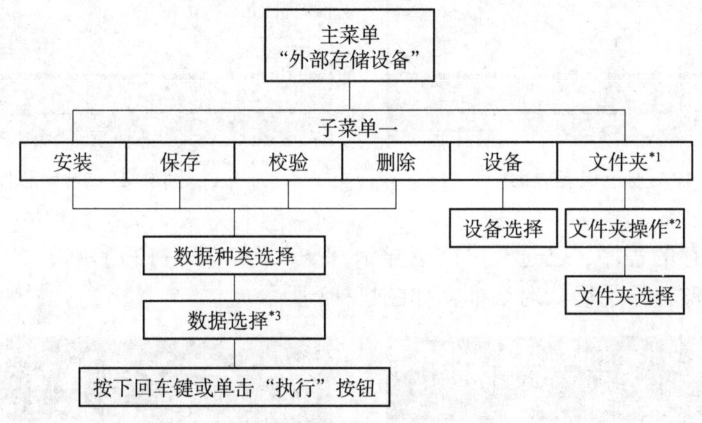

图 5-9　数据备份操作流程

① 选择设备。

通过选择“外部存储设备”下的“设备”选项来选择保存、读取的目标设备，已选设备再次接通电源后仍有效。

② 选择文件夹。

通过选择“外部存储设备”下的“文件夹”选项来选择保存、读取的目标文件夹，已选文件夹再次接通电源后无效。

③ 选择子菜单。

从“安装”“保存”“校验”“删除”中选择目标操作。

④ 选择数据种类。

选择目标数据种类。

⑤ 选择目标数据。

YRC1000micro 控制柜在线保存时的数据分为以下 6 种：程序、文件/通用数据、参数、输入输出数据、系统数据、系统备份（CMOS. BIN）。系统备份（CMOS. BIN）无须此项操作。

⑥ 执行。

按下回车键或单击“执行”按钮。

(3) 数据的备份步骤。

备份操作可将数据从 YRC1000micro 控制柜保存至外部存储装置（更改数据后，请单独保存目标数据）。

① 程序的备份步骤。

a. 选择主菜单中的“外部存储设备”选项。

b. 选择“保存”选项，显示保存界面，如图 5-10 所示。

c. 选择“程序”选项，显示程序，如图 5-11 所示。

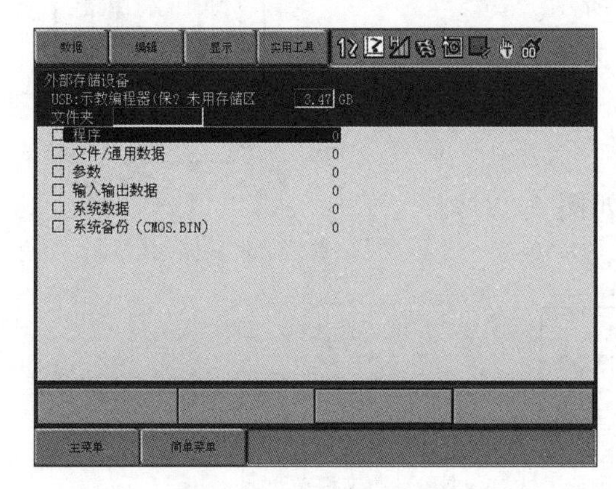

图 5-10　显示保存界面

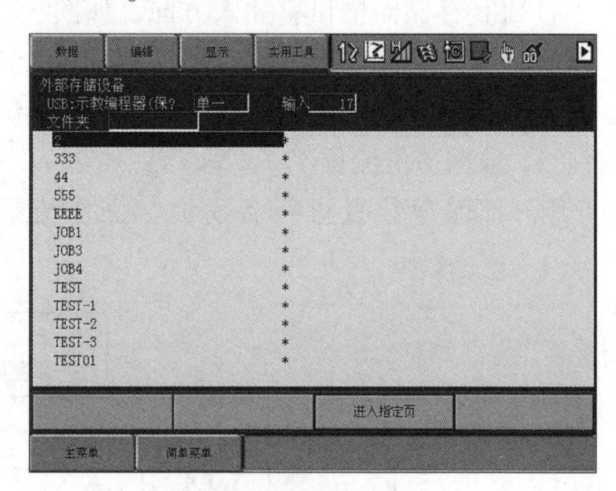

图 5-11　显示程序

d. 选择要保存的程序，已选程序前会显示“★”，如图 5-12 所示。

e. 按下回车键，显示确认对话框，如图 5-13 所示。

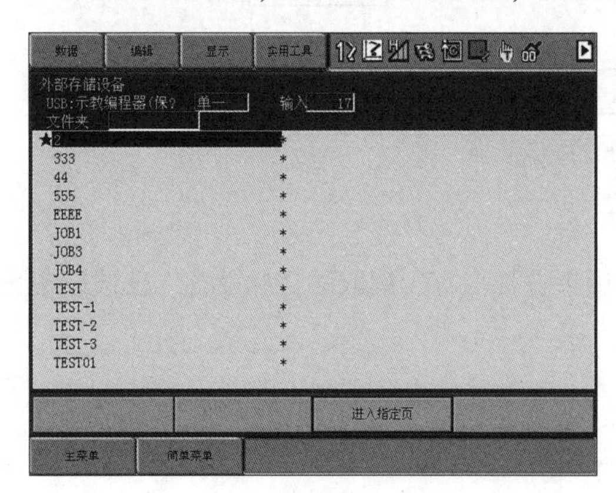

图 5-12　选择要保存的程序

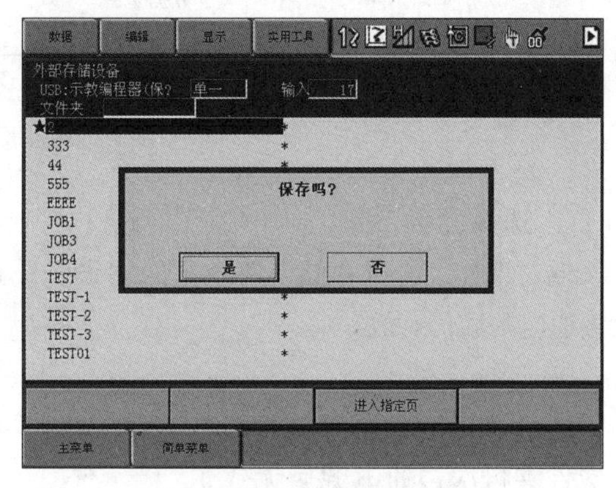

图 5-13　显示确认对话框

f. 选择“是”选项，保存已选程序。

② 文件/通用数据的备份步骤。

a. 选择主菜单中的“外部存储设备”选项。

b. 选择“保存”选项，显示保存界面，如图 5-14 所示。

c. 选择“文件/通用数据”选项，显示文件/通用数据，如图 5-15 所示。具体显示内容因用途、选装件而不同。

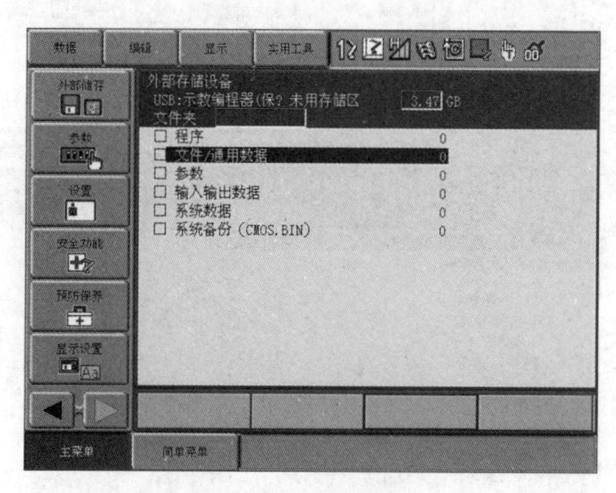

图 5-14　显示保存界面

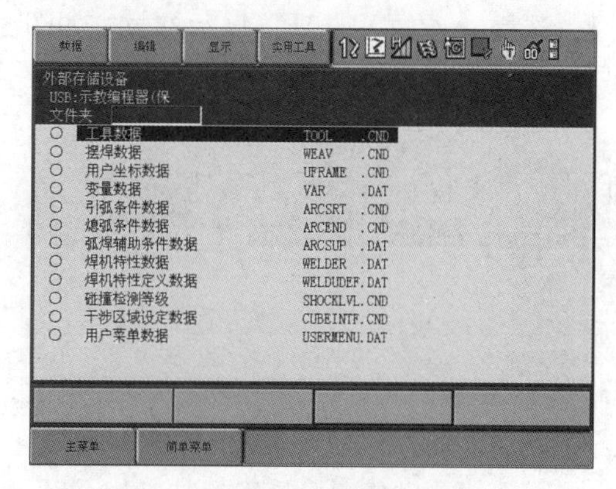

图 5-15　显示文件/通用数据

d. 选择要保存的文件/通用数据，已选文件前会显示“★”，如图 5-16 所示。

e. 按下回车键，显示确认对话框，如图 5-17 所示。

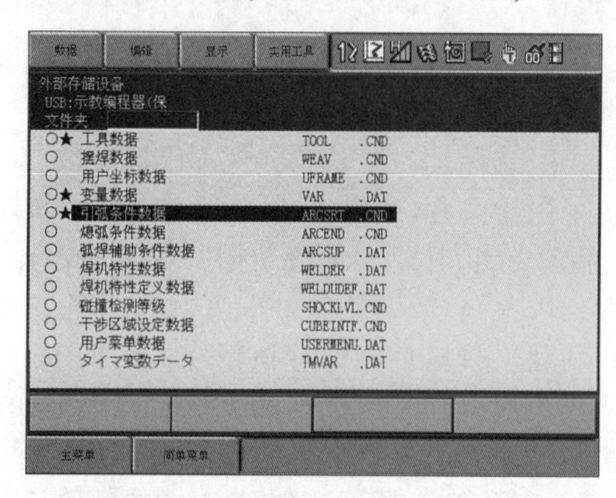

图 5-16　选择要保存的文件/通用数据

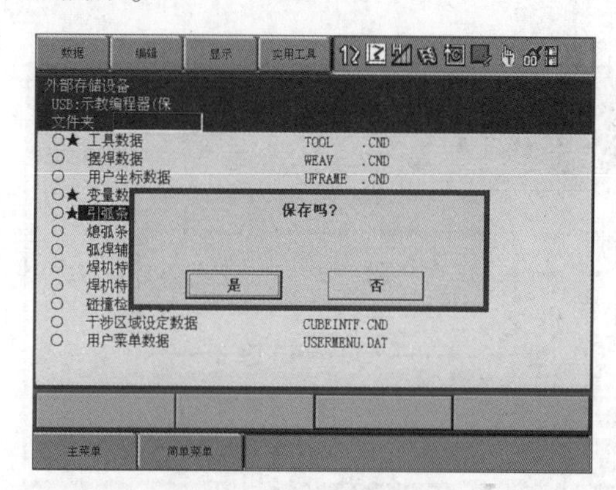

图 5-17　显示确认对话框

f. 选择“是”选项，保存已选文件/通用数据，如图 5-18 所示。

③ 参数的备份步骤。

a. 选择主菜单中的“外部存储设备”选项。

b. 选择“保存”选项，显示保存界面，如图 5-19 所示。

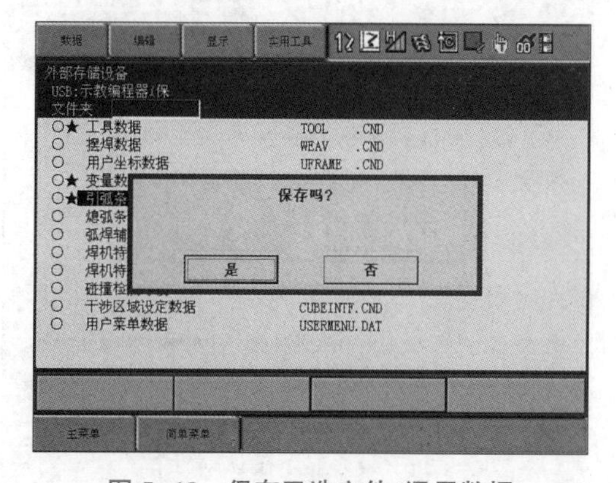

图 5-18　保存已选文件/通用数据

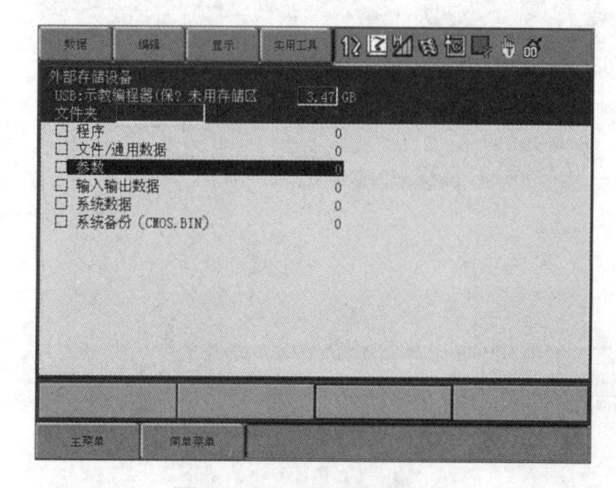

图 5-19　显示保存界面

c. 选择“参数”选项，显示参数，如图 5-20 所示。

d. 选择要保存的参数，已选参数前会显示“★”，如图 5-21 所示。

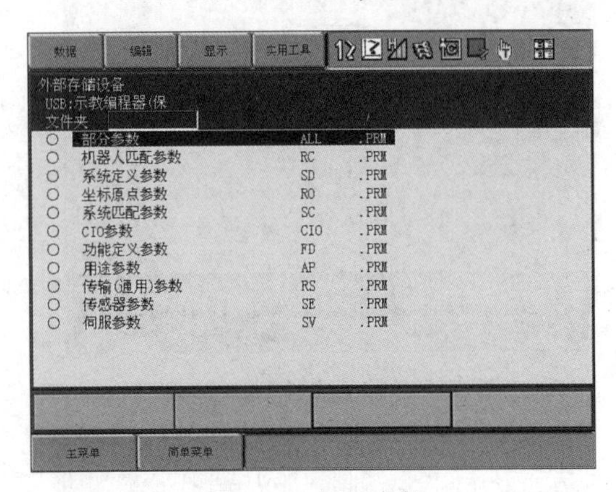

图 5-20　显示参数

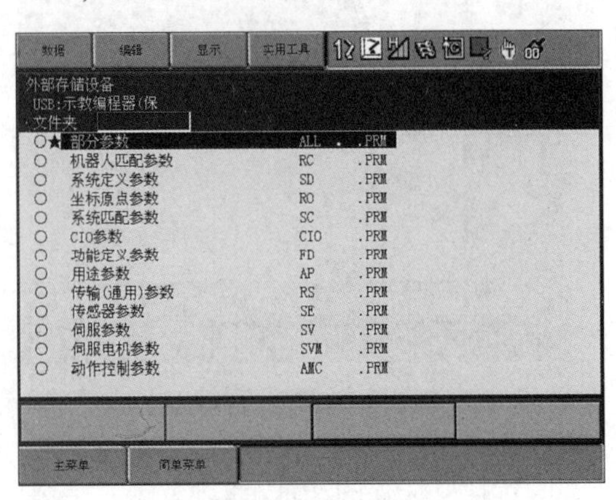

图 5-21　选择要保存的参数

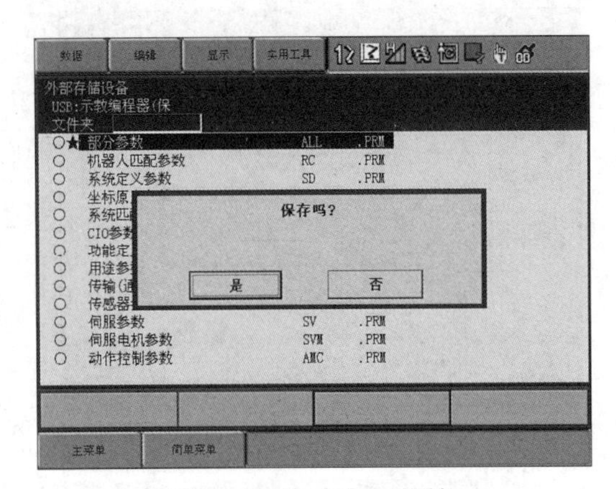

图 5-22　显示确认对话框

e. 按下回车键，显示确认对话框，如图 5-22 所示。

f. 选择“是”选项，保存已选参数。

由于“程序”“文件/通用数据”“参数”“输入输出数据”“系统数据”都无法覆盖保存，因此请事先删除文件夹中的同名文件，或新建文件夹后，保存在新建文件夹中。输入输出数据和系统数据的备份步骤与前面的类似，此处不再介绍。

④ 系统备份（CMOS. BIN）的备份步骤。

a. 选择主菜单中的“外部存储设备”选项。

b. 选择“保存”选项，显示保存界面，如图 5-23 所示。

c. 选择“系统备份（CMOS. BIN）”选项，显示确认对话框，如图 5-24 所示。

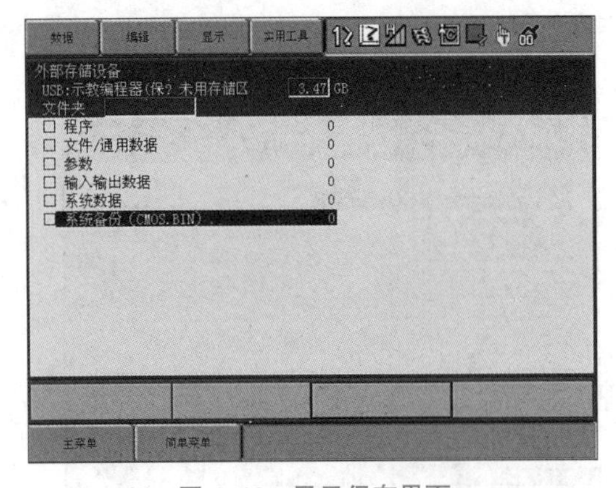

图 5-23　显示保存界面

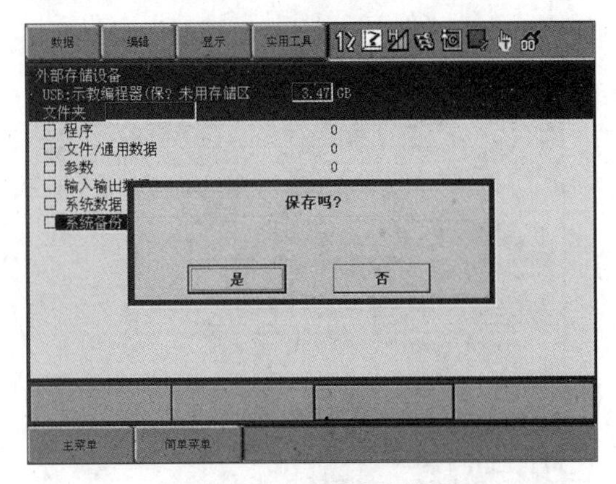

图 5-24　显示确认对话框

d. 选择“是”选项，保存位置无系统备份时，开始保存系统备份，保存位置已有系统备份时，进入下一步骤。

e. 显示覆盖确认对话框，如图 5-25 所示。

f. 选择“是”选项，开始保存系统备份。

伺服电源接通时、数据更改或传输时、自动备份时、多媒体剩余空间不足 35 MB 时均无法进行系统备份。开始保存系统备份后，界面中央会显示沙漏计时器，在此期间无法进行任何操作。界面中央的沙漏计时器消失后，便可照常进行操作。状态栏中显示沙漏计时器时，表示正在将系统备份保存至存储器中，此时请不要切断电源。

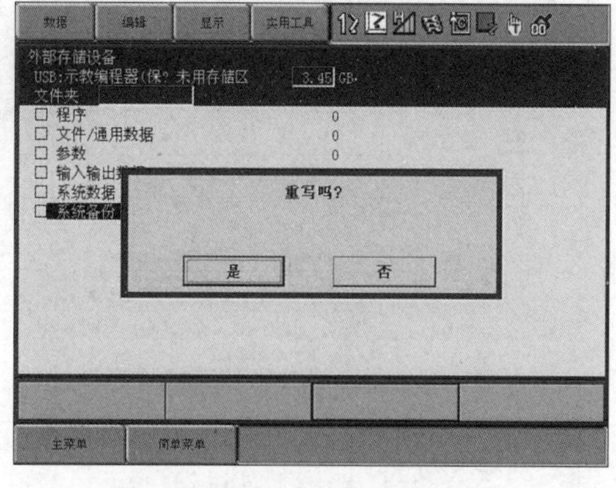

图 5-25　显示覆盖确认对话框

2. 数据的恢复

（1）数据恢复注意事项。

恢复操作可将备份数据从外部存储装置传送到 YRC1000micro 控制柜。备份数据中包含参数、系统数据、输入输出数据以及系统备份（CMOS. BIN），也包含各机器人控制柜特有的信息，这些数据作为备份数据，会被控制柜再次读取。若安装其他控制柜数据，可能会造成系统数据破坏、丢失，机器人不按示教内容运动，系统无法正常启动等情况，因此不要在其他控制柜上安装备份数据。若控制柜不同，即使安装了相同的程序，由于机器人原点位置不同、结构性机械误差等，其轨迹也会不同。因此，在运行前应加倍注意，并做好动作确认工作。

（2）数据的恢复步骤。

① 安装程序

a. 选择主菜单中的“外部存储设备”选项。

b. 选择“安装”选项，显示安装界面，如图 5-26 所示。

c. 选择“程序”选项，显示程序，如图 5-27 所示。

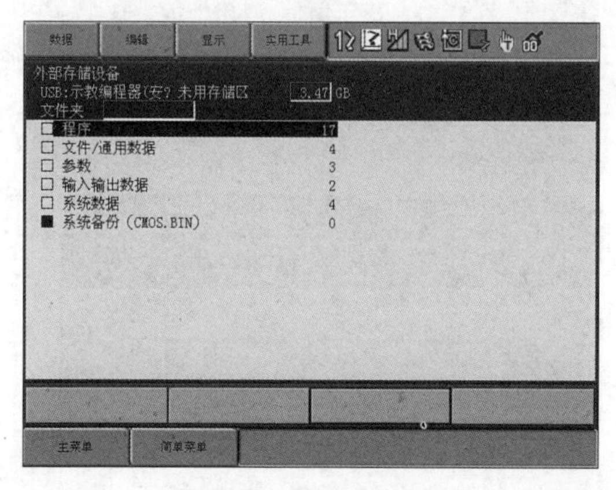

图 5-26　显示安装界面

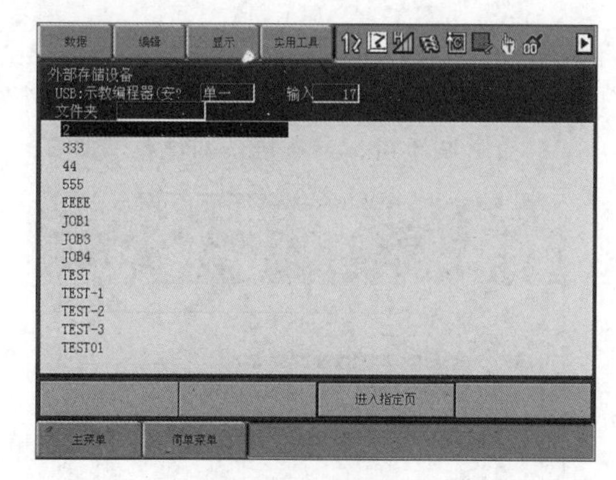

图 5-27　显示程序

d. 选择要安装的程序，已选程序前会显示“★”，如图 5-28 所示。

e. 按下回车键，显示确认对话框，如图 5-29 所示。

f. 选择“是”选项，安装已选程序。

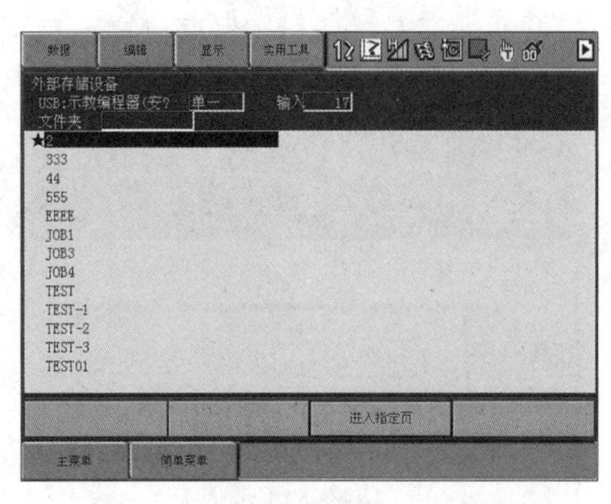

图 5-28　选择要安装的程序

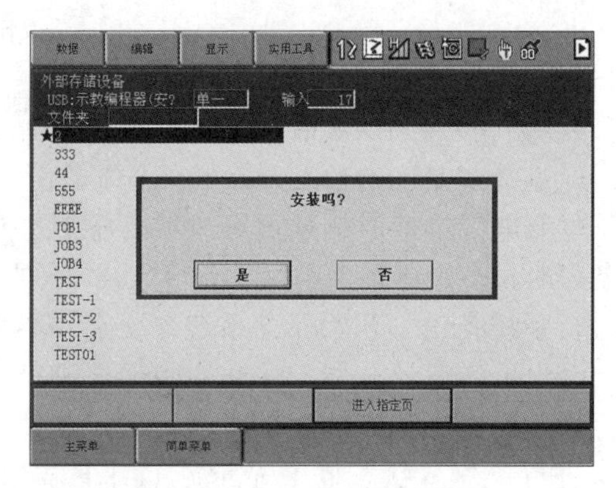

图 5-29　显示确认对话框

② 安装文件/通用数据。

a. 选择主菜单中的“外部存储设备”选项。

b. 选择“安装”选项，显示安装界面，如图 5-30 所示。

c. 选择“文件/通用数据”选项，显示文件/通用数据，如图 5-31 所示。

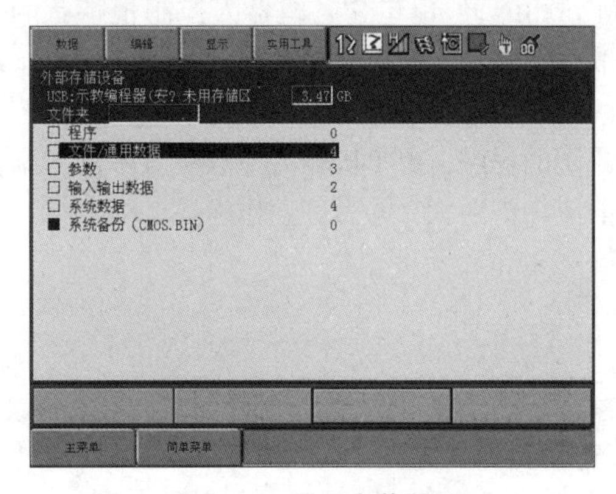

图 5-30　显示安装界面

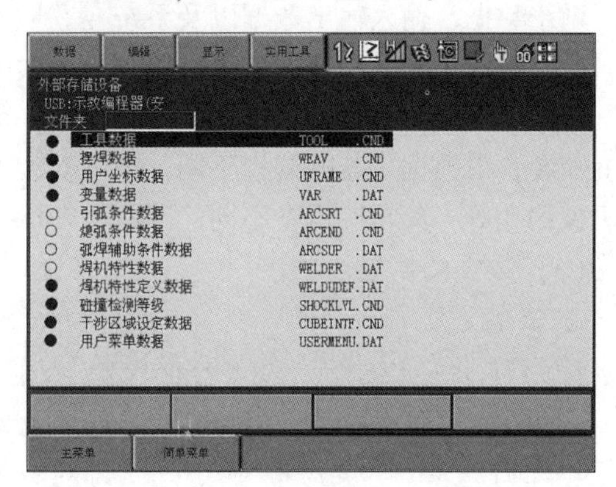

图 5-31　显示文件/通用数据

d. 选择要安装的文件/通用数据，已选文件前会显示“★”，如图 5-32 所示。

e. 按下回车键，显示确认对话框，如图 5-33 所示。

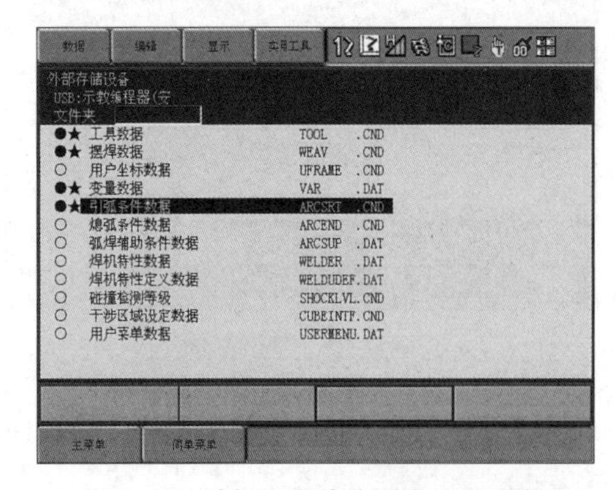

图 5-32　选择要安装的文件/通用数据

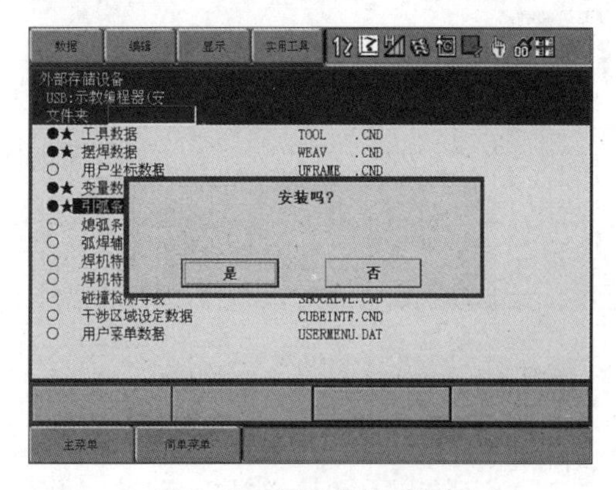

图 5-33　显示确认对话框

f. 选择“是”选项，安装已选文件。

③ 安装参数。

a. 选择主菜单中的“外部存储设备”选项。

b. 选择“安装”选项，显示安装界面，如图 5-34 所示。

c. 选择“参数”选项，显示参数，如图 5-35 所示。

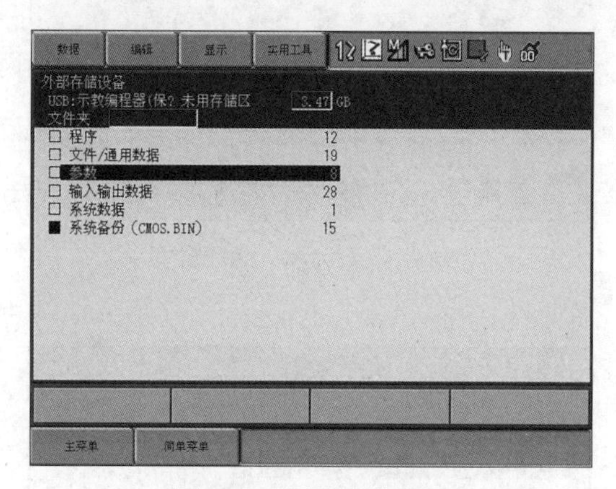

图 5-34　显示安装界面

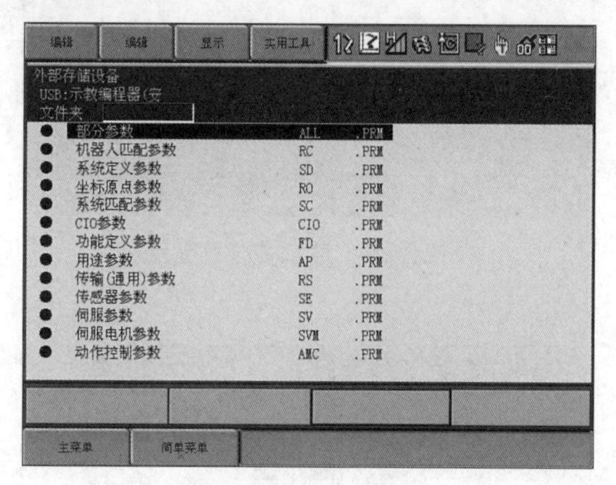

图 5-35　显示参数

d. 选择要安装的参数，已选参数前会显示“★”，如图 5-36 所示。

e. 按下回车键，显示确认对话框，如图 5-37 所示。

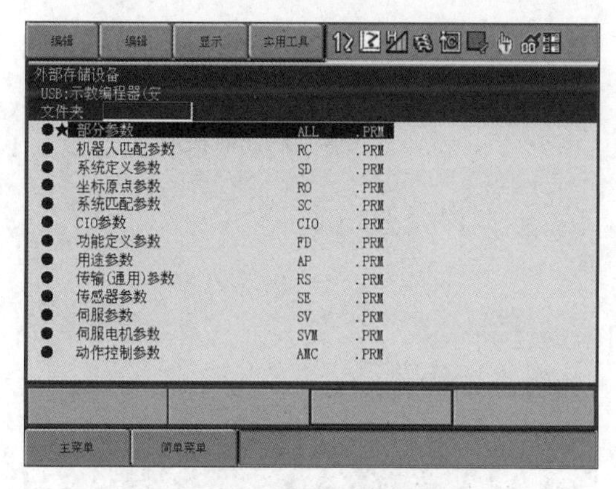

图 5-36　选择要安装的参数

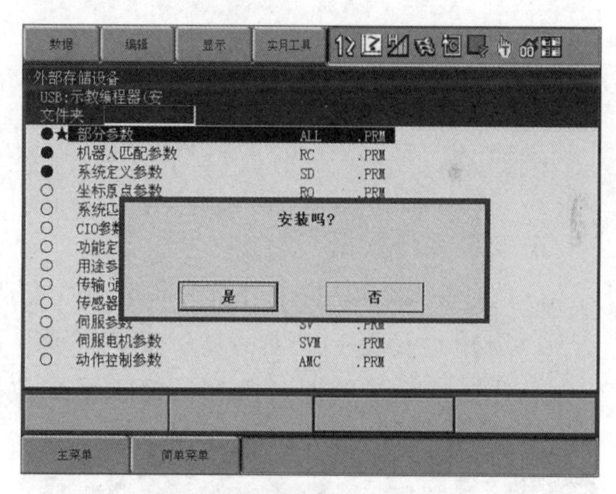

图 5-37　显示确认对话框

f. 选择“是”选项，安装已选参数。

④ 安装输入输出数据。

a. 选择主菜单中的“外部存储设备”选项。

b. 选择“安装”选项，显示安装界面，如图 5-38 所示。

c. 选择“输入输出数据”选项，显示输入输出数据，如图 5-39 所示。

d. 选择要安装的输入输出数据，已选输入输出数据前会显示“★”，如图 5-40 所示。

e. 按下回车键，显示确认对话框，如图 5-41 所示。

f. 选择“是”选项，安装已选输入输出数据。

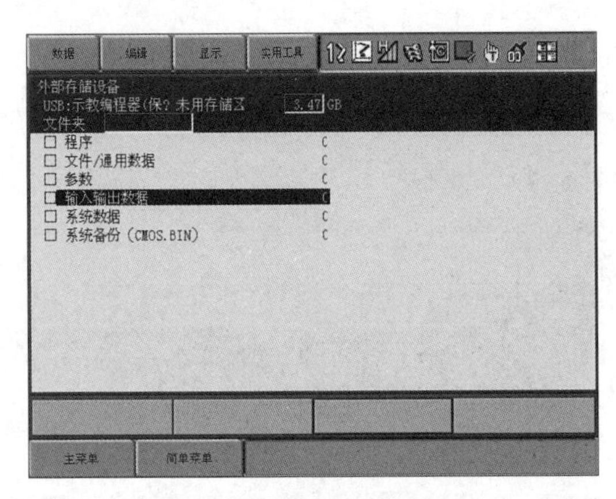

图 5-38　显示安装界面

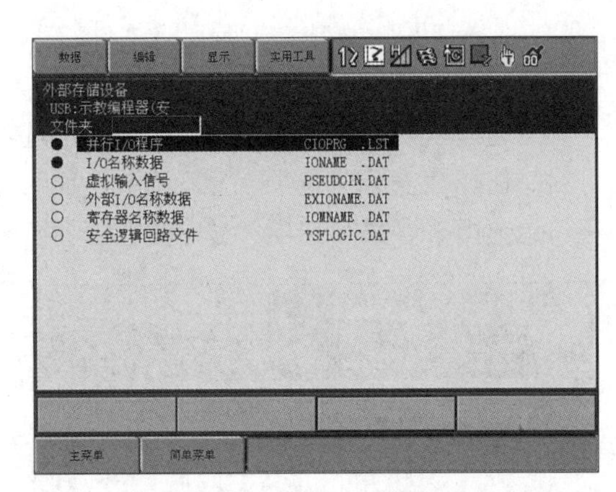

图 5-39　显示输入输出数据

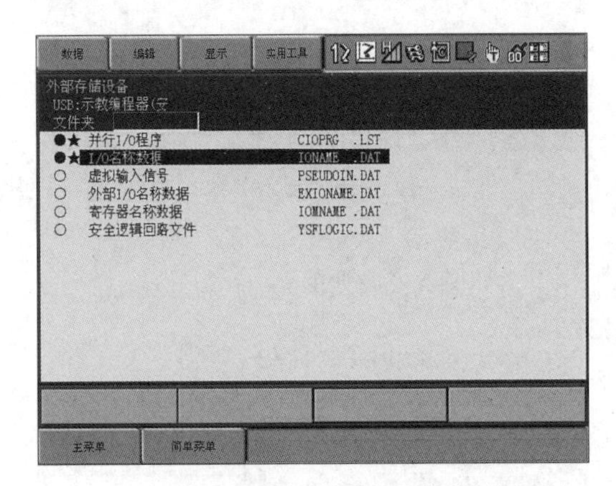

图 5-40　选择要安装的输入输出数据

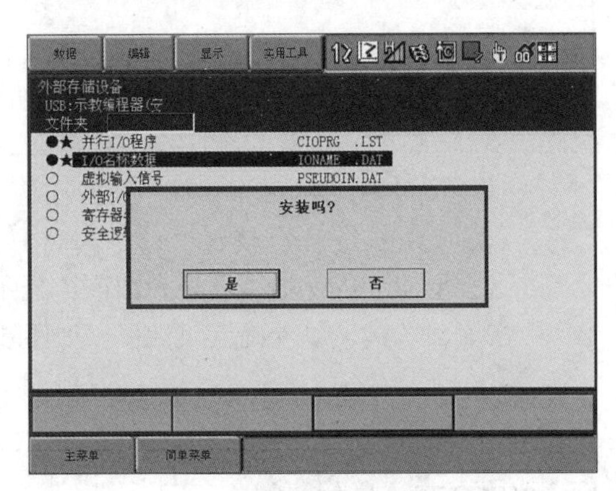

图 5-41　显示确认对话框

⑤ 安装系统数据。

a. 选择主菜单中的“外部存储设备”选项。

b. 选择“安装”选项，显示安装界面，如图 5-42 所示。

c. 选择“系统数据”选项，显示系统数据，如图 5-43 所示。

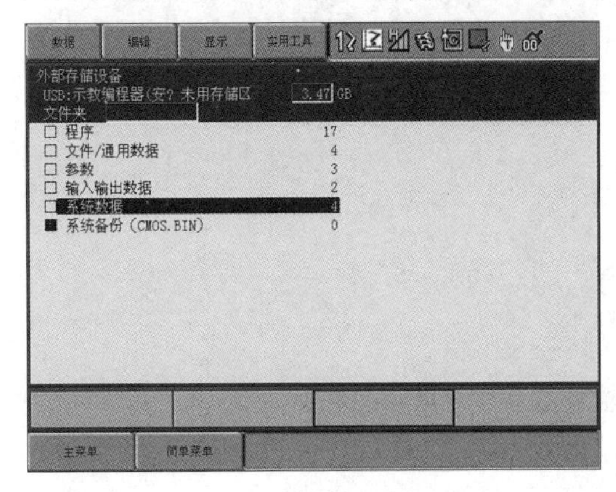

图 5-42　显示安装界面

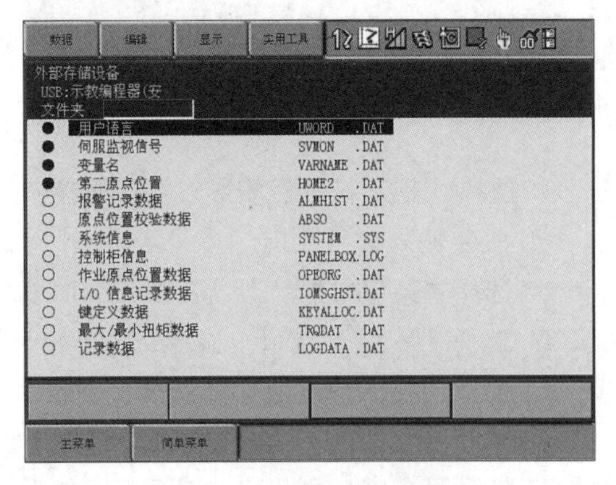

图 5-43　显示系统数据

d. 选择要安装的系统数据，已选系统数据前会显示“★”，如图 5-44 所示。

e. 按下回车键，显示确认对话框，如图 5-45 所示。

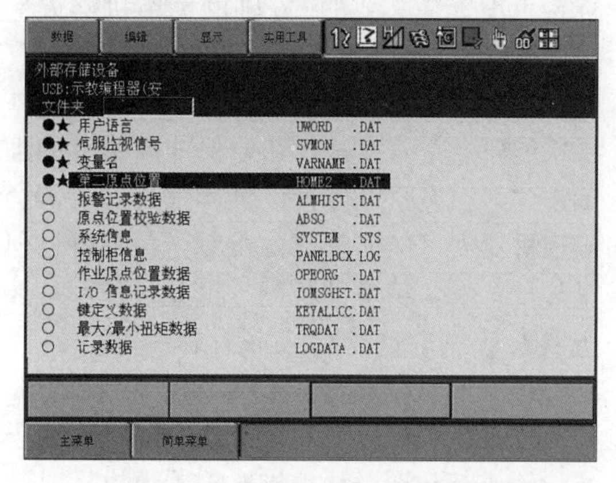

图 5-44　选择要安装的系统数据

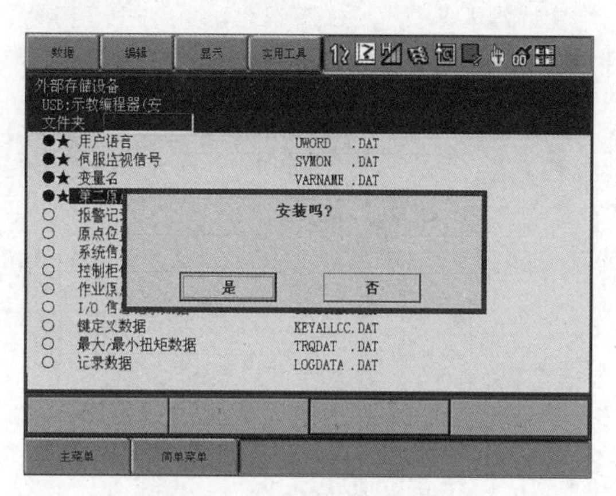

图 5-45　显示确认对话框

f. 选择“是”选项，安装所选系统数据。

5.2.2　机器人简单报警复位

1. 报警显示

动作中发生报警，示教编程器上显示报警界面，工业机器人停止运行。如果同时发生多个报警，显示全部发生报警的信息。如果一个界面不能完全显示，可用方向键翻页。在报警界面中，能进行的操作是界面显示、模式切换、报警解除、急停。在其他界面中，如果想切换到报警界面，可选择主菜单中“系统报警”下的“报警”选项。

2. 报警复位

报警可以分为轻故障报警和重故障报警两种，两种报警的解除方法如下。

(1) 轻故障报警。

① 在报警界面选择“复位”选项，报警状态被解除。

② 从外部输入信号（专用输入）里进行报警复位时，把报警复位专用信号打开。

(2) 重故障报警。

① 发生硬件重故障报警时，伺服电源自动切断，工业机器人停止。

② 关闭主电源，解除报警主要原因后，再次接通电源。

5.2.3　机器人原点校对

1. 机器人原点位置

机器人原点位置是各轴在 0 脉冲时的位置，此时的姿势叫作原点姿势。安川 6 轴通用型关节机器人原点姿势如图 5-46 所示，机械手与 *u* 轴中心线、*b* 轴中心线的相对角度为-0°，与地面水平线 *u* 轴的相对角度为-0°，与地面垂直线 *l* 轴的相对角度为-0°。

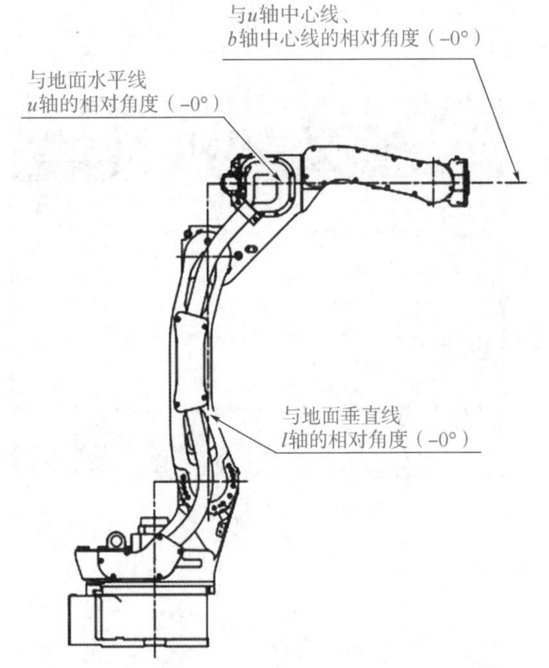

图 5–46　安川 6 轴通用型关节机器人原点姿势

2. 原点位置的校正与创建

在工业机器人的应用中，原点（基准坐标系）设置是必要的。6 轴的关节机器人一般要设置 6 个原点坐标系。通过原点坐标系，使 6 个关节的实际坐标系与设计（算法）坐标系的原点重合，这样才能保证高精度的准确定位。如果原点位置设置不准确，通常会出现机器人可能有很高的重复定位精度，但是却没有位置精度的情况。由此可见，工业机器人原点位置的校正是很有必要的。

（1）原点位置校正。

原点位置校正就是将机器人位置与编码器位置进行对照确认。虽然机器人出厂时已校准过原点位置，但下列情况需要再次校准原点位置。

① 更换机器人和控制柜的组合时。

② 更换马达和编码器时。

③ 内存卡被删除时（更换 AIF01-1E 基板、电池组耗尽时等）。

④ 机器人与工件发生碰撞，导致原点位置偏离时。

⑤ 系统内使用多台机器人，必须校准所有机器人的原点位置。

（2）原点位置创建。

创建原点位置时，可使用轴操作键来调整机器人的姿势，使各轴的原点标记位置一致。通常采用以下两种操作方法：第一种方法为全轴同时创建，更换机器人和控制柜的组合时，全轴同时登录原点位置；第二种方法为各轴单独创建，更换马达或编码器时，单独登录马达或编码器对应的各轴原点位置。原点创建的操作方法如下。

① 选择主菜单中的“机器人”选项，显示子菜单，如图 5–47 所示。

② 选择“原点位置”选项，显示原点位置创建界面，如图 5–48 所示。

图 5–47　显示子菜单

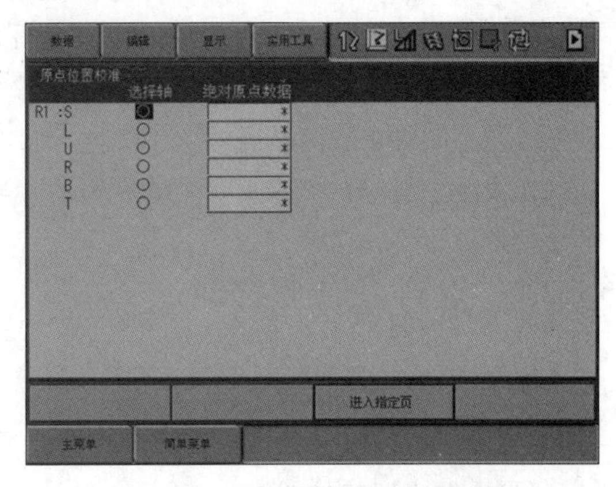

图 5–48　显示原点位置创建界面

③ 选择“显示”菜单中的“机器人”选项，选择所需的机器人，如图 5-49 所示。

④ 选择控制轴组。选择进行原点位置校准的控制轴组，如果选择“进入指定页”选项也可进行上述操作，如图 5-50 所示。

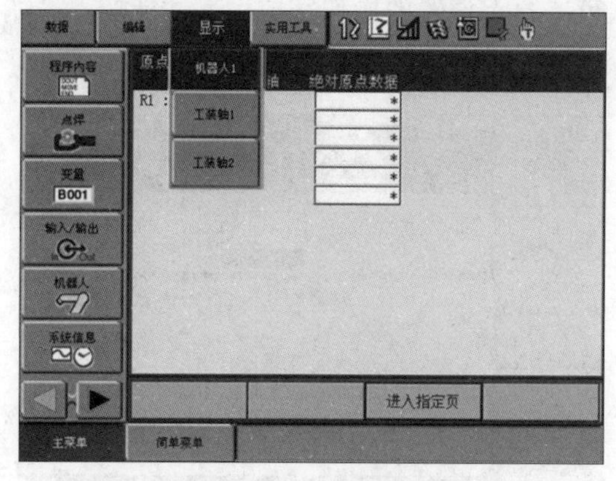

图 5-49　选择所需的机器人

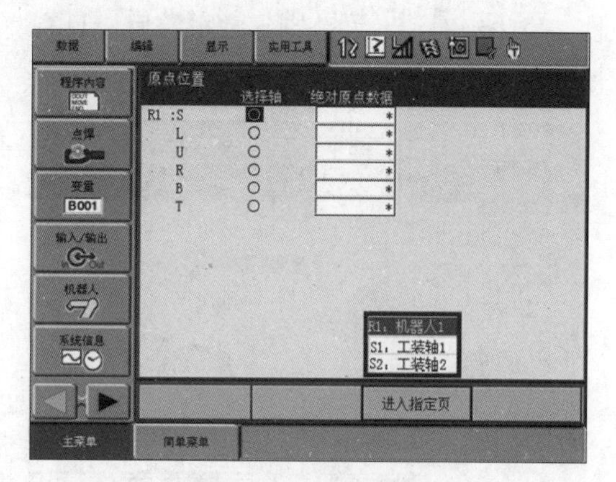

图 5-50　选择控制轴组

⑤ 选择“编辑”菜单，显示下拉菜单，如图 5-51 所示。

⑥ 选择“选择全部轴”选项，显示确认对话框，如图 5-52 所示。

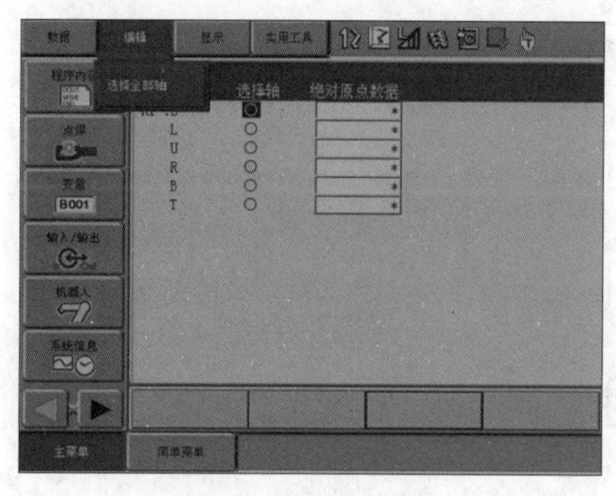

图 5-51　显示下拉菜单

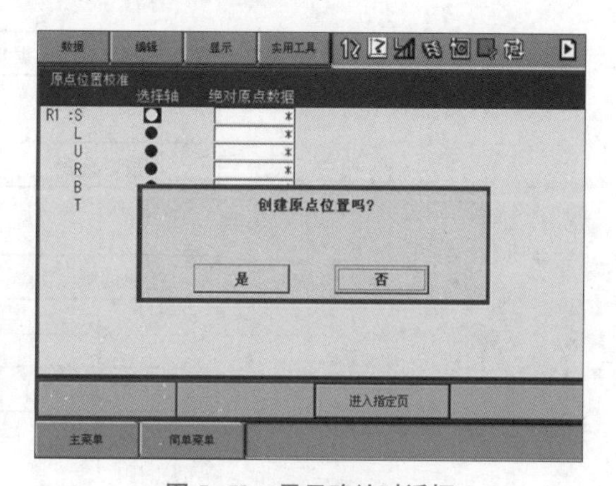

图 5-52　显示确认对话框

⑦ 选择“是”选项，显示全部轴的当前值，该值将被作为原点位置。若选择“否”选项，则操作中止。

(3) 原点位置清除。

① 选择主菜单中的“机器人”选项显示子菜单。

② 选择“原点位置”选项，按上述操作步骤进入原点创建画面，选择目标控制轴组。

③ 选择“数据”菜单，显示下拉菜单，如图 5-53 所示。

④ 选择“清除全部数据”选项，显示确认对话框，如图 5-54 所示。

⑤ 选择“是”选项，清空所有数据。若选择“否”选项，则操作中止。

3. 第二原点位置的设定

(1) 第二原点概述。

工业机器人通电时，若马达编码器的绝对值旋转数据不一致，则接通控制柜后，会发生

4107 报警，显示“绝对数据允许范围异常”。有以下两种情况会发生报警：PG 系统异常；PG 系统正常，但是电源关闭后，机器人本体位置发生了变化。PG 系统异常的情况下，按下开始按钮机器人开始动作时，可能会有意想不到的动作，非常危险。因此，为了确保安全性，发生绝对值允许范围异常报警后，只有确认第二原点位置的操作完成后，才能按下开始按钮。报警复位操作流程如图 5-55 所示。

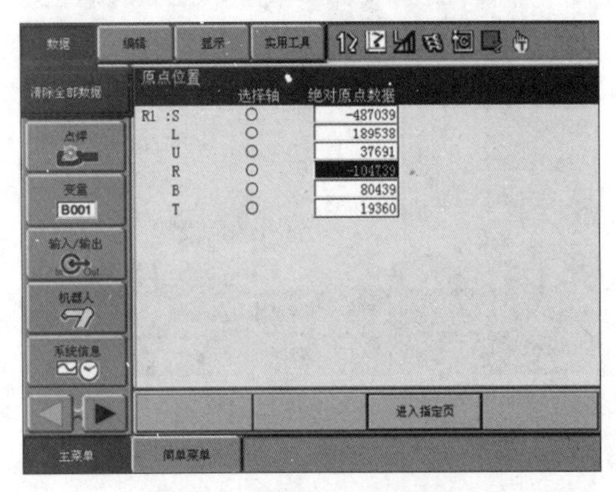

图 5-53　显示下拉菜单

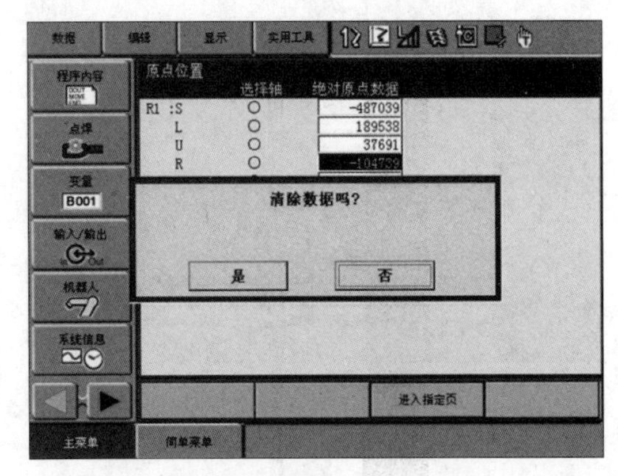

图 5-54　显示确认对话框

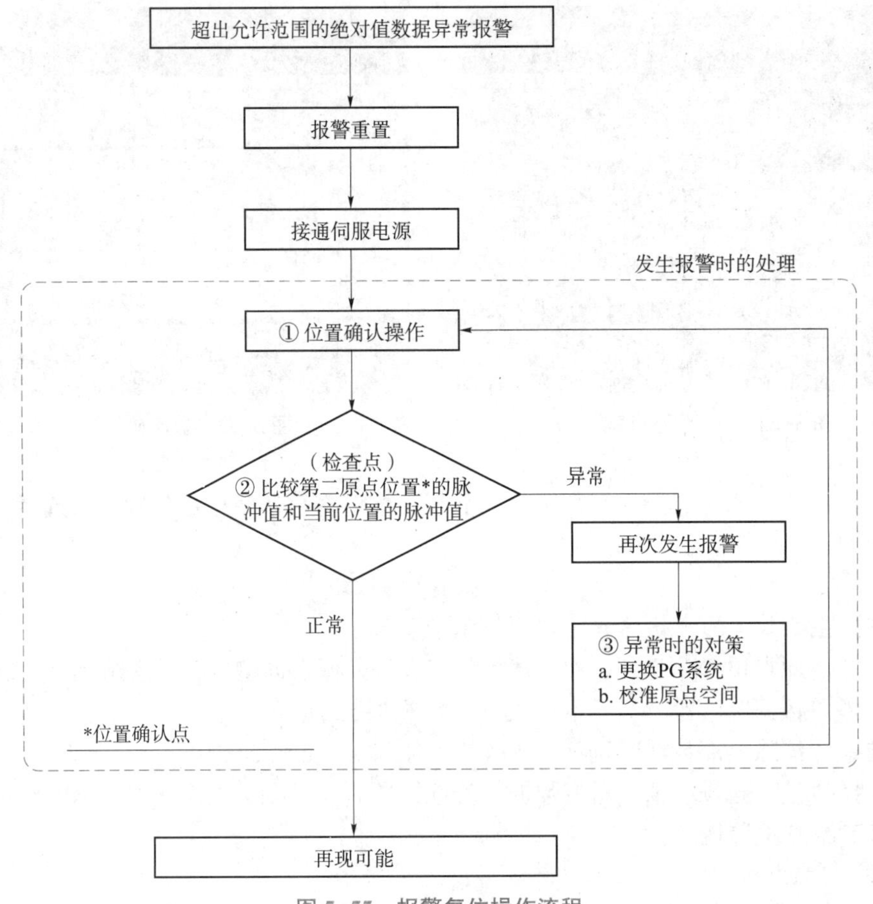

图 5-55　报警复位操作流程

① 位置确认操作。发生绝对值允许范围异常报警后，通过轴操作确认第二原点位置。若未确认第二原点位置，则不能进行再现和试运行操作。

② 比较第二原点位置的脉冲值和当前位置的脉冲值，若脉冲值的差在允许范围内，则可进行操作，若超出允许范围，则会再次发出异常报警。允许范围脉冲值为 PPR 值（马达转动一周的脉冲值）。第二原点位置的初始值是原点位置（全轴 0 脉冲的位置），该值可以更改。

③ 再次发生异常报警时，一般是 PG 系统异常，请进行检查。报警恢复后，再次进行位置确认。

（2）第二原点位置的设定方法。

第二原点和机器人固有的原点位置不同，第二原点位置是作为绝对数据的检查点而设定的。设置第二原点操作流程如下。

① 选择主菜单中的“机器人”选项，显示子菜单，如图 5-56 所示。

② 选择“第二原点位置”选项，显示第二原点位置信息，如图 5-57 所示。

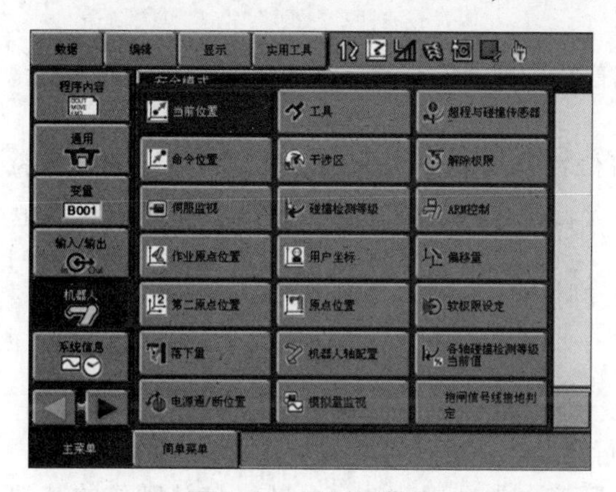

图 5-56　显示子菜单

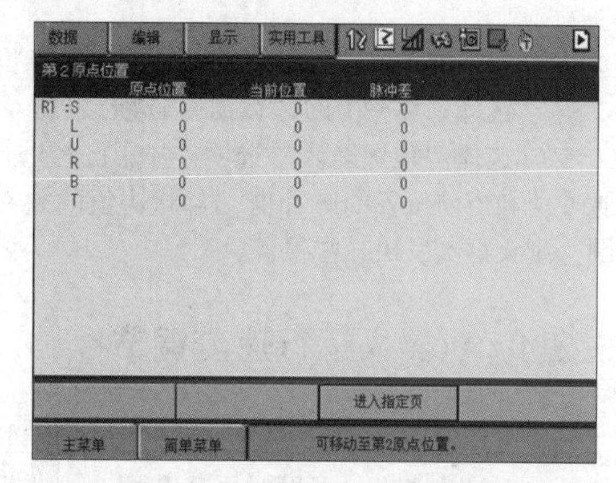

图 5-57　显示第二原点位置信息

③ 有多个控制轴组时，可以按下翻页键或者选择“进入指定页”选项，选择要设定第二原点的控制轴组，如图 5-58 所示。

④ 按下轴操作键，将机器人移动到新的第二原点位置。

⑤ 按下修改键和回车键，更改第二原点位置。

（3）报警发生后的处理。

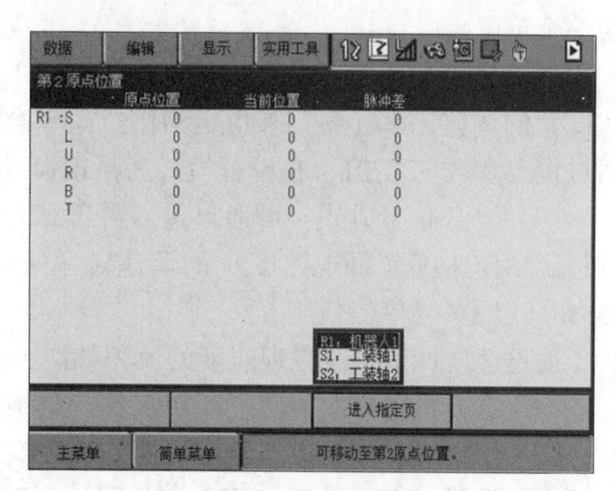

图 5-58　选择要设定第二原点的控制轴组

如果发生绝对数据允许范围异常报警，报警复位、接通伺服电源之后必须再进行位置确认。如果是 PG 系统异常，请进行更换。切断主电源时，机器人的当前值和再次接通主电源时机器人的当前值可在电源接通/断开位置界面确认。

① 选择主菜单中的“机器人”选项，显示子菜单。

② 选择“第二原点位置”选项，显示第二原点位置信息，如图 5-59 所示。

③ 有多个控制轴组时，可以按下翻页键或者选择“进入指定页”选项，选择第二原点的控制轴组，如图 5-60 所示。

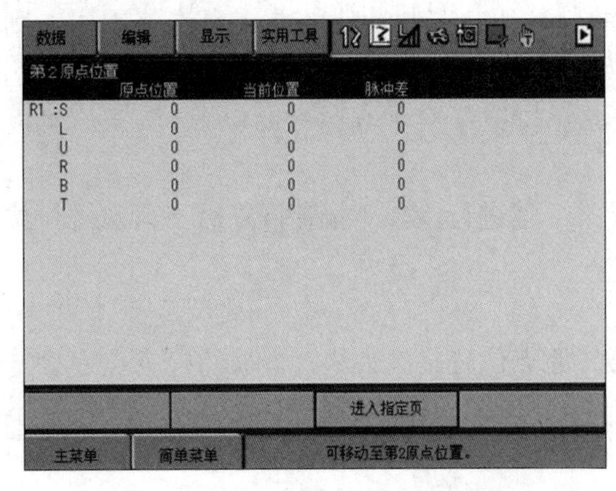

图 5-59　显示第二原点位置信息

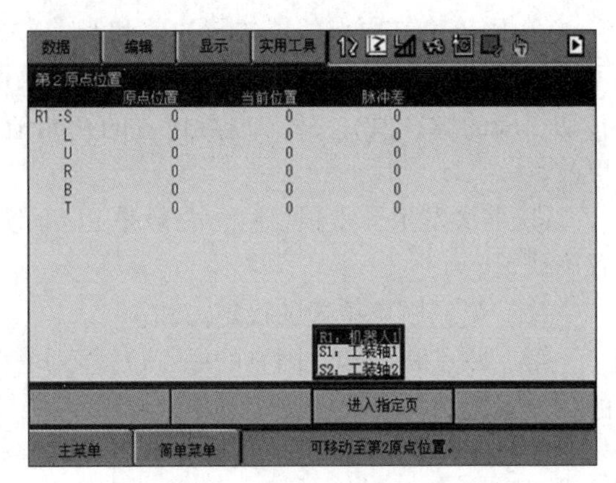

图 5-60　选择第二原点的控制轴组

④ 按下前进键，控制点移动到第二原点位置，移动速度是此时选择的手动速度。

⑤ 选择菜单栏中的“数据”选项。

⑥ 选择“位置确认”选项，显示已经进行位置确认操作的信息。比较第二原点位置的脉冲值和当前位置的脉冲值，若脉冲值的差在允许范围内，则可进行操作；若超出允许范围，则会再次发出异常报警。

5.2.4　机器人运行速度调节

在工作现场，通常需要对机器人的速度进行调节，速度调节有以下 3 种方法。

(1) 速度调节。可同时再现和更改，并且可多次尝试更改速度，或在确认动作的基础上进行更改，还可以按照再现速度的比率进行更改，比率的设定范围为 10%~150%（以 1%为一个单位）。

(2) 连续循环动作。可暂时更改机器人的再现速度，按照程序中指定动作速度（再现速度）的调整比率（%）来指定动作。比率设定范围为 1%~100%（以 1%为单位）。另外，通过设定参数 S2C701，在设置模式为再现模式后，自动设定速度调节。

(3) 外部信号方式。可通过输入外部信号暂时更改机器人的再现速度，可在程序中通过指定动作速度（再现速度）的调速比率（%）来设置动作速度，比率设定范围为 1%~255%（以 1%为单位）。

通过速度调节更改再现速度的流程如图 5-61 所示。设定速度的步骤如下。

(1) 选择再现界面中的“实用工具”选项。

(2) 选择“速度修改”选项，进入速度调节状态，如图 5-62 所示。

(3) 设置“更改”为“无”，按下选择键时，“有”“无”会交替切换。当设置为“有”时，再现过程中会更改已登录的再现速度；当设置为“无”时，不会更改再现速度。若只是想尝试性的更改再现速度，应设置为“无”，如图 5-63 所示。

(4) 移动光标到“比率”后的数值框处，同时按下转换键和方向键中的上下键，调整比率值，也可以直接输入比率值，如图 5-64 所示。

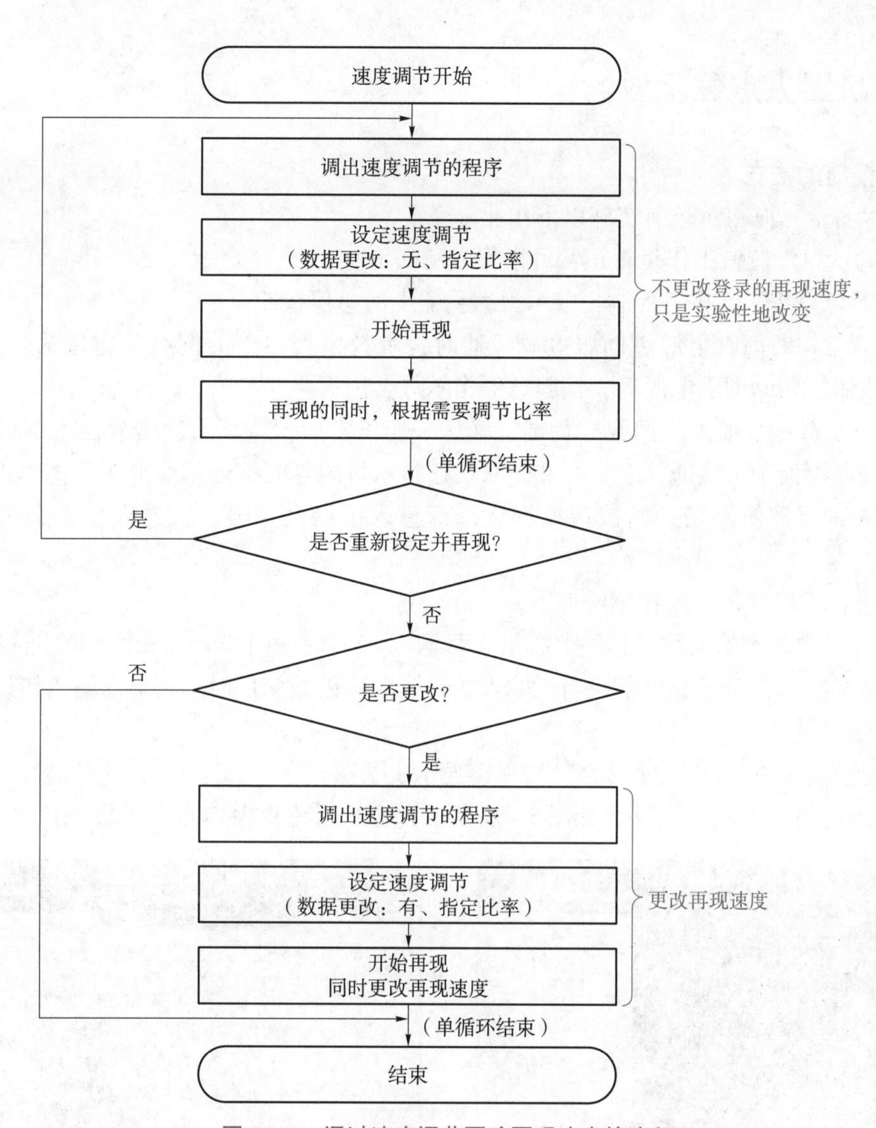

图 5-61　通过速度调节更改再现速度的流程

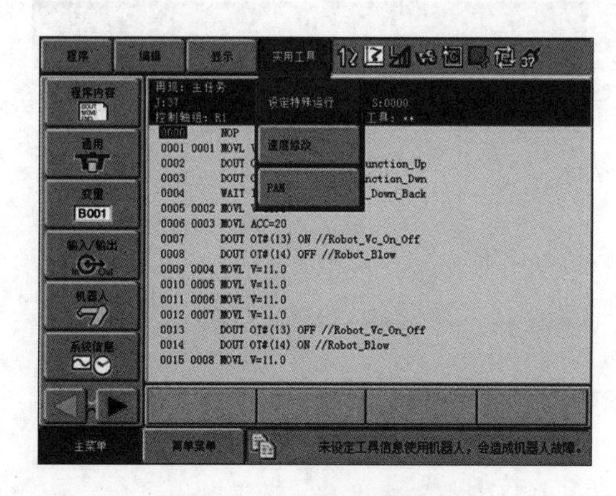

图 5-62　进入速度调节状态

图 5-63　设置为“无”

更改速度　更改 无　比率 100

图 5-64　调节比率值

5.2.5 机器人点位示教

1. 示教前的准备

为确保安全，应在示教前实施以下作业。

（1）确认急停按钮工作是否正常。操作方法如下。

① 按下急停按钮。按下控制柜或示教编程器上的急停按钮。

② 确认已切断伺服电源。伺服电源接通时，示教编程器上的伺服接通指示灯会亮起。按下急停按钮，切断伺服电源后，伺服急停指示灯会熄灭。

③ 按下示教编程器上的伺服准备键。确认一切正常后，按下示教编程器上的伺服准备键，使伺服电源处于可接通状态。可在伺服接通指示灯闪烁时接通伺服电源。将模式选择键设定为TEACH，即使误按开始按钮或者从外部输入了启动信号，机器人也不会进入再现模式。

（2）进行程序登录。操作方法如下。

① 输入示教程序的名称。程序名称最多可输入32个半角字符（16个全角字符），可使用数字、英文字母、符号和汉字。当所输入的程序名称已被使用时，将显示输入错误。

② 程序登录。

a. 选择主菜单中的“程序内容”选项，显示子菜单。

b. 选择“新建程序”选项，如图5-65所示，显示新建程序界面，如图5-66所示。

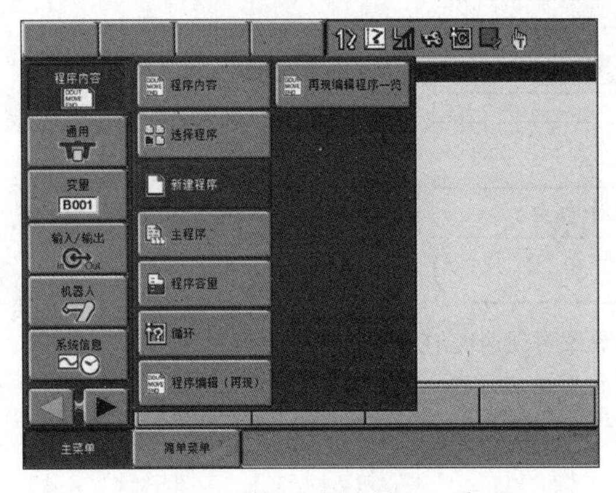

图5-65 选择“新建程序”选项

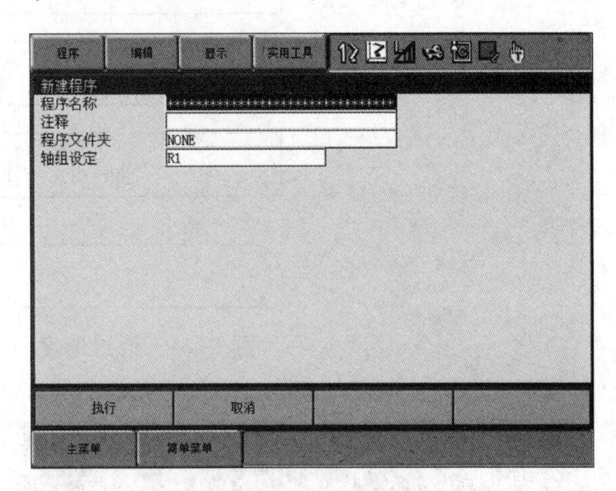

图5-66 显示新建程序界面

c. 输入程序名称。

将光标移动到程序名称，按下选择键，输入程序名称。

d. 按下回车键。

③ 登录注释。

注释的字数最多为32个半角字符，可使用数字、英文字母、符号、汉字。

a. 输入注释。

在新建程序界面中，将光标移至注释处，按下选择键，输入注释。

b. 按下回车键。

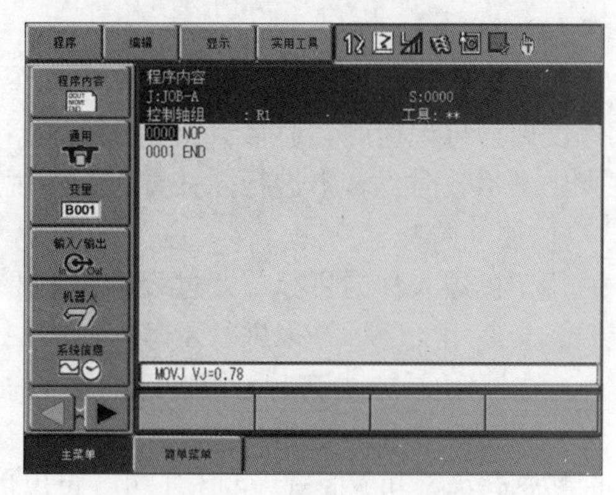

④ 登录控制组。

从预先登录的控制组中选择目标控制组，系统中无外部轴（基座轴/工装轴）或多台机器人时，无须设定。

⑤ 转移至示教界面。

设定好程序名称、注释（可省略）、控制组后，转移至示教界面，如图 5-67 所示。在新建程序界面中，按下回车键或选择“执行”选项，登录程序，显示程序内容界面，NOP 和 END 命令会自动登录。

图 5-67　转移至示教界面

注意：一个程序中可登录 10 000 个命令（包含 NOP、END 命令，0~9 999 行）。

当程序容量不足，或使用了结构性语言功能（可选）、ARCON 命令（用于弧焊焊接）、SVSPOTMOV 命令［用于点焊焊接（伺服焊钳）］时，可登录命令数会有限制。

2. 程序点的示教

（1）示教界面。

在程序内容界面下进行示教，程序内容界面中会显示行号、光标、命令和附加项目等内容，如图 5-68 所示。

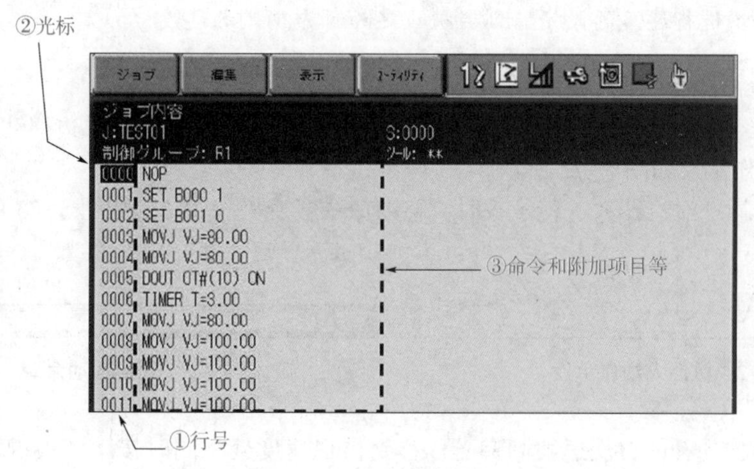

图 5-68　程序内容界面

① 行号：表示程序行的编号。

② 光标：用于编辑命令。按下选择键后，可进行命令编辑。另外，还可通过插入键、修改键、删除键来进行命令的插入、修改、删除。

③ 命令和附加项目。

a. 命令：执行处理、作业等的相关指示，为移动命令时，对位置进行示教后，会自动显示和插补方法相对应的命令。

b. 附加项目：根据命令种类，可设定速度、时间等，在项目设定标记中，根据需要，可添加数值数据、文字数据等，如图 5-69 所示。

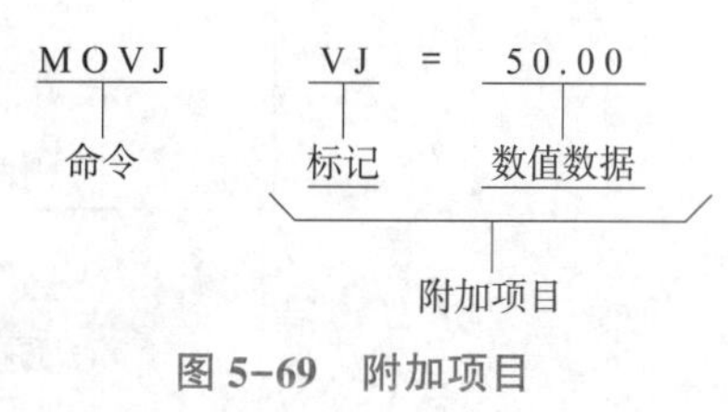

图 5-69　附加项目

（2）插补方法。

再现运行时，由插补方法决定机器人在各程序点间以何种轨迹移动。在各程序点间的移动速度即为再现速度。通常，位置数据、插补方法、直线速度会被同时登录进机器人轴的程序点中。示教时，若不进行插补方法、再现速度的设定，则会按照之前的设定自动登录。

① 关节插补。

用于机器人移向目标位置过程中，不受轨迹约束的区间。为确保安全，通常在第一程序点时，会使用关节插补来进行示教。

a. 按下插补方式键后，缓冲区的移动命令会被切换为 MOVJ，如图 5-70 所示。

b. 设定关节插补的再现速度，以相对于最高速度的比率来表示。将光标移到再现速度处，同时按下转换键和方向键中的上下键，可以进行关节插补再现速度的细节，如图 5-71 所示。

MOVJ VJ=0.78

图 5-70　切换移动命令

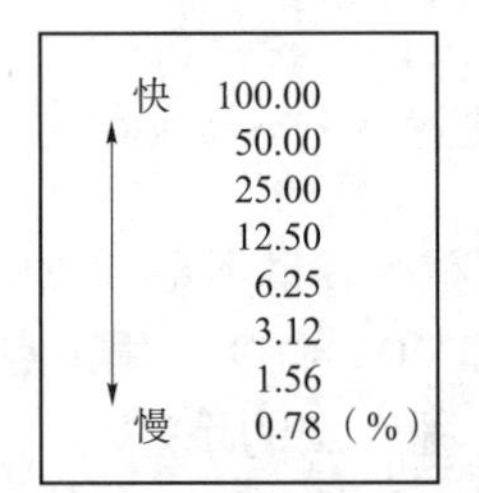

图 5-71　关节插补再现速度的调节

> 注意：若不进行速度的设定，则会被设定为预先确定的速度。

② 直线插补。

直线插补经常被用于焊接等作业区间，其移动轨迹为直线，机器人边移动边自动改变手腕位置，其动作示意如图 5-72 所示。

a. 用直线插补对机器人进行示教时，移动命令会变为 MOVL，如图 5-73 所示。

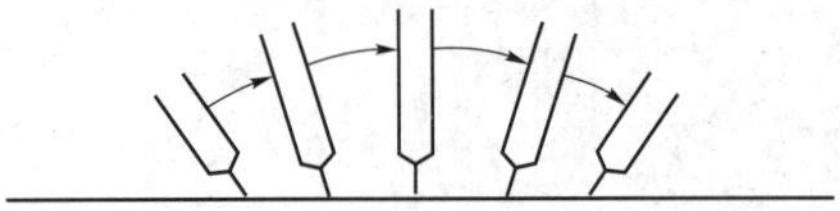

图 5-72　机器人动作示意

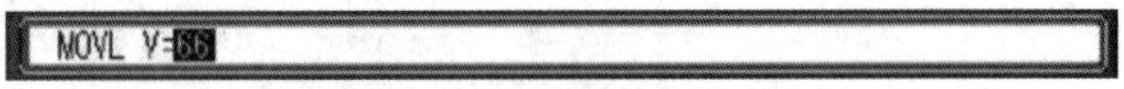

MOVL V=66

图 5-73　切换移动命令

b. 设定直线插补的再现速度。将光标移到再现速度处，同时按下转换键和方向键中的上下键，可以进行直线插补再现速度的调节，如图 5-74 所示。

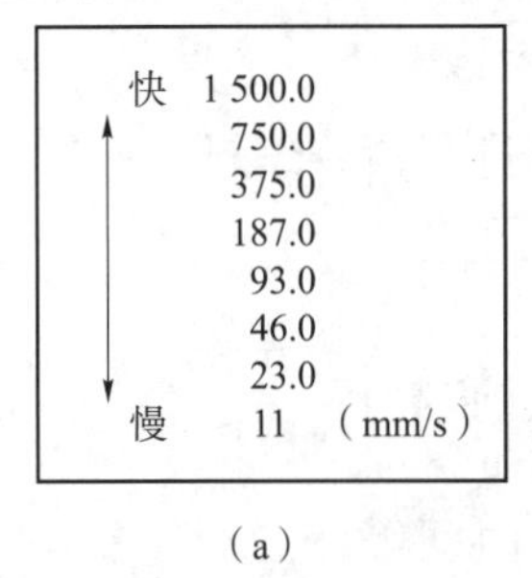

（a）

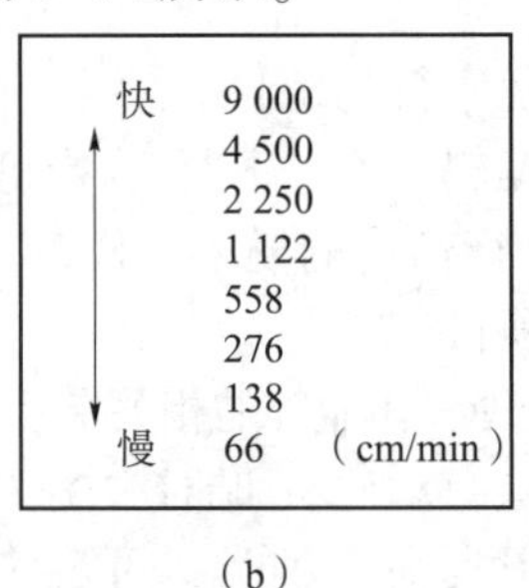

（b）

图 5-74　直线插补再现速度的调节

（a）其他用途；（b）弧焊用途

c. 位置等级是指机器人通过示教位置时，示教位置的靠近程度。预先设定好合适的位置等级，可使机器人根据周围状况及工件，以合适的轨迹进行动作。位置等级可添加在移动命令 MOVJ（关节插补）和 MOVL（直线插补）中。未设定位置等级时，其精度会随动作速度改变而改变。位置等级的轨迹与精度的关系如图 5-75 所示。

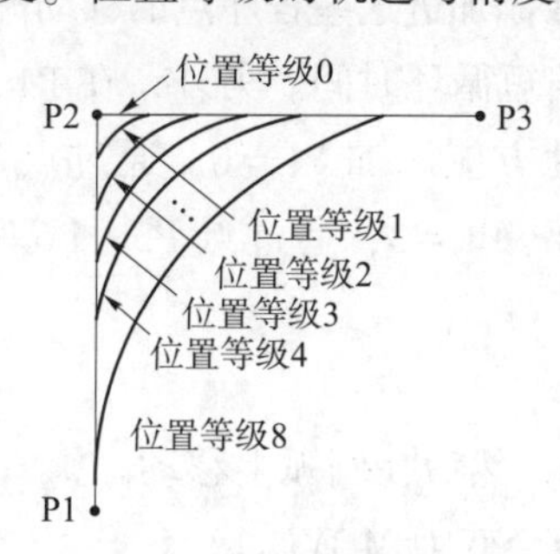

位置等级	精度
0	示教位置
1 ↓ 8	精 ↓ 粗

图 5-75　位置等级的轨迹与精度的关系

位置等级设置方法如下。

- 移动光标到命令处，显示详细编辑界面，如图 5-76 所示。
- 选择位置等级中的“未使用”选项，如图 5-77 所示。

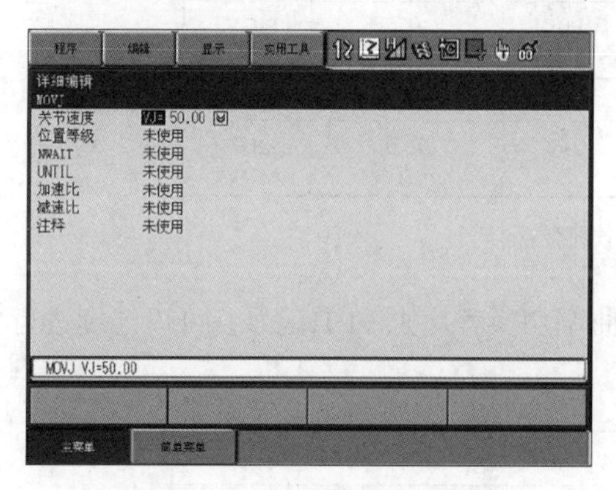

图 5-76　显示详细编辑界面

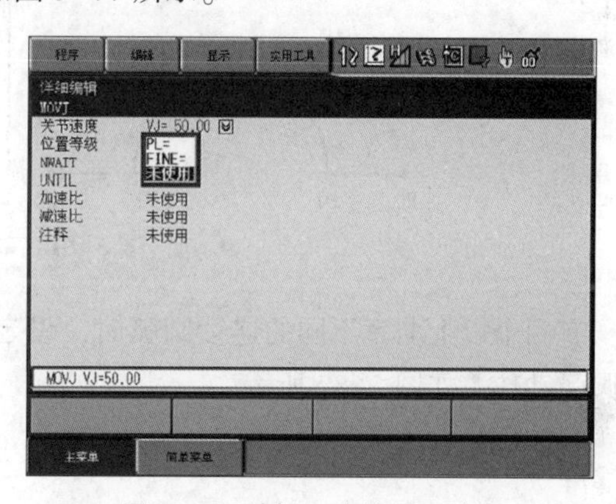

图 5-77　选择“未使用”选项

- 选择“PL=”选项，输入“0”，如图 5-78 所示。
- 按下回车键确认，如图 5-79 所示。

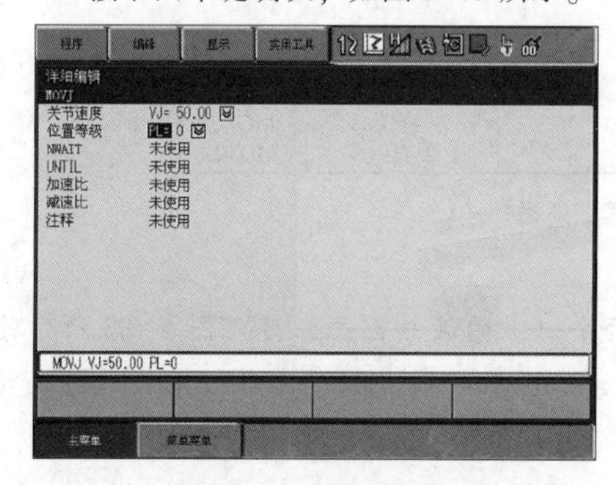

图 5-78　设置 PL 为 0

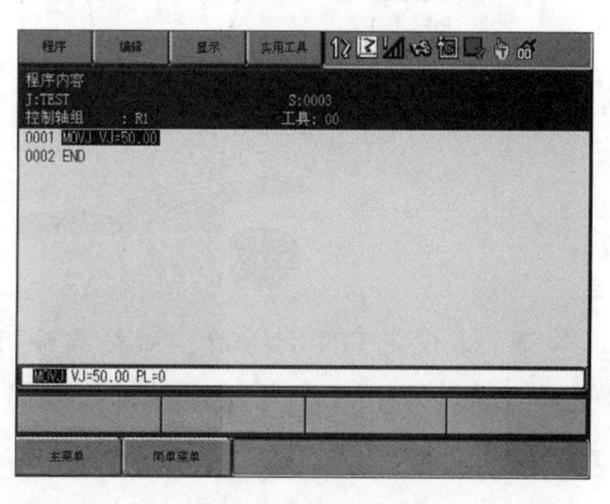

图 5-79　确认界面

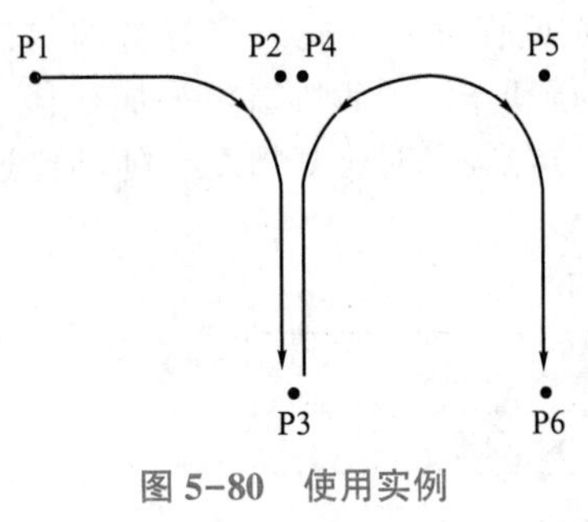

图 5-80　使用实例

- 再次按下回车键返回主菜单，使用实例如图 5-80 所示。

程序路径为从 P1 开始，经过 P2，到达 P3，经过 P4、P5，到达 P6。程序点 P2、P4、P5 仅为通过点，不需要准确定位。若将 PL=1~8 添加进这些程序点的移动命令中，就会变为内环动作，可缩短循环时间。另外，在 P1、P3、P6 这些需要完全定位的地方应添加 PL=0。通过点 P2、P4、P5 时，MOVL　V=138　PL=3，通过点 P3、P6 时，MOVL　V=138　PL=0。

③ 圆弧插补。

机器人会通过以圆弧插补示教的 3 点画一个圆弧，然后在圆弧上移动。

a. 用圆弧插补对机器人轴进行示教时，移动命令会变为 MOVC。

当只有单个圆弧时，用圆弧插补对 P1~P3 这三点进行示教。用关节插补或直线插补对圆弧之前的 P0 点进行示教时，P0~P1 的轨迹会自动变为直线，如图 5-81 所示。

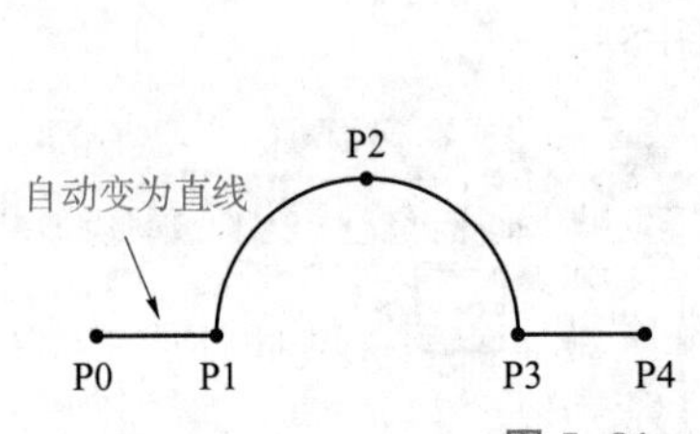

点	插补方法	命令
P0	关节 或直线	MOVJ MOVL
P1~P3	圆弧	MOVC
P4	关节 或直线	MOVJ MOVL

图 5-81　单个圆弧插补

有两个以上曲率不同的连续圆弧时，设定曲率切换程序点 FPT 记号，可以连续进行两个圆弧动作，如图 5-82 所示。

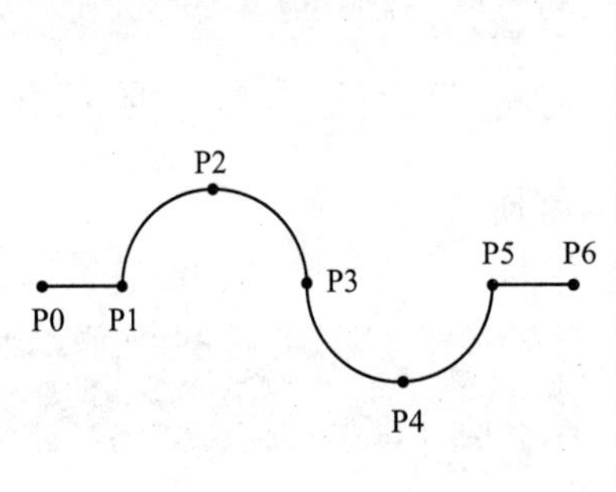

点	插补方法	命令
P0	关节 或直线	MOVJ MOVL
P1~P2	圆弧	MOVC
P3	圆弧	MOVC FPT
P4~P5	圆弧	MOVC
P6	关节 或直线	MOVJ MOVL

图 5-82　连续圆弧插补

注意：未设定 FPT 记号时，必须要分开两个以上的连续圆弧，可将图 5-83 所示的 P4 关节或直线插补程序点连接到圆弧相同点，但示教相同点程序点时，无法进行连续动作。

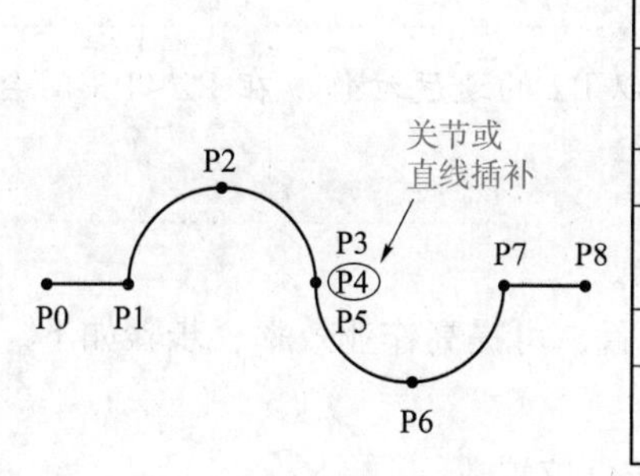

点	插补方法	命令
P0	关节 或直线	MOVJ MOVL
P1~P3	圆弧	MOVC
P4	关节 或直线	MOVJ MOVL
P5~P7	圆弧	MOVC
P8	关节 或直线	MOVJ MOVL

图 5-83　未设定 FPT 记号时的连续圆弧插补

b. 圆弧插补动作的再现速度设定和直线插补是相同的。

注意：在 P1 ~ P2 间会以 P2 的速度动作，在 P2 ~ P3 间会以 P3 的速度动作，此外，高速示教圆弧运动时，实际的圆弧轨迹会比示教的圆弧轨迹小。

④ 自由曲线插补。

在进行焊接、切割、上底漆时，若使用自由曲线插补，更易于对具有不规则曲线的工件进行示教。自由曲线插补的轨迹为经过 3 点的抛物线。

a. 用自由曲线插补对机器人轴进行示教时，移动命令会变为 MOVS。

使用单条自由曲线插补对 P1 ~ P3 这 3 点进行示教，使用关节插补或直线插补对自由曲线之前的 P0 点进行示教时，P0 ~ P1 的轨迹会自动变为直线，如图 5-84 所示。

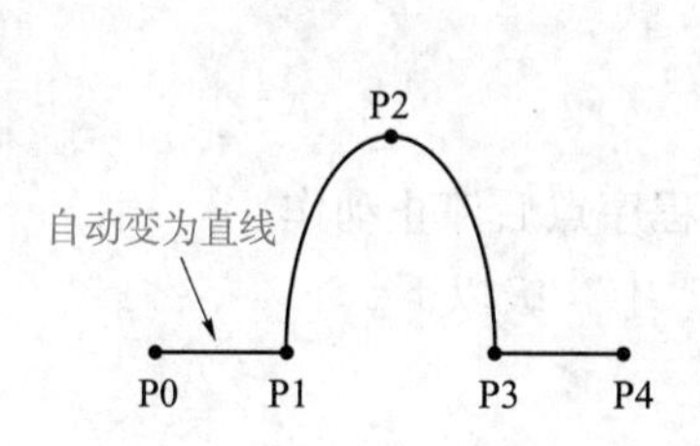

点	插补方法	命令
P0	关节 或直线	MOVJ MOVL
P1~P3	自由曲线	MOVS
P4	关节 或直线	MOVJ MOVL

图 5-84　单条自由曲线插补

当使用连续自由曲线插补时，会通过合成相互重叠的抛物线来制作轨迹。和圆弧插补有所不同，连续自由曲线插补不需要在两条自由曲线的连接点处加入程序点或标上 FTP 记号，如图 5-85 所示。

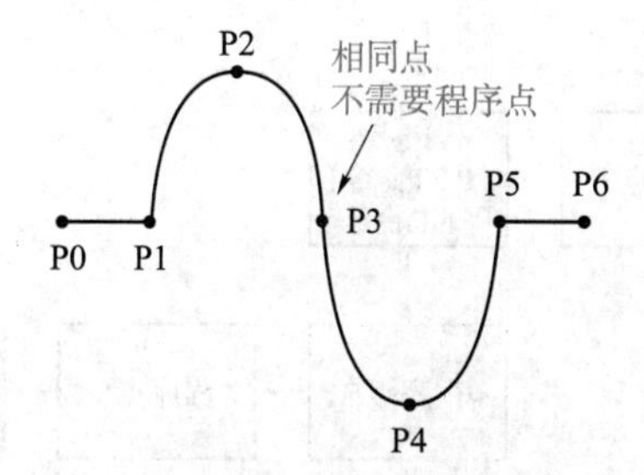

点	插补方法	命令
P0	关节 或直线	MOVJ MOVL
P1~P5	自由曲线	MOVS
P6	关节 或直线	MOVJ MOVL

图 5-85　连续自由曲线插补

b. 自由曲线插补动作的再现速度设定和直线插补相同。

注意：和圆弧插补相同，在 P1~P2 间会以 P2 的速度动作，在 P2~P3 间会以 P3 的速度动作。

（3）最初程序点和最后程序点的重叠方法。

将最初程序点和最后程序点重叠在同一位置，可提高作业效率，步骤如下。

① 移动光标到最初程序点。

② 按下前进键，机器人会移动到最初程序点位置。

③ 将光标移动到最后程序点处，光标开始闪烁。在程序内容界面中，光标所在行的程序点位置和机器人位置不同时，光标会一直闪烁。

④ 按下修改键，按键指示灯亮起。

⑤ 按下回车键，将最初程序的位置数据登录到最后程序点一行，此时在最后程序点只有位置数据可被更改，插补方法和再现速度不会被更改。

3. 确认程序点

在运行程序之前，出于安全考虑，必须对程序进行验证，确保程序正确地按预设的点和轨迹进行运动。用示教编程器的前进键和后退键对示教的程序点位置进行确认，按住前进键和后退键时，机器人会按每个程序点进行动作。

按下前进键时，机器人按程序点编号顺序移动，只执行移动命令。

同时按下联锁键和前进键时，机器人按照顺序执行所有命令。

按下后退键时，机器人按照程序点编号的相反顺序进行移动，只执行移动命令。

（1）操作方法。

① 移动光标到要确认的程序点。

② 按下前进键或后退键，机器人到达下一个程序点后停止动作。

为了安全，请将手动速度调整到速度较慢的“中”级以下。

（2）动作注意事项。

① 前进动作。

机器人按程序点编号顺序动作，只按下前进键，只执行移动命令；同时按下联锁键和前进键，顺序执行所有的命令，动作在进行一个循环之后结束。到达 END 命令后，即使再按下前进键，机器人也不会动作。但是，当有 CALL 命令时，会向 CALL 命令的下一个命令前进。程序示例如图 5-86 所示。

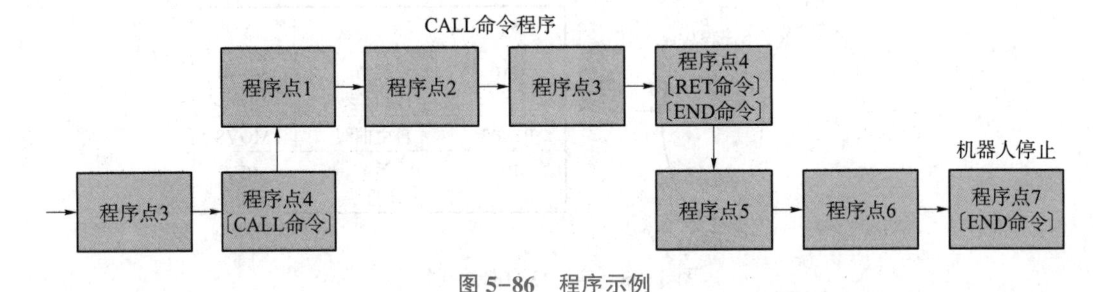

图 5-86　程序示例

② 后退动作。

机器人按照程序点编号的相反顺序动作，只执行移动命令。到达第一个程序点后，即使再按下前进键，机器人也不会动作。但是，当有 CALL 命令时，会返回到 CALL 命令之前的移动命令上。程序示例如图 5-87 所示。

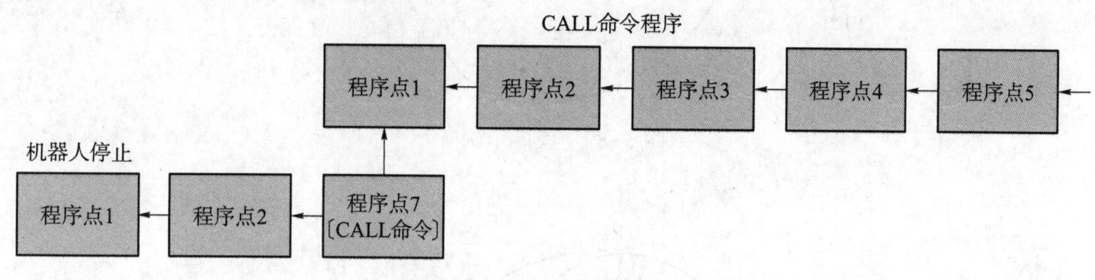

图 5-87　程序示例

③ 前进/后退的圆弧动作。

向圆弧插补的最初程序点移动的动作变为直线动作，圆弧插补的程序点不是 3 点连续时，不能进行圆弧动作。在中途停止前进/后退操作，移动光标或进行搜索操作之后，再继续前进/后退操作时，机器人会直线移动到前进程序点。在中途停止前进/后退操作，进行轴操作之后，再次进行前进/后退操作时，会以直线动作移动到下一个圆弧插补的程序点 P2 上，P2~P3 间返回到圆弧动作。程序示例如图 5-88 所示。

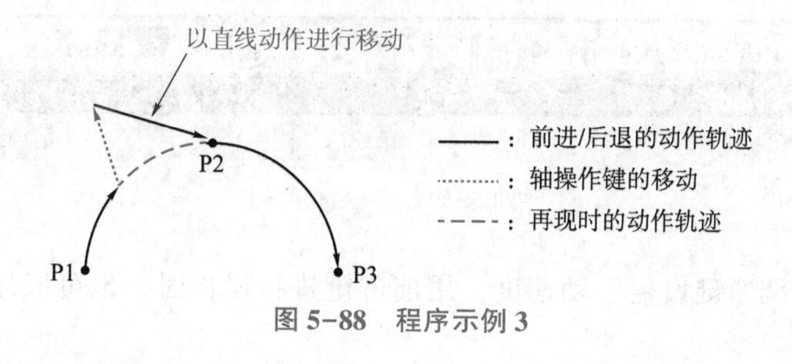

图 5-88　程序示例 3

④ 前进/后退的自由曲线动作。

向自由曲线插补的最初程序点进行的动作变为直线动作，自由曲线插补的程序点不是 3 点连续时，不能进行自由曲线动作。在进行前进/后退操作的位置上，有时会发生“示教点间的距离不均一”的警报。进行前进/后退的微动作操作后，轨迹会发生改变，此时容易发生上述警报。中途停止前进/后退操作，移动光标或进行搜索操作之后，再继续进行前进/后退操作时，机器人会直线移动到下一个程序点。在中途停止前进/后退操作，进行轴操作之后，再次进行前进/后退操作时，会以直线动作移动到下一个自由曲线插补的程序点 P2 上，P2 以后会返回到自由曲线动作，但是 P2 ~ P3 间和再现时的轨迹有差异。程序示例如图 5-89 所示。

按下前进键，机器人移动到程序点 P3 后停止，按下后退键，返回到程序点 P2，再次前进动作，P2~P3 间的轨迹在前进、后退、再前进动作时都有所不同。程序示例如图 5-90 所示。

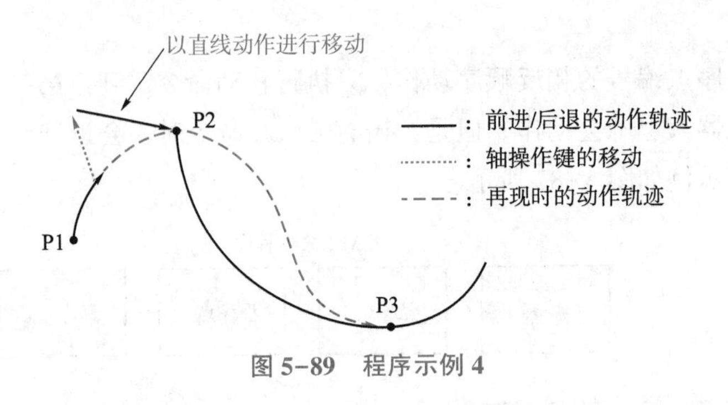

图 5-89　程序示例 4

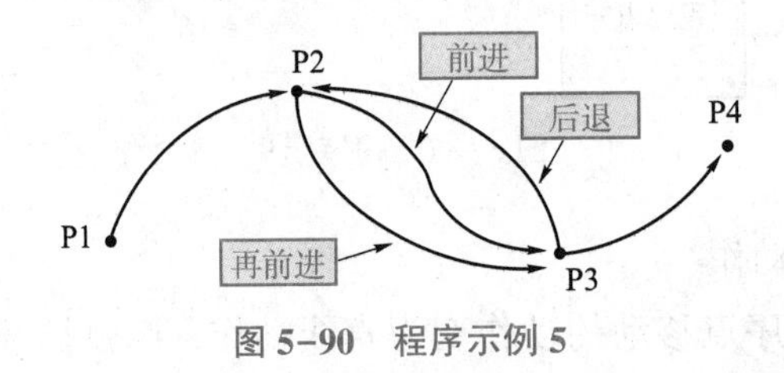

图 5-90　程序示例 5

（3）手动速度的选择。

用前进键、后退键进行操作后，机器人会以当时选择的手动速度进行动作。无论选择哪个手动速度，都要在示教编程器上确认速度，如图 5-91 所示。

图 5-91　确认速度

也可以用手动调速键设定手动速度，用前进键进行操作时，也可以用高速键进行高速动作。

每次按下手动调速键的高键时，会以“微动”→“低”→“中”→“高”的顺序进行切换。

每次按下手动调速键的低键时，会以“高”→“中”→“低”→“微动”的顺序进行切换。

注意：用前进键、后退键操作时，手动速度即使是“微动”也会用和“低”相同的速度动作，高速键只能在前进键操作时使用，后退键操作时不能使用。

4. 修改程序点

修改移动命令时的流程如图 5-92 所示。

（1）插入移动命令，如图 5-93 所示。

操作方法如下。

① 将光标移动到要插入移动命令的前一行，如图 5-94 所示。

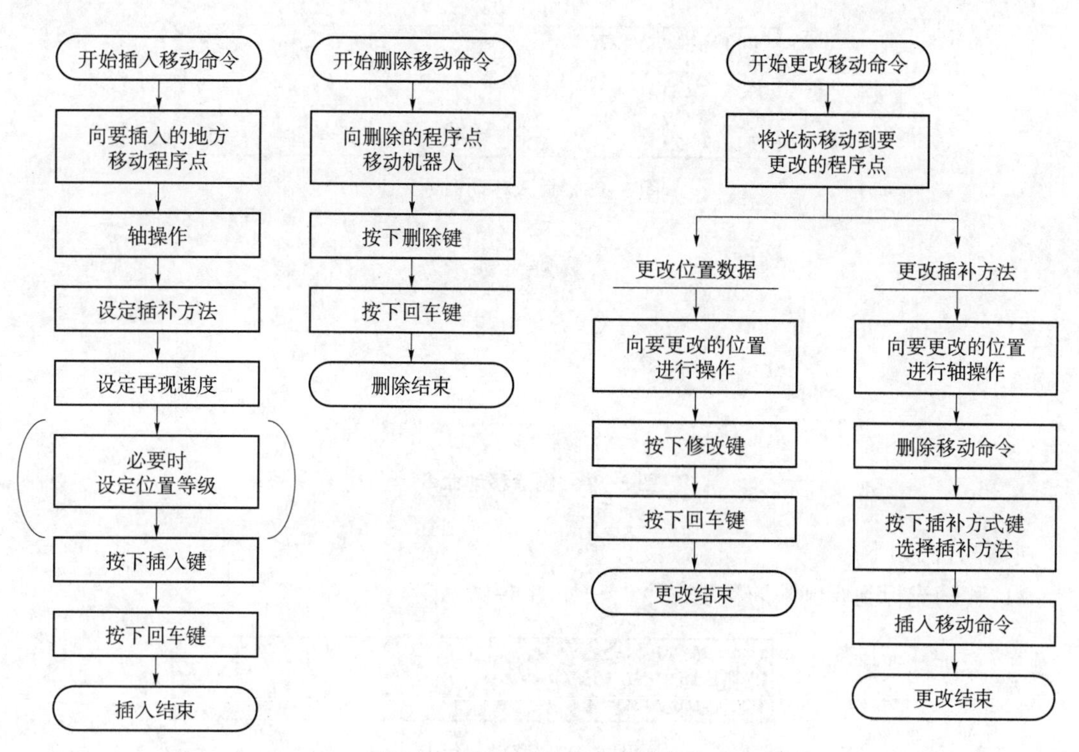

图 5-92　修改移动命令时的流程

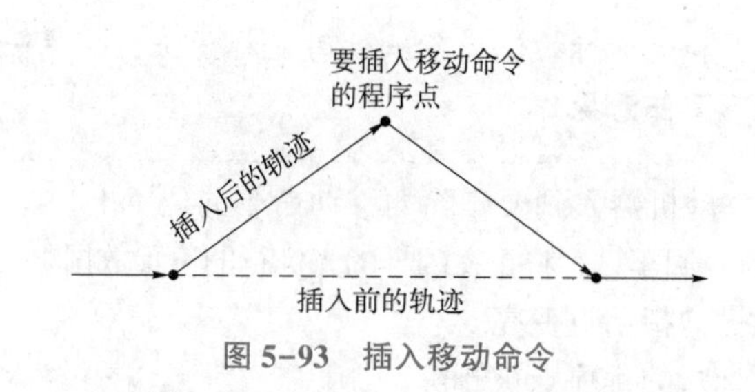

图 5-93　插入移动命令

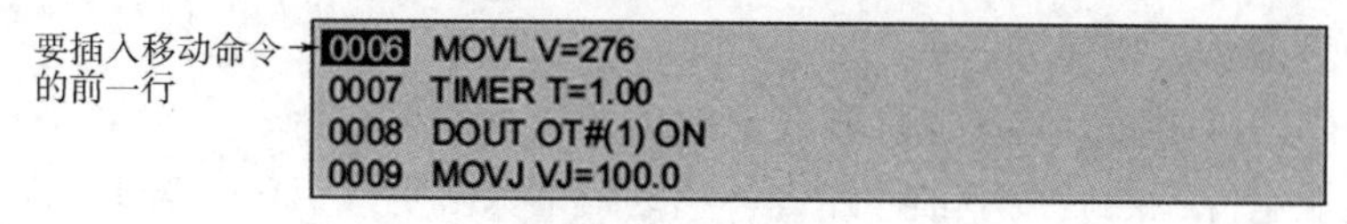

图 5-94　移动光标

② 通过轴操作键移动到要插入的点位。

接通伺服电源，按下轴操作键，移动机器人到插入位置。在缓冲区确认所显示的移动命令，设定插补方法、再现速度。

③ 按下插入键，此键的指示灯亮起。

④ 按下回车键，将移动命令插入程序点光标一行，如图 5-95 所示。

（2）删除移动命令，如图 5-96 所示。

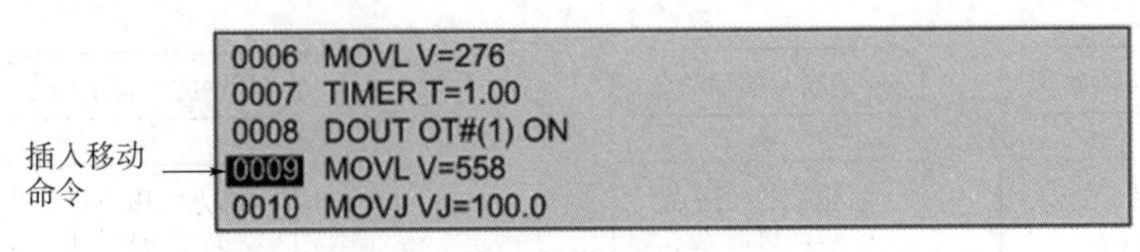

图 5-95　插入移动命令

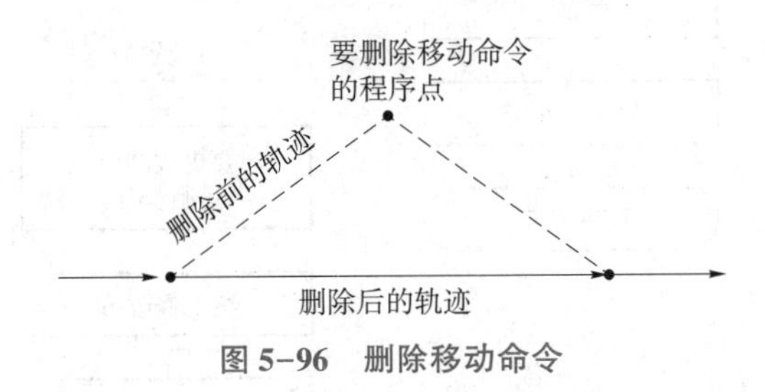

图 5-96　删除移动命令

操作方法如下。

① 移动光标到要删除的移动命令上，如图 5-97 所示。

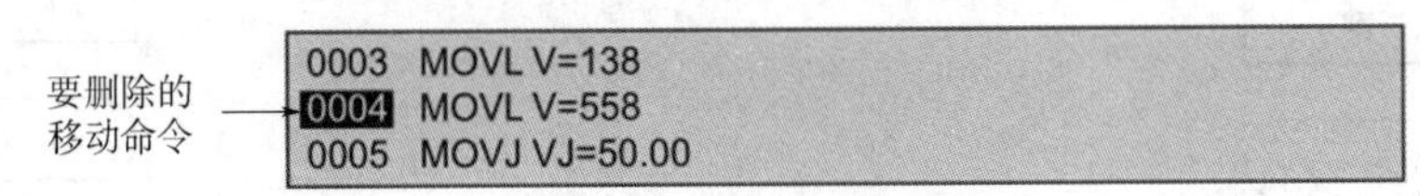

图 5-97　移动光标

> 注意：机器人的位置和光标行的位置不一致时光标闪烁，位置一致时光标常亮，闪烁时若想要灯亮，请完成下面任意操作。

（1）按下前进键，移动机器人到要删除的移动命令的位置上。

（2）依次按下修改键和回车键，将正在闪烁的光标行的位置数据更改为机器人的当前位置。

② 按下删除键，该键的指示灯变亮。

③ 按下回车键，光标行的程序点被删除。

（3）更改移动命令。

① 更改位置数据，操作方法如下。

a. 显示程序内容画面，移动光标到要更改位置数据的移动命令上。

b. 接通伺服电源，然后按下轴操作键，移动机器人到更改后的位置上。

c. 按下修改键，该按键的指示灯变亮。

d. 按下回车键，位置数据更改为机器人的当前位置。

② 更改插补方法，操作方法如下。

a. 显示程序内容画面，移动光标到要更改插补方法的移动命令上。

b. 接通伺服电源，按下前进键，移动机器人到光标行的移动命令的位置上。

c. 按下删除键，该按键的指示灯变亮。

d. 按下回车键，删除光标行的程序点。

e. 多次按下插补方式键，选择更改后的插补方法。每次按下插补方式键，可以切换缓冲区的命令。

f. 按下插入键。

g. 按下回车键，可以同时更改插补方法或位置数据。

(4) 复原操作（撤销功能）。

在编辑（插入、删除、更改）移动命令后，可以复原。

在程序内容显示界面选择菜单栏中“编辑”下的“UNDO 有效”选项，复原功能有效。

在复原功能有效时，选择菜单栏中“编辑”下的“＊UNDO 有效”选项，则复原功能无效。

操作方法如下。

① 同时按下回车键和取消键，显示帮助菜单。

② 选择“复原（UNDO）”选项，可以复原之前修改的移动命令。

③ 选择“重做（REDO）”选项，可以复原之前撤销的操作。

注意：复原（UNDO）和重做（REDO）操作也可以通过选择菜单“编辑”下的“复原（UNDO）”或“重做（REDO）”选项进行。

5.2.6　机器人试运行与自动运行

1. 试运行

试运行是指在示教模式下模拟再现动作，用于连续轨迹的确认、各命令的动作确认。试运行与再现模式下的再现动作有以下两点不同：最高的动作速度不会超过示教的最高速度；不能执行引弧等作业命令。

试运行操作方法如下。

(1) 选择主菜单中的“主程序”选项。

(2) 选择“主程序内容”选项，显示试运行的程序内容界面。

(3) 同时按下联锁键和试运行键，机器人根据运转周期开始动作。

注意：在试运行中，机器人只在按键按住期间动作，开始动作后，即使不按联锁键也会继续动作，放开试运行键后，机器人会立即停止。

2. 自动运行

通过再现操作，可以执行示教的程序，机器人自动运行的步骤如下。

(1) 选择目标程序。

① 选择主菜单中的“程序内容”选项。

② 选择“程序选择”选项，如图5-98所示，显示程序，如图5-99所示。

③ 选择目标程序 TEST-2。

(2) 设置主程序。

某个示教完的程序需要多次再现时，为了方便，可事先将其设置为主程序。

注意：一般只用一个程序作为主程序，设置完成后，之前设置的主程序会被自动解除。

图 5-98　选择“程序选择”选项

图 5-99　显示程序

① 选择主菜单中的“主程序”选项。

② 选择“管理”选项，显示主程序界面，如图 5-100 所示。

③ 按下选择键，显示列表框，如图 5-101 所示。

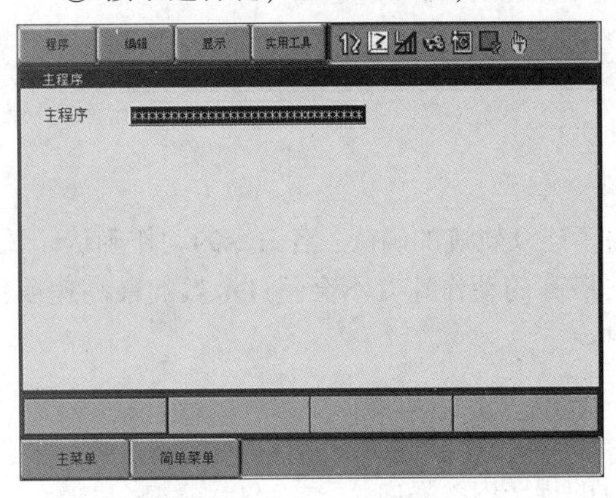

图 5-100　显示主程序界面

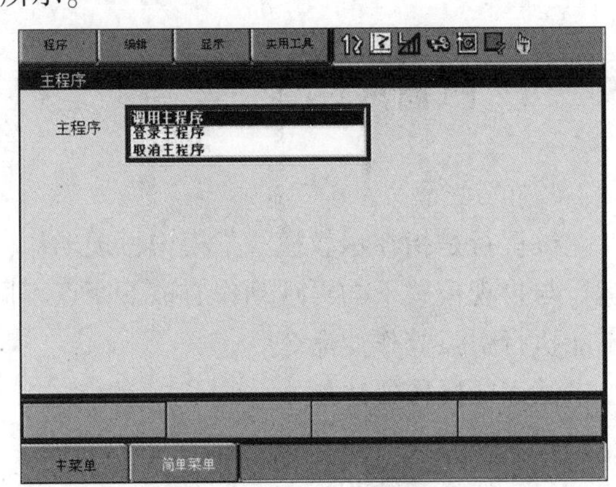

图 5-101　显示列表框

④ 选择“调用主程序”选项，显示程序，如图 5-102 所示。

⑤ 选择目标程序 TEST-1 作为主程序，将所选程序作为主程序设置，如图 5-103 所示。

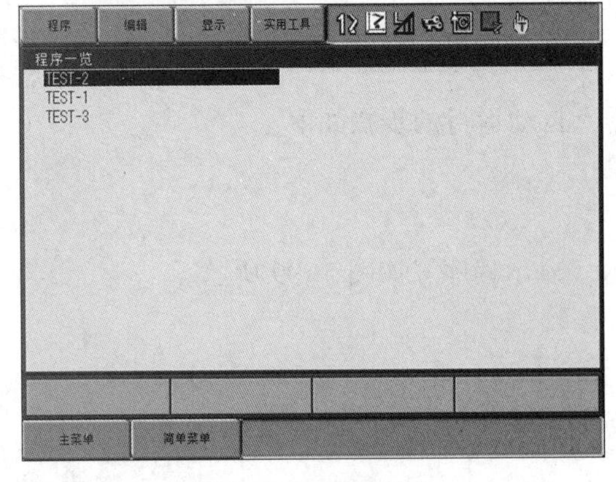

图 5-102　显示程序

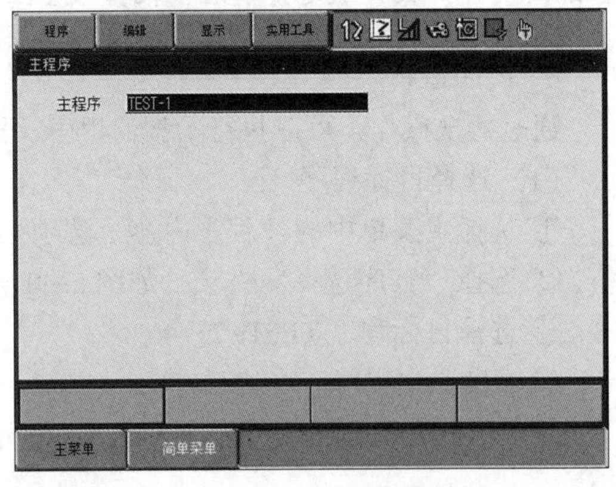

图 5-103　设置主程序

(3) 调用主程序，操作如下。

① 选择主菜单中的“主程序”选项，如图 5-104 所示。

② 选择“管理”选项，显示主程序界面，如图 5-105 所示。

图 5-104　选择“主程序”选项

图 5-105　显示主程序界面

③ 按下选择键，显示列表框，如图 5-106 所示。

④ 选择“调用主程序”选项，显示程序内容界面（示教模式时）或再现界面（再现模式时），此处选择再现界面。

(4) 再现界面。

再现是指机器人根据示教的程序进行动作，在操作机器人前，必须先确认机器人附近无人后再进行操作。模式选择键的说明如表 5-3 所示。

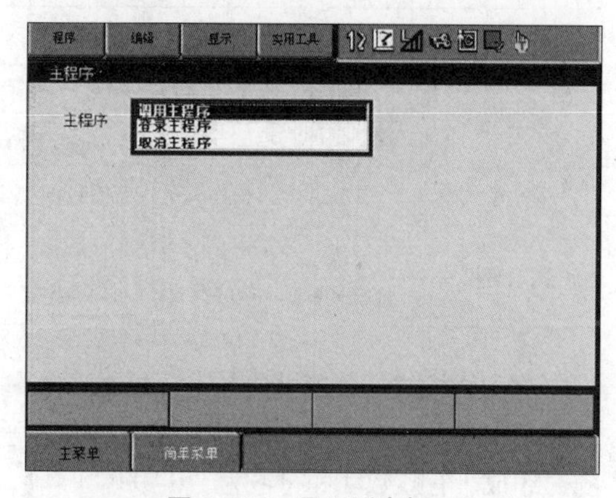

图 5-106　显示列表框

表 5-3　模式选择键的说明

模式选择键	程序启动装置
PLAY	示教编程器的开始按钮
REMOTE	周边设备（外部启动输入）

按照以下步骤，使用示教编程器进行再现。

① 将示教编程器的模式选择键切换到 PLAY。为了通过示教编程器启动，请先切换到再现模式。

② 接通伺服电源，示教编程器上的伺服接通指示灯亮起。

③ 启动操作。按下示教编程器上的开始按钮，指示灯亮起，机器人开始动作。

(5) 动作循环。

机器人的动作循环有以下 3 种。

① 单步：仅执行一步程序时选择。

② 连续：在连续反复执行程序时选择。

③ 单循环：在程序开始到 END 命令之间仅执行一次时选择。

调用程序时，执行到 END 命令后，会继续执行原程序，可通过以下操作更改动作循环。

① 选择主菜单的“程序内容”中的“循环”选项。

② 选择目标动作循环。

③ 更改动作循环。

5.2.7　模式与权限

安全模式的分类如表 5-4 所示。

表 5-4　安全模式的分类

安全模式	说明
操作模式	该模式允许操作人员进行基本的操作，如机器人的启动及停止和生产线异常时的恢复作业
编辑模式	该模式允许操作人员编辑程序内容
管理模式	该模式允许操作人员进行系统升级和系统维护，如数据的设定、时间的设定、用户 ID 的更改、控制柜的管理
安全模式	该模式允许操作人员进行系统的安全管理，如编辑安全功能相关的文件
一次管理模式	该模式允许操作人员进行比管理模式更高等级的维护作业，如载入批量数据（CMOS. BIN）、参数性批量数据（ALL. PRM）、功能定义参数（FD. PRM）

在编辑模式、管理模式、安全模式下操作时，需要输入用户 ID。用户 ID 在编辑模式和管理模式下由 4 个以上、16 个以下的数字和符号组成，在安全模式下由 9 个以上、16 个以下的数字和符号组成。有效数字和符号为“0~9”“-”“.”。一次管理模式时，需要输入安全代码。

1. 更改安全模式

(1) 选择主菜单中的“系统信息”选项，显示子菜单，如图 5-107 所示。

(2) 选择“安全模式”选项，显示安全界面，如图 5-108 所示。

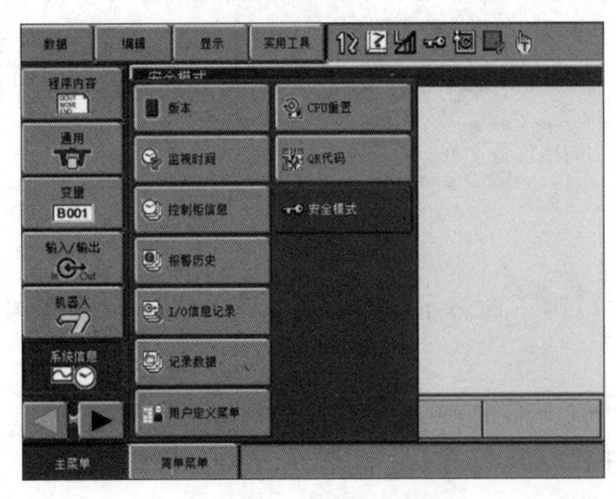

图 5-107　显示子菜单

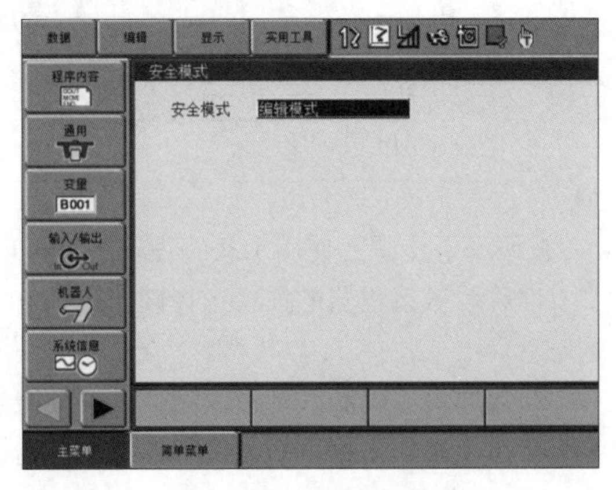

图 5-108　显示安全界面

(3) 从列表框中选择安全模式，如图 5-109所示。

(4) 选择要更改的目标安全模式。

当目标安全模式的等级高于当前设定的安全模式时，需要输入密码，如图 5-110 所示。

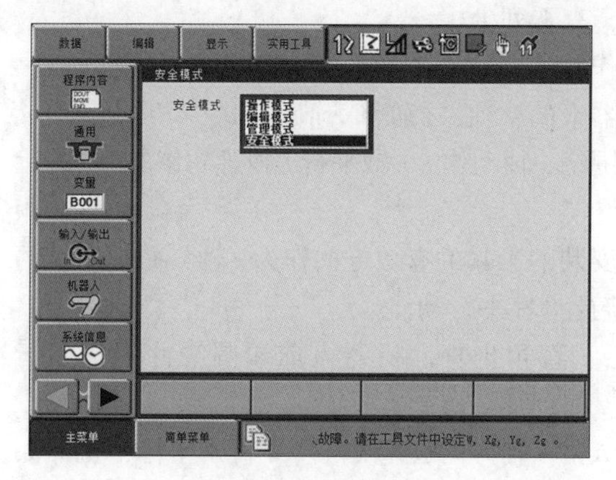

图 5-109　列表框

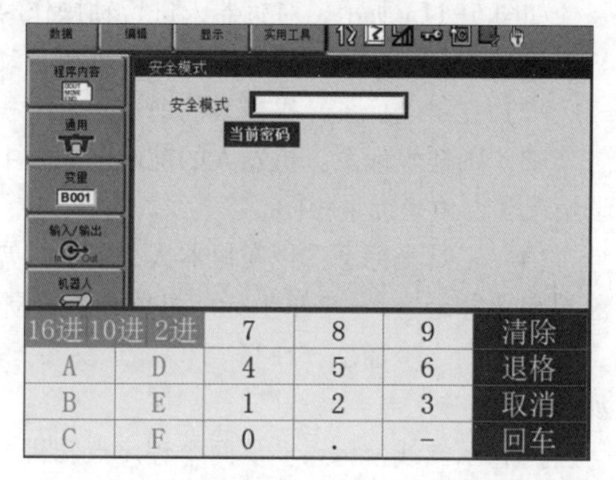

图 5-110　输入密码

出厂时的预定密码如下。

编辑模式：0000000000000000。

管理模式：9999999999999999。

安全模式：5555555555555555。

(5) 按下回车键，密码正确时，成功更改安全模式。

2. 更改管理模式

(1) 选择“管理模式”选项。

在列表框中选择“管理模式”选项，可以将模式更改为“管理模式”，如图 5-111 所示。

(2) 选择“一次性管理模式”选项。

更改为管理模式后，可从列表框中选择“一次性管理模式”选项，如图 5-112 所示。

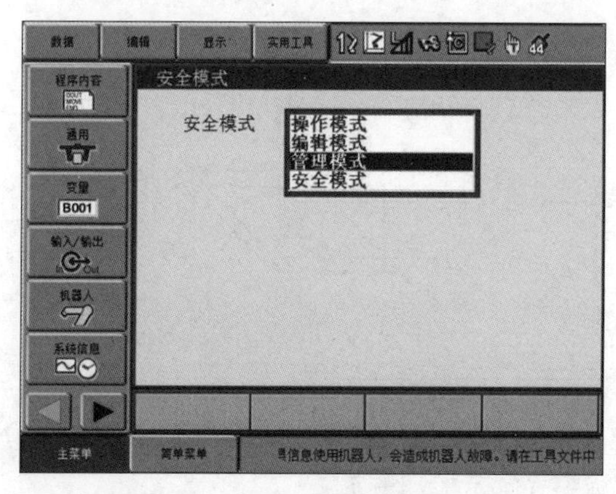

图 5-111　选择“管理模式”选项

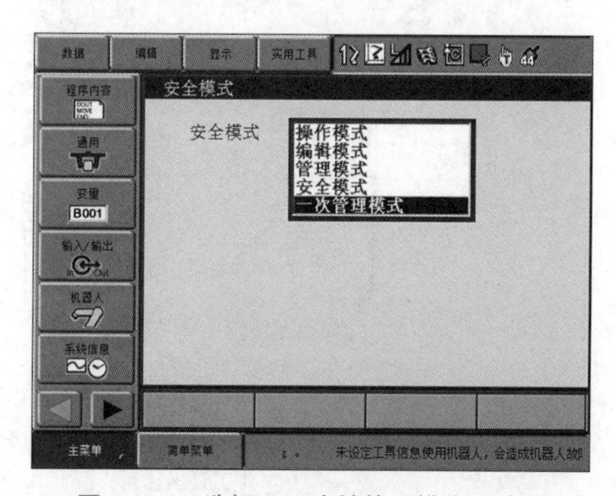

图 5-112　选择“一次性管理模式”选项

5.3 工业机器人坐标系

如图 5-113 所示，对机器人进行轴操作时，有下列坐标系。

（1）关节坐标系：机器人的各个轴单独动作。

（2）直角坐标系：机器人的前端平行于机器人的 x 轴、y 轴和 z 轴动作。

（3）圆柱坐标系：机器人的前端在 θ 轴中围绕 s 轴动作，r 轴平行 l 轴臂动作。z 轴的运动情况和直角坐标系相同。

（4）工具坐标系：把在机器人手腕法兰盘安装的工具的有效方向作为 z 轴，并把工具的前端定义为 x、y、z 直角坐标。机器人前端围绕此坐标平行动作。

（5）用户坐标系：在任意位置定义 x、y、z 直角坐标。机器人前端围绕此坐标平行动作。

（6）示教线坐标系：从两个程序点和机器人的 z 轴方向设定 x、y、z 直角坐标，机器人前端围绕此坐标平行动作，示教线坐标系只能用于弧焊。

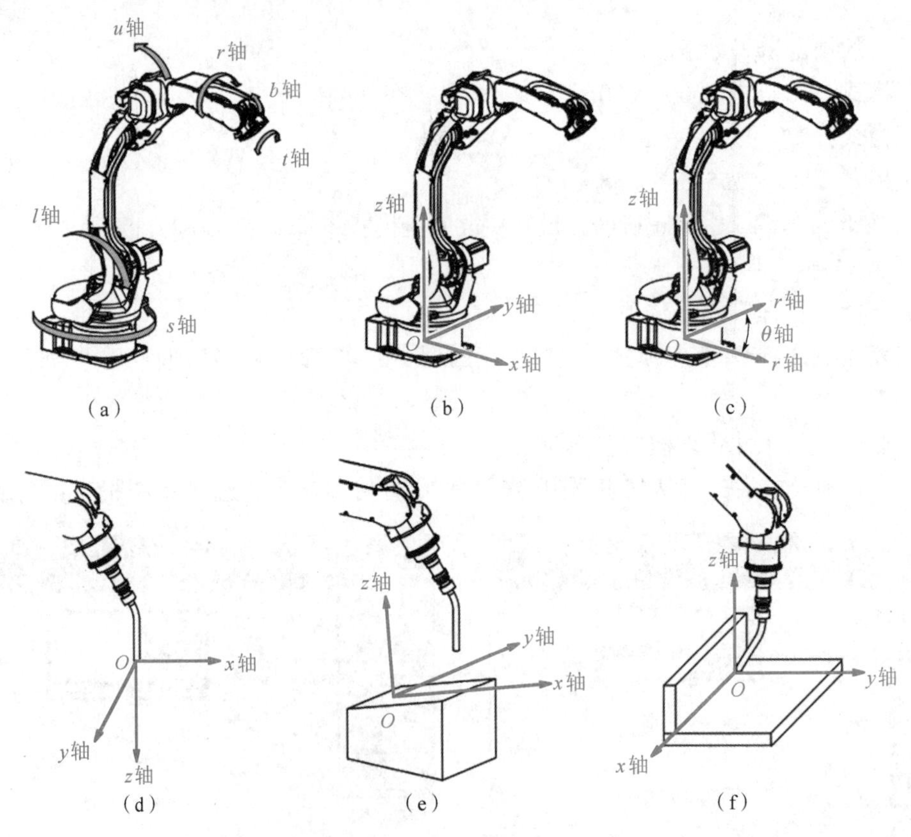

图 5-113　坐标系

（a）关节坐标系；（b）直角坐标系；（c）圆柱坐标系；
（d）工具坐标系；（e）用户坐标系；（f）示教线坐标系

5.3.1　机器人坐标系概述

1. 关节坐标系

在关节坐标系中可单独操作机器人的各轴，轴操作如表 5-5 所示。

表 5-5　关节坐标系中的轴操作

轴名称		轴操作	动作
基本轴	s 轴	X-/S-　X+/S+	本体左右旋转
	l 轴	Y-/L-　Y+/L+	下臂前后运动
	u 轴	Z-/U-　Z+/U+	上臂上下运动
手腕轴	r 轴	X-/R-　X+/R+	手腕旋转
	b 轴	Y-/B-　Y+/B+	手腕上下运动
	t 轴	Z-/T-　Z+/T+	手腕旋转

机器人关节坐标系各轴动作如图 5-114 所示。

同时按下多个轴操作键，机器人将进行组合动作。当同时按下任意轴的两个相反方向按键，如 S 键和 S+键时，机器人会停止不动。

2. 直角坐标系

在直角坐标系中，机器人平行于本体轴的 x 轴、y 轴和 z 轴进行动作，轴操作如表 5-6 所示。

机器人直角坐标系各轴动作如图 5-115 所示。机器人平行于本体轴的 x 轴、y 轴和 z 轴进行动作如图 5-116 所示。

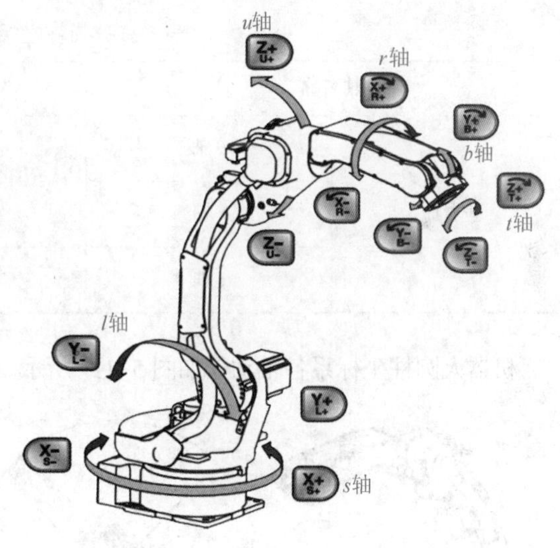

图 5-114　机器人关节坐标系各轴动作

表 5-6　直角坐标系中的轴操作

轴名称		轴操作	动作
基本轴	x 轴	X-/S-　X+/S+	平行于 x 轴移动
	y 轴	Y-/L-　Y+/L+	平行于 y 轴移动
	z 轴	Z-/U-　Z+/U+	平行于 z 轴移动

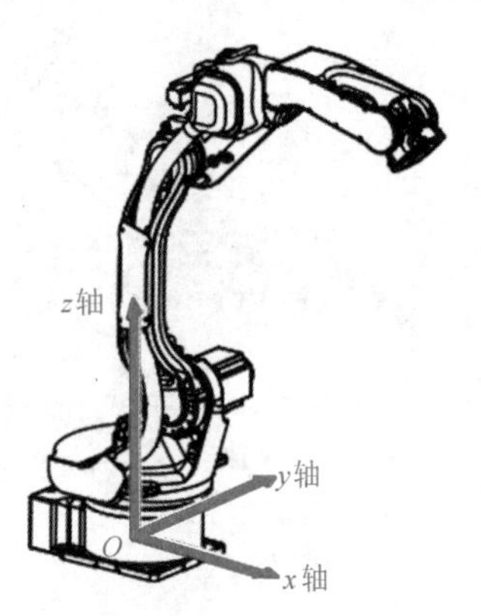

图 5-115　机器人直角坐标系各轴动作

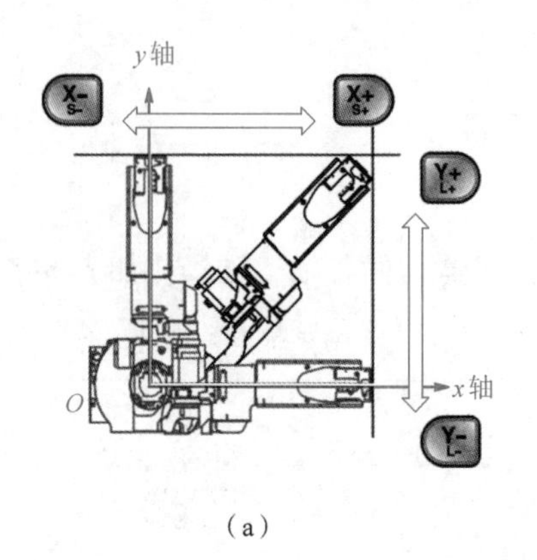

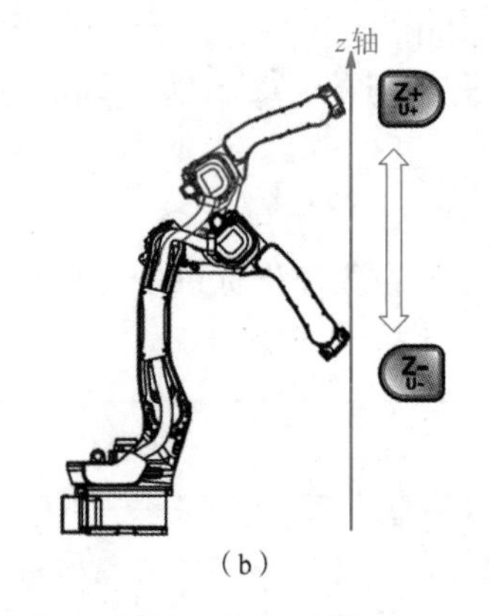

图 5-116　机器人平行于本体轴的 x 轴、y 轴和 z 轴进行动作

（a）平行于 x 轴、y 轴动作；（b）平行于 z 轴动作

在示教过程中同时按下多个轴操作键，机器人将进行复合动作。当同时按下任意轴的两个相反方向按键，如 X-键和 X+键时，机器人的全部轴都会停止不动。

3. 圆柱坐标系

圆柱坐标系中的轴操作如表 5-7 所示，机器人围绕本体轴的 z 轴做旋转运动或直角平行运动。

表 5-7　圆柱坐标系中的轴操作

轴名称		轴操作	动作
基本轴	θ 轴	X- S-　X+ S+	本体旋转
	r 轴	Y- L-　Y+ L+	垂直于 z 轴移动
	z 轴	Z- U-　Z+ U+	平行于 z 轴移动

机器人圆柱坐标系各轴动作如图 5-117 所示。机器人向 θ 轴和 r 轴方向动作如图 5-118 所示。

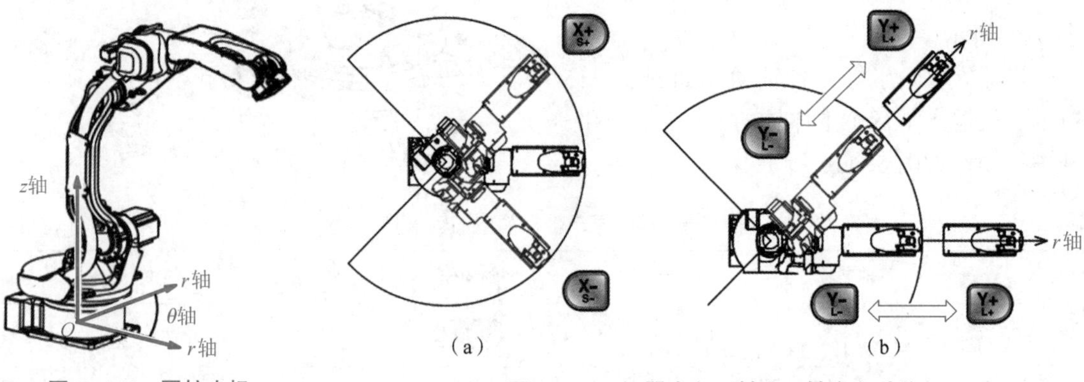

图 5-117　圆柱坐标系各轴动作

图 5-118　机器人向 θ 轴和 r 轴方向动作

（a）向 θ 轴方向动作；（b）向 r 轴方向动作

在示教过程中同时按下多个轴操作键，机器人将进行复合动作。当同时按下任意轴的两

个相反方向按键，如 Z-键和 Z+键，此时机器人的全部轴都会停止不动。

5.3.2　机器人工具坐标系的建立

1. 工具坐标系概述

在工具坐标系中，机器人平行于定义在工具前端的 x 轴、y 轴、z 轴进行动作，轴操作如表 5-8 所示。

表 5-8　工具坐标系中的轴操作

轴名称		轴操作	动作
基本轴	x 轴	X- S- / X+ S+	平行于 x 轴移动
	y 轴	Y- L- / Y+ L+	平行于 y 轴移动
	z 轴	Z- U- / Z+ U+	平行于 z 轴移动

在示教过程中，同时按下多个轴操作键，机器人将进行复合动作。当同时按下任意轴的两个相反方向按键，如 X-键和 X+键时，机器人的全部轴都会停止不动。

机器人工具坐标系如图 5-119 所示。

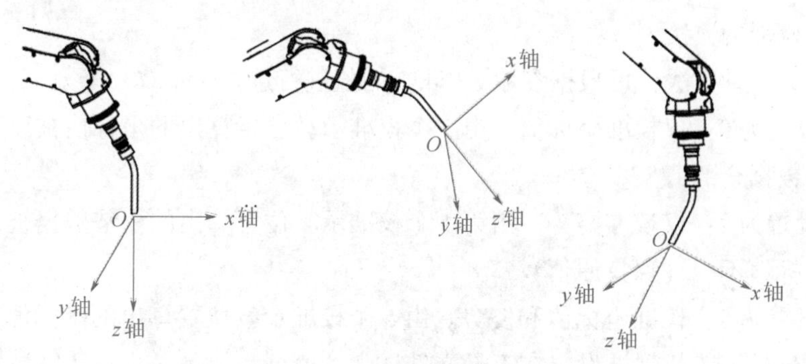

图 5-119　机器人工具坐标系

机器人沿 x 轴、z 轴方向运动，如图 5-120 所示。

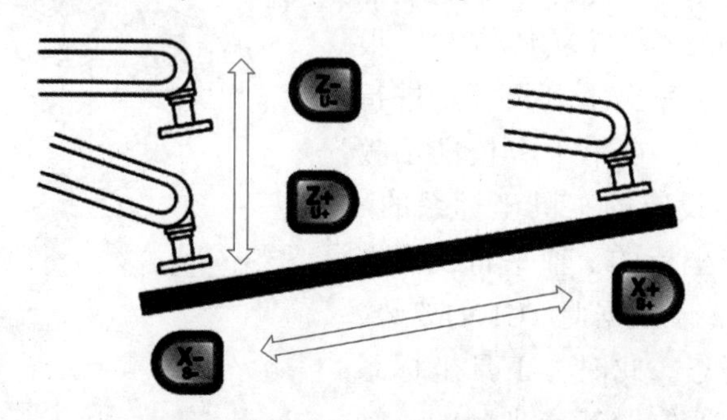

图 5-120　机器人沿 x 轴、z 轴方向运动

工具坐标系将机器人手腕法兰盘上安装的工具有效方向作为 z 轴，将坐标定义在工具的前端。因此，工具坐标轴的方向会随着手腕的运动而移动。工具坐标的运动方向以工具的有

效方向为基准，不因机器人的位置、姿势的变化而改变。所以，即使是处于工件状态下的工具，也可进行平行移动。

2. 工具校准

为了使机器人正确进行直线插补、圆弧插补等动作，必须正确登录弧焊、抓手、焊钳等工具的尺寸信息，并定义控制点的位置。工具校准的目的是方便且准确地登录尺寸信息，利用此功能，可自动算出工具控制点的位置并登录到工具文件中。

例如，通过工具校准登录法兰盘坐标中的工具控制点的坐标值和工具姿势，如图 5-121 所示。

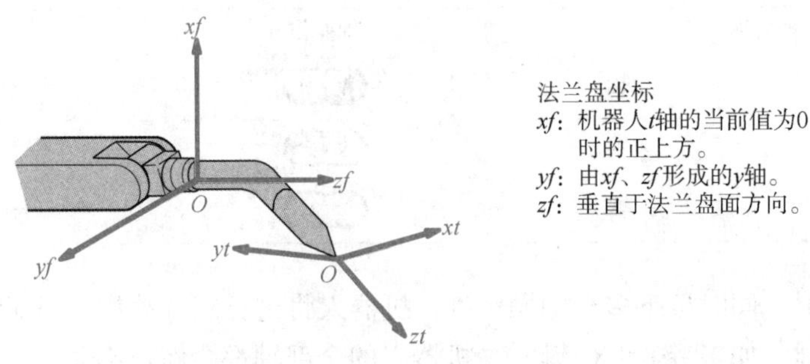

图 5-121　定义控制点的位置

（1）工具校准的方法。

工具校准有 3 种方法，可根据参数 S2C432 的值进行选择。

① 参数设置为 0：仅校准坐标值。由 5 个校准示教位置算出的坐标值被设定在工具文件中，此时姿势数据全部清零。

② 参数设置为 1：仅校准姿势。由第 1 个校准示教位置算出的姿势数据被设定在工具文件中，此时坐标值不变（保持原值）。

③ 参数设置为 2：校准坐标值和姿势。由 5 个校准示教位置算出的坐标值和由第 1 个校准示教位置算出的姿势数据被设定在工具文件里。

（2）工具校准操作。

为了进行坐标值的工具校准，要以控制点为基准点，取 5 个不同的姿势（TC1~TC5）。根据这 5 个数据，可自动算出工具尺寸。进行姿势数据的工具校准时，在第 1 个校准示教位置（TC1），将目标设定的工具坐标系的 z 轴垂直向下（与底座坐标的 z 轴平行，前端为一方向）来进行示教。根据此 TC1 的姿势，可自动计算出工具姿态。此时，工具坐标系的 x 轴将被定义为 TC1 位置基准坐标的 x 轴方向，如图 5-122 所示。

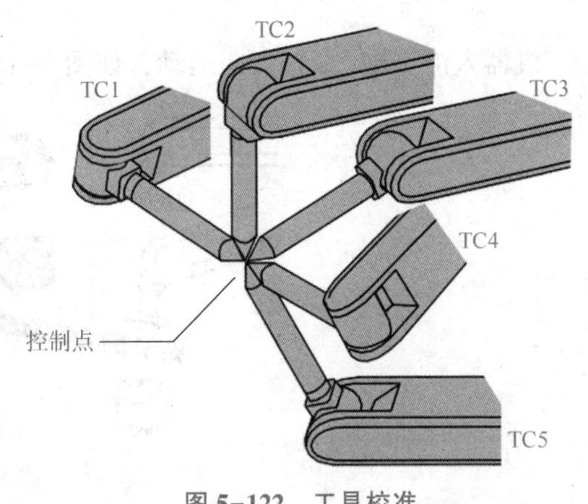

图 5-122　工具校准

注意：请取任意方向的姿势，如果取固定方向的姿势，精度有可能会不准。

① 选择主菜单中的“机器人”选项。

② 选择“工具”选项。

③ 选择目标工具序号，显示目标工具序号的工具坐标界面，如图 5-123 所示。

④ 选择菜单栏中的“实用工具”选项，显示下拉菜单，如图 5-124 所示。

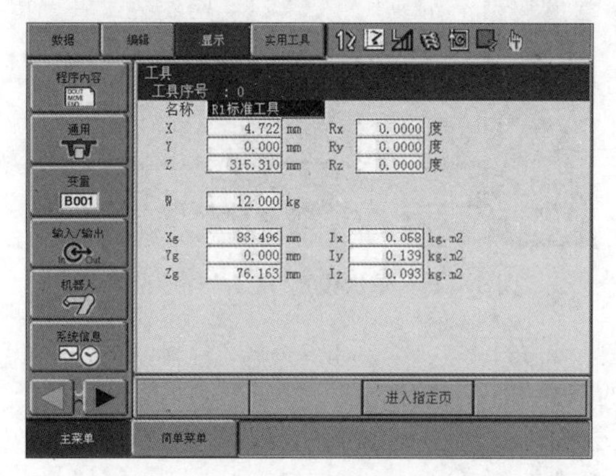

图 5-123　显示工具坐标界面

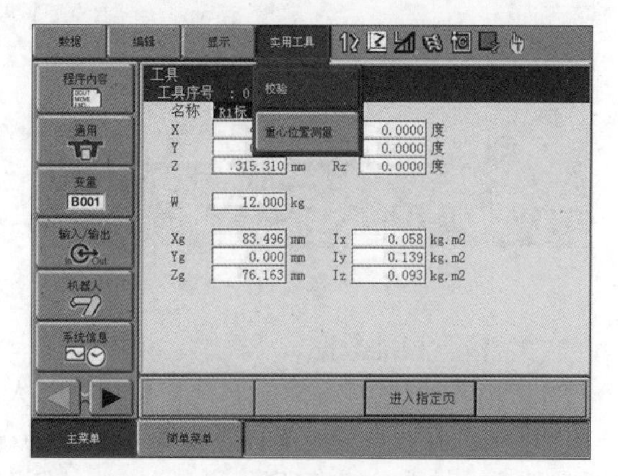

图 5-124　显示下拉菜单

⑤ 选择“校准”选项，显示工具校准设定界面，如图 5-125 所示。

⑥ 选择目标机器人（只有一台机器人或者已经选择完成时，无须此操作），选择工具校准设定界面中的“ *** ”选项，从列表框里选择目标机器人，如图 5-126 所示。

⑦ 选择“设定位置”选项，显示列表框，如图 5-127 所示。通过轴操作键将机器人移动到目标位置。按下修改键和回车键，登录示教位置。重复操作，依次设定位置 TC1 ~ TC5 进行示教。界面中的“●”表示示教完成，“○”表示示教未完成。确认已示教的位置时，显示TC1 ~ TC5的目标设定位置，按下前进键，机器人就会移动到该位置。机器人的当前位置与界面上显示的位置数据不同时，设定位置会闪烁，如图 5-128 所示。设置完成后，选择“完成”选项。

⑧ 校准完成后，显示工具坐标界面，如图 5-129 所示。

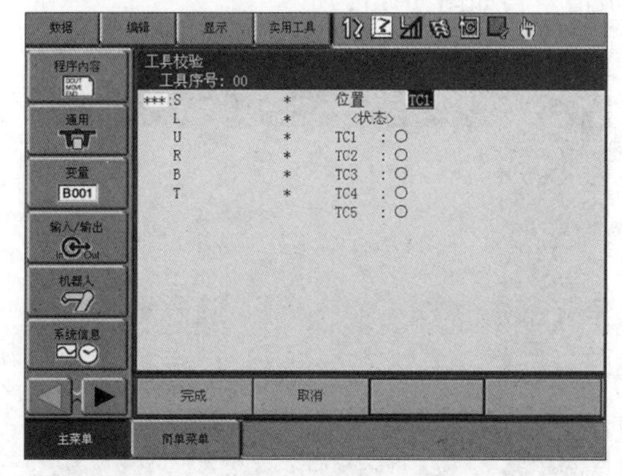

图 5-125　显示工具校准设定界面

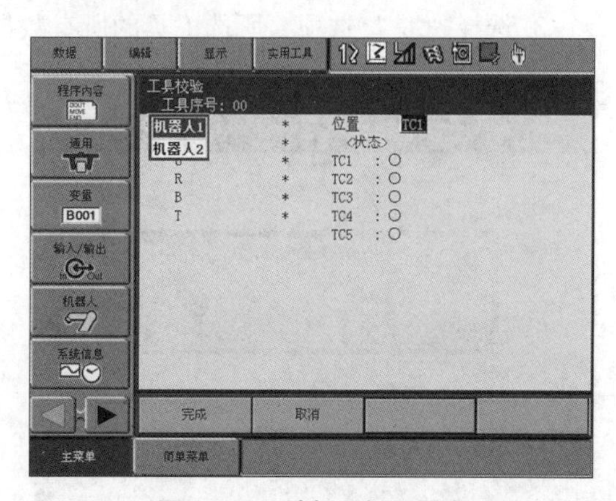

图 5-126　选择目标机器人

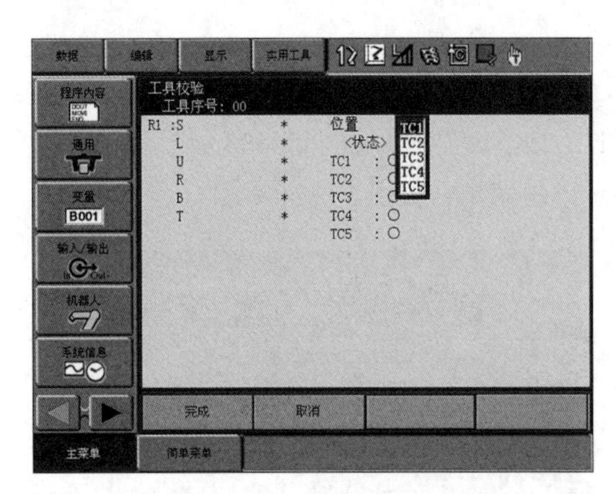

图 5-127　选择设定位置

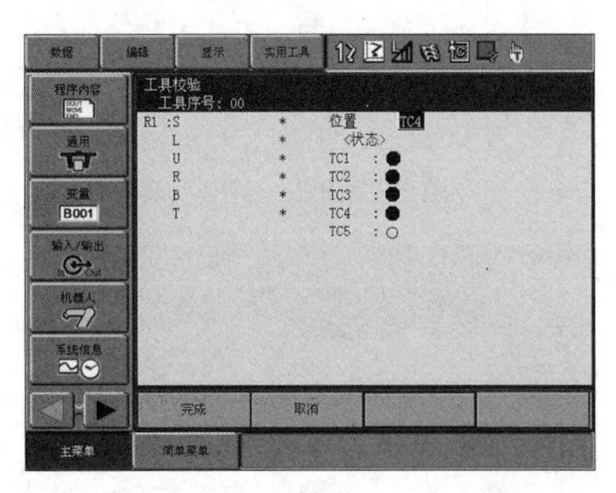

图 5-128　依次设定 TC1～TC5 位置

(3) 清空校准数据。

进行新工具的校准时，必须初始化机器人的信息和校准数据。

① 在工具校准设定界面选择菜单栏中的“数据”选项，显示下拉菜单，选择“清除数据”选项，如图 5-130 所示。

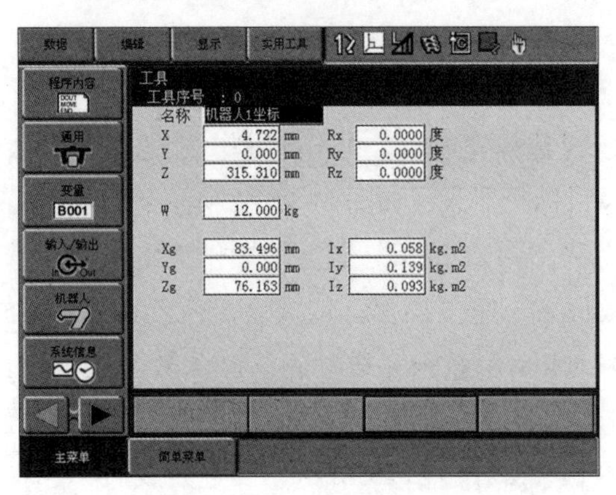

图 5-129　显示工具坐标界面

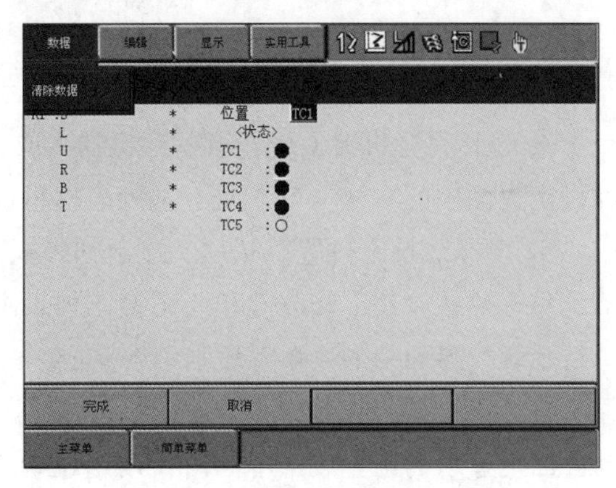

图 5-130　选择“清除数据”选项

② 显示确认对话框，如图 5-131 所示。

③ 选择“是”选项，所选工具的所有数据被清空，如图 5-132 所示。

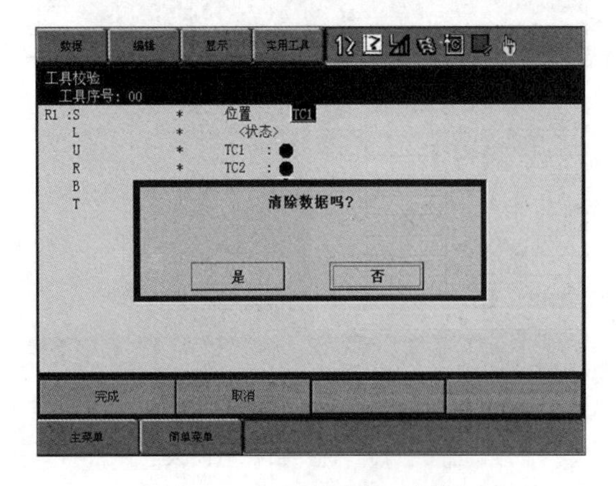

图 5-131　显示确认对话框

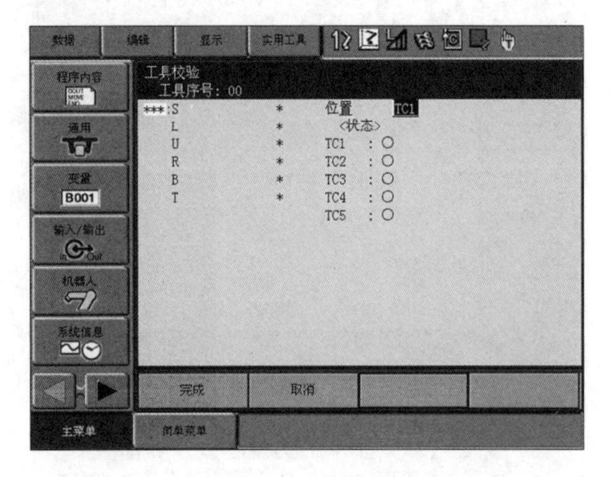

图 5-132　所选工具的所有数据被清空

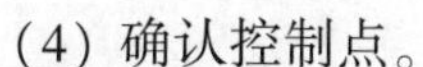

(4) 确认控制点。

登录工具文件后，使用关节以外的坐标系进行控制点固定操作，确认控制点的登录是否正确，如图 5-133 所示。

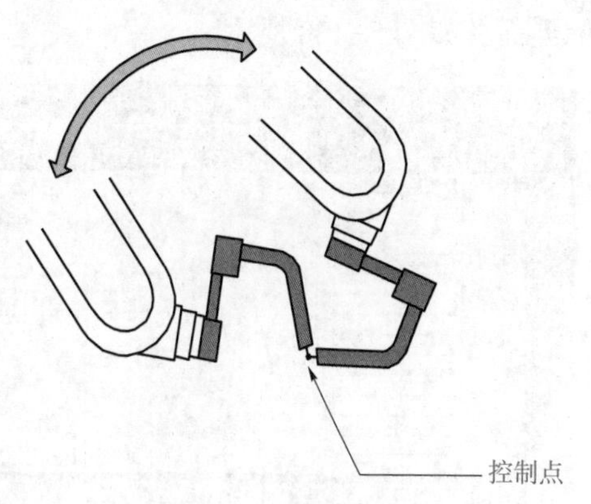

图 5-133　确认控制点

① 按下坐标选择键，选择关节坐标系以外的坐标系，如图 5-134 所示。

② 选择目标工具序号，选择“进入指定页”选项或工具一览界面，显示目标工具序号的工具坐标界面。

③ 用轴操作键来操作 r、b、t 轴，机器人控制点不动，仅改变姿势。

进行此操作后，若发现控制点误差较大，如图 5-135 所示，请调整工具文件的数据。

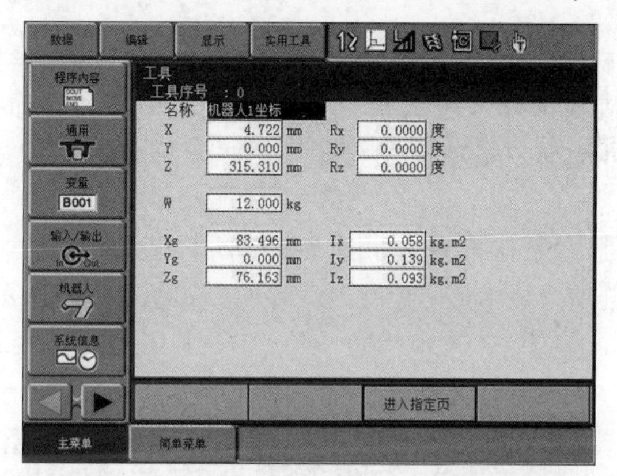

图 5-134　选择关节坐标系以外的坐标系

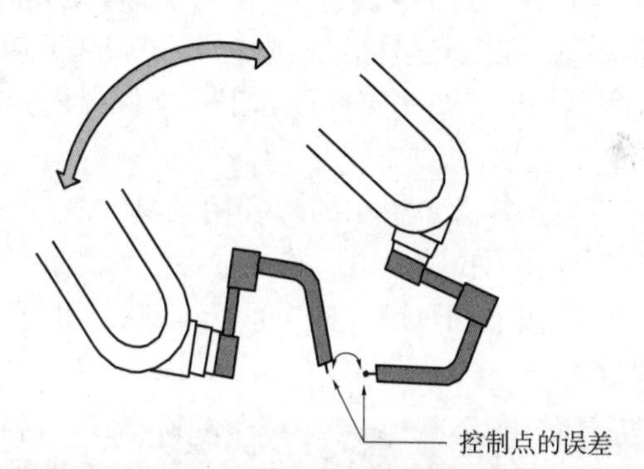

图 5-135　控制点误差较大

(5) 工具质量/重心自动测量功能。

工具质量/重心自动测量的目的是方便登录工具质量和重心位置。利用此功能，可自动测量工具质量/重心位置并登录在工具文件中。此功能适用于机器人对地安装角度为 0 时。

要测量质量/重心位置，应先调整机器人到基准位置（u、b、r 轴水平位置），然后操作 u、b、t 轴来进行，如图 5-136 所示。

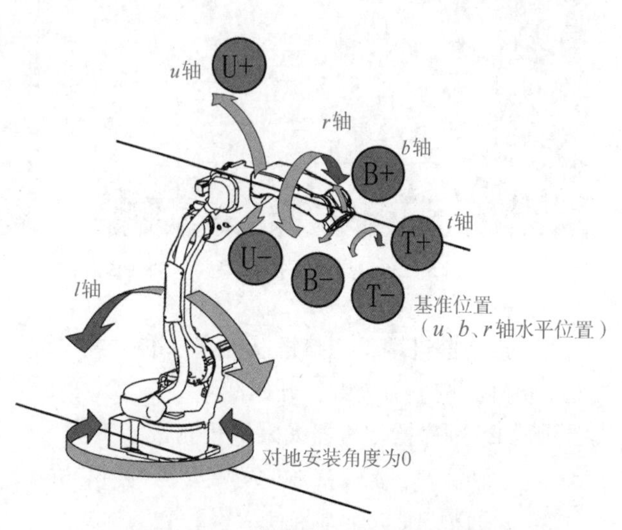

图 5-136　工具质量/重心位置测量

① 选择主菜单中的“机器人”选项。

② 选择“工具”选项，显示工具一览界面，如图 5-137 所示。工具一览界面仅在文件扩展功能有效的情况下显示，文件扩展功能无效时，显示工具坐

标界面，如图 5-138 所示。

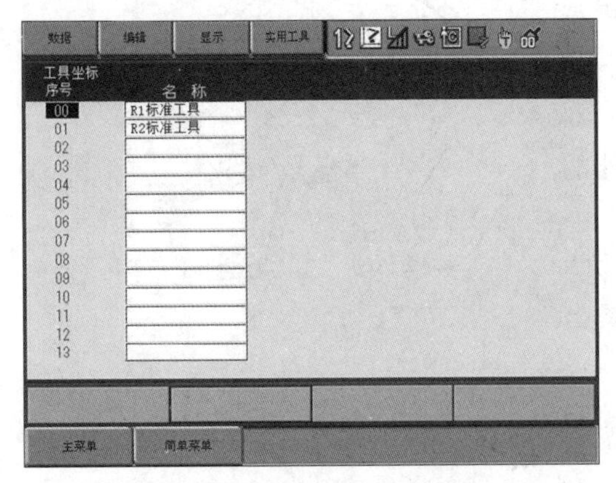

图 5-137　显示工具一览界面

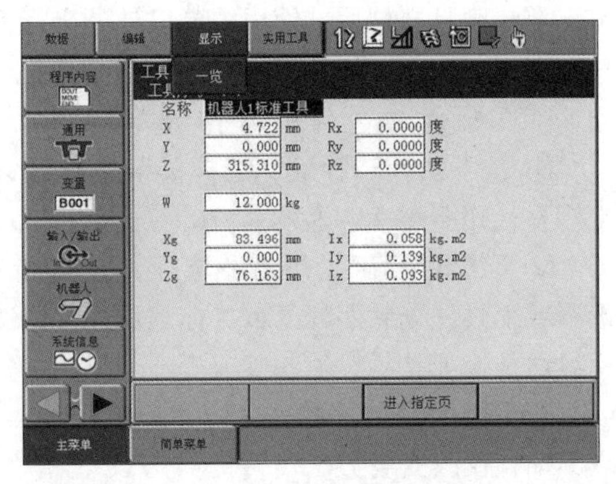

图 5-138　显示工具坐标界面

③ 选择目标工具序号。将光标移动到目标编号，按下选择键，显示所选编号的工具坐标界面。在工具坐标界面中，可按下翻页键或者选择“进入指定页”选项来切换到目标序号。要切换工具一览界面和工具坐标界面，可选择主菜单中“显示”下的“列表”或“坐标值”选项。

④ 选择菜单栏中的“实用工具”选项，显示下拉菜单，如图 5-139 所示。

⑤ 在下拉菜单中选择“重心位置测量”选项，显示重心位置测量界面，如图 5-140 所示。

⑥ 按下翻页键，如果系统有多台机器人，选择“进入指定页”选项来切换目标控制轴组。

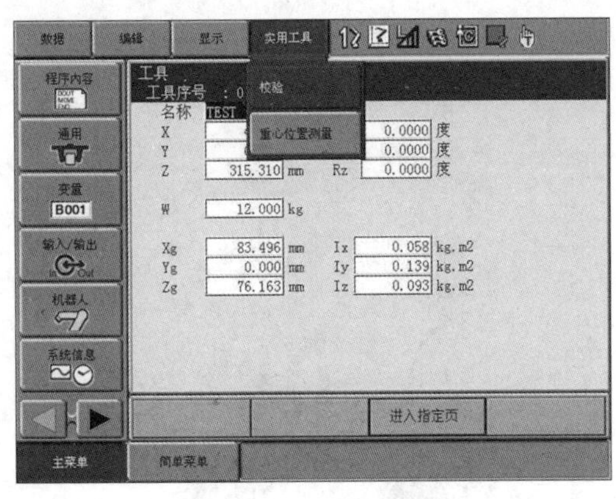

图 5-139　显示下拉菜单

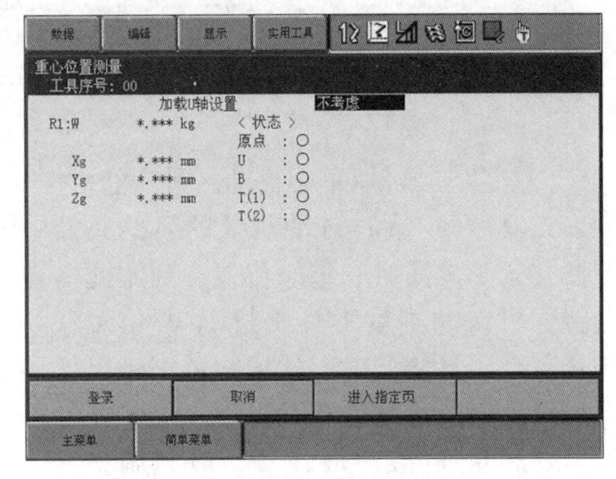

图 5-140　显示重心位置测量界面

⑦ 按下前进键，调整机器人到基准位置（*u*、*b*、*r* 轴水平位置）。

⑧ 再次按下前进键，开始测量。

按如下顺序操作机器人来进行测量。

a. *u* 轴测量：*u* 轴基准位置 +4. 5°→ −4. 5°

b. *g* 轴测量：*b* 轴基准位置 +4. 5°→ −4. 5°

c. *t* 轴第一次测量：*t* 轴基本 +4. 5° → −4. 5°

d. *t* 轴第二次测量：*t* 轴基准位置 +60° → +4. 5° → −4. 5°

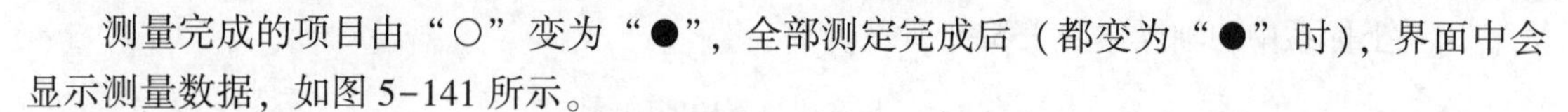

测量完成的项目由“○”变为“●”，全部测定完成后（都变为“●”时），界面中会显示测量数据，如图 5-141 所示。

⑨ 选择“登录”选项，将测量数据记录在工具文件中，显示工具坐标界面。如果选择“取消”选项，测量数据不记录在工具文件中，仅显示工具界面。

3. 工具的选择

在使用了多种工具的系统中，应选择和作业相应的工具，操作方法如下。

（1）按下坐标选择键，选择工具坐标系。每按一次坐标选择键，坐标系按关节→直角→工具→用户→示教线（仅限弧焊用途）的顺序改变。选择完后请在状态栏中确认。

（2）同时按下转换键和坐标选择键显示工具选择界面，如图 5-142 所示。

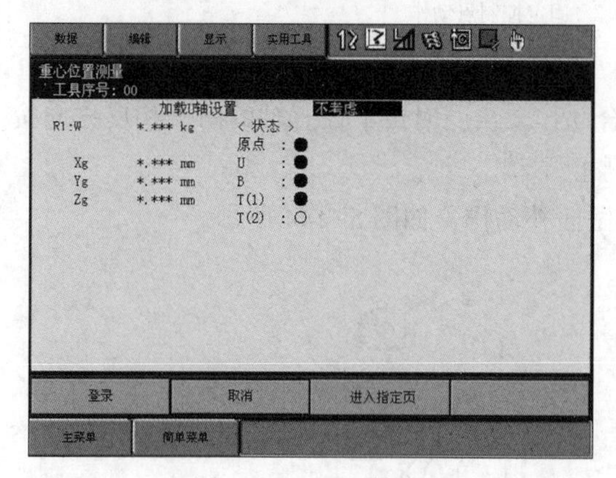

图 5-141　显示测量数据

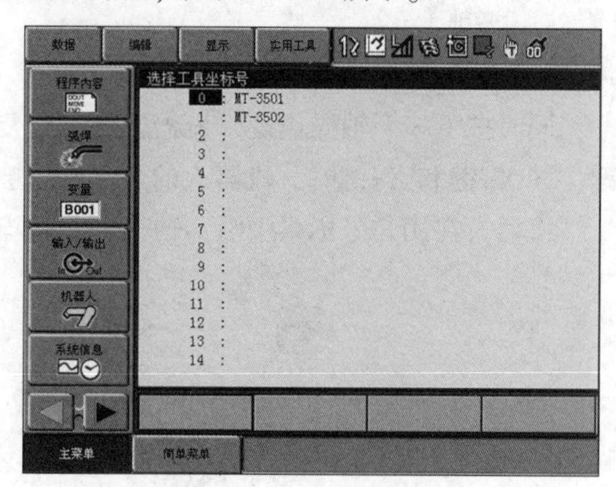

图 5-142　显示工具选择界面

（3）选择要使用的工具。

5.3.3　机器人用户坐标系的建立

1. 用户坐标系概述

在用户坐标系中，在机器人动作范围中的任意位置设定任意角度的直角坐标系，机器人平行于这些轴进行动作，如图 5-143 所示。

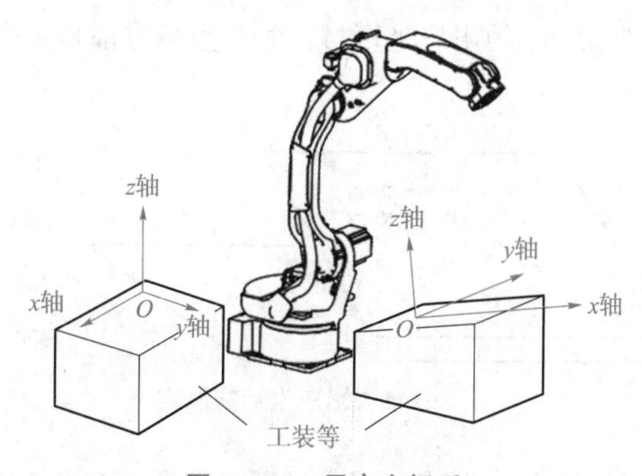

图 5-143　用户坐标系

用户坐标系中的轴操作如表 5-9 所示。

表 5-9　用户坐标系中的轴操作

轴名称		轴操作键	动作
基本轴	x 轴	X- S-　X+ S+	平行于 x 轴移动
	y 轴	Y- L-　Y+ L+	平行于 y 轴移动
	z 轴	Z- U-　Z+ U+	平行于 z 轴移动
手腕轴	固定控制点动作		

同时按下多个轴操作键，机器人将进行复合动作。当同时按下任意轴的两个相反方向按键，如 X-键和 X+键时，机器人的全部轴都会停止不动。

机器人在用户坐标系中沿 x 轴、y 轴、z 轴做插补动作，如图 5-144 所示。

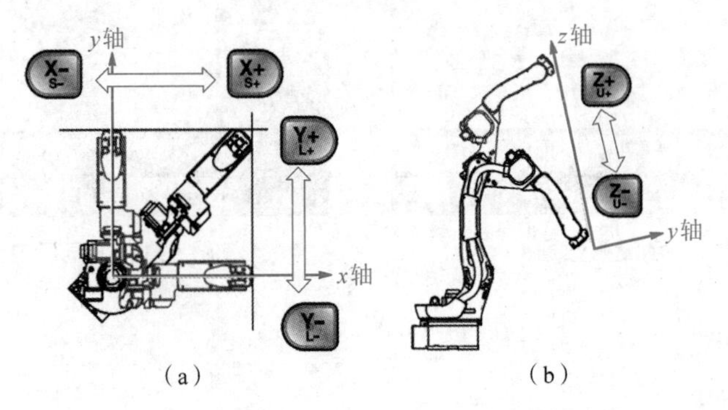

图 5-144　机器人在用户坐标系中做插补动作

（a）沿 x 轴、y 轴方向移动；（b）沿 z 轴方向移动

2. 用户坐标的设定

下面通过轴操作机器人进行 3 点示教来定义用户坐标。有 ORG、XX、XY 这 3 个用户坐标定义点，如图 5-145 所示，这 3 点的位置数据登录在用户坐标文件中。用户坐标最多可登录 63 种坐标，分别设定为 1~63 的用户坐标号，每个坐标号都是一个用户坐标文件。

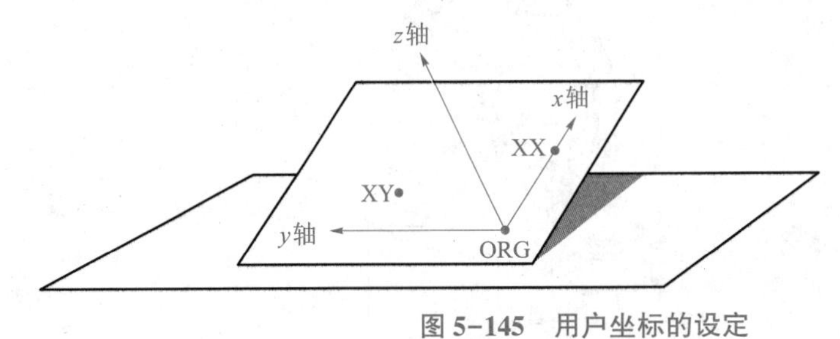

用户坐标定义点

ORG：用户坐标原点。

XX：用户坐标x轴上的点。

XY：用户坐标y轴上的点。

图 5-145　用户坐标的设定

（1）选择主菜单的“机器人”中的“用户坐标”选项，如图 5-146 所示。

（2）在用户坐标界面中选择想要的用户坐标号，如图 5-147 所示。

注意：用户坐标已经被设定的情况下，“设置”显示为“●”；用户坐标未被设定的情况下，“设置”显示为“○”。

图 5-146 选择“用户坐标”选项

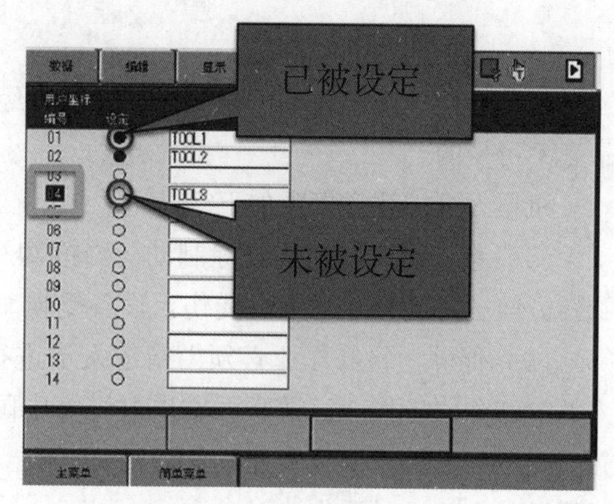

图 5-147 选择用户坐标号

(3) 选择目标机器人（只有一台机器人或者已经选择完成时，无须此操作），选择工具校准设定界面中的“ *** ”选项，从列表框里选择目标机器人，设定目标机器人。

(4) 选择“设定位置”选项，显示列表框，选择示教的设定位置，如图 5-148 所示。

(5) 通过轴操作键将工业机器人移动到想要的位置。

(6) 依次按修改键和回车键，保存示教位置，对 ORG、XX、XY 各点进行示教。

(7) 选择“完成”选项，建立完用户坐标，保存用户坐标文件。

3. 用户坐标系的选择

在使用了多种工具的系统中，应选择和作业相应的工具，操作方法如下。

(1) 按下坐标选择键，选择用户坐标系。每按一次坐标选择键，坐标系会依照关节→直角→工具→用户的顺序改变。选择完成后，请在状态栏中确认。

(2) 同时按下转换键和坐标选择键，显示用户坐标编号选择界面，如图 5-149 所示。

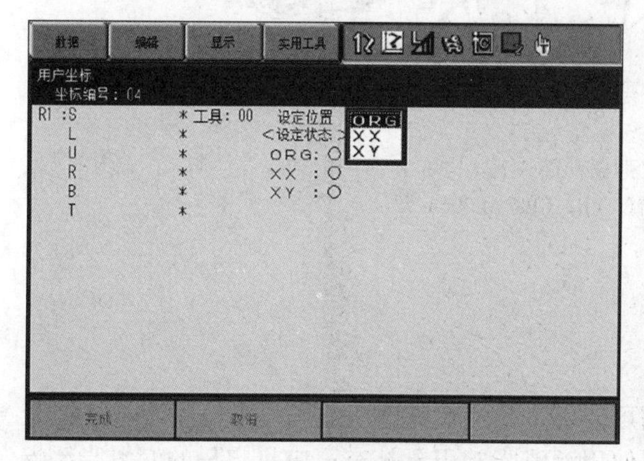

图 5-148 选择“设定位置”选项

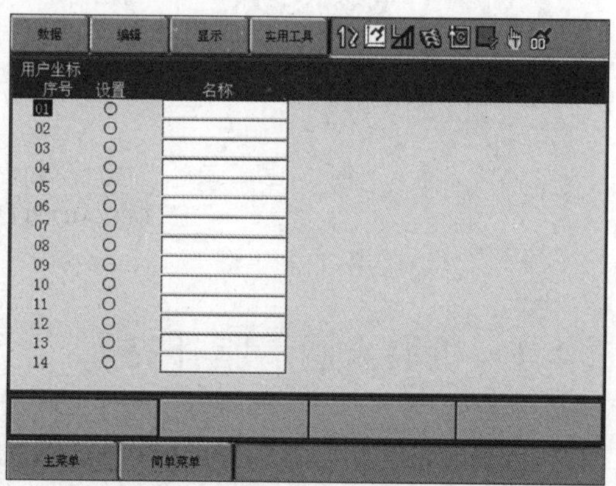

图 5-149 显示用户坐标编号选择界面

（3）选中要使用的用户坐标系序号。

5.4 工业机器人硬件维护

正确进行检修作业不仅能够保证机器人经久耐用，而且对于防止故障发生、保障安全都是必不可少的。

机器人维护注意事项如下。

（1）禁止拆卸马达、解除制动。当拆卸马达、解除制动后，无法预测机器人机械手的旋转方向，可能会导致人员受伤，设备受损。

（2）保养、检修作业必须由指定人员进行，否则可能导致触电、人员受伤。安川机器人的拆卸和修理作业，请联系安川电机（中国）有限公司。

（3）保养、检修以及配线作业前，必须切断电源，挂上“禁止通电”的标志，否则可能导致触电、人员受伤。

（4）保养、检修作业时，不要拔掉马达与电路板之间的插头，否则原点数据会丢失。

结构上，马达、电池组和皮带驱动部件在 *l* 臂和 *u* 臂内的效果如图 5-150 所示。液体或者焊接作业时，为防止水蒸气或烟雾进入，外壳和机械手接合部位装有密封垫。

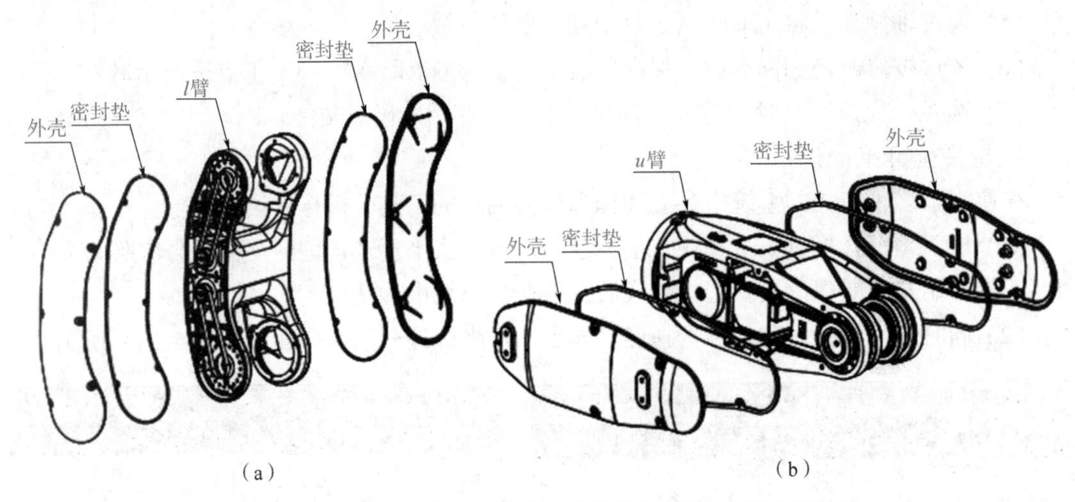

图 5-150 马达、电池组和皮带驱动部件在 *l* 臂和 *u* 臂内的效果
（a）GP8/AR700 *l* 臂；（b）GP8/AR700 *u* 臂

5.4.1 机器人润滑脂补充

补充润滑脂时，请注意以下事项，否则可能发生马达或减速机故障。

（1）推荐使用油枪补充润滑脂，请不要使用润滑脂专用泵补充，应将定量的润滑脂缓慢地注入油枪。

（2）补充次数超过规定时，机器人动作后内部压力增高，有可能导致润滑脂泄漏。

（3）补充润滑脂时，润滑脂有可能会从注入口溢出，请提前准备好容器和擦拭润滑脂的抹布。

1. *s* 轴润滑脂补充

s 轴减速机部润滑脂补充步骤如下。

（1）调整机器人姿势，方便补充润滑脂。

（2）取下注入口的 M5 螺栓。

（3）将油枪装在注入口。

（4）注入润滑脂。润滑脂的种类为 Hamornic Crease SK-1A，注入量为 3 g。

（5）取下油枪，装回 M5 螺栓。

安装螺栓时，请在螺纹部缠上 1206C 密封胶带，该流程示意如图 5-151 所示。

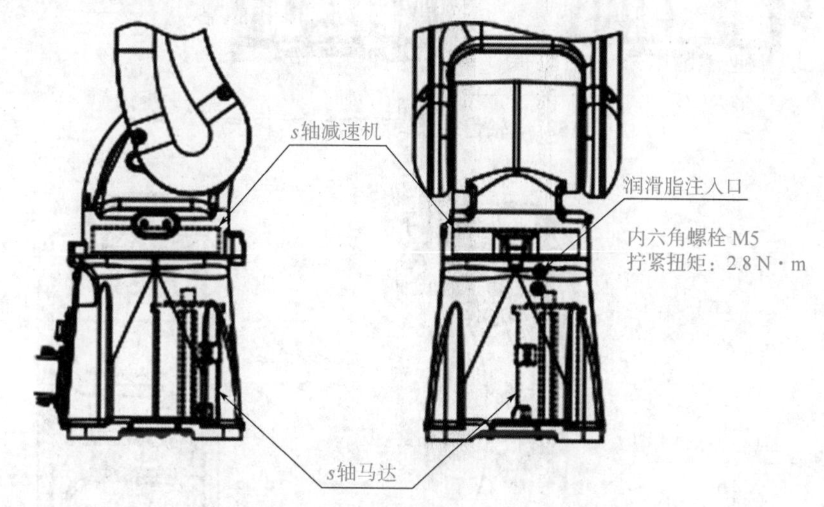

图 5-151　*s* 轴减速机部润滑脂注入流程示意

s 轴齿轮部润滑脂补充步骤如下。

（1）调整机器人姿势，方便补充润滑脂。

（2）取下注入口的 M5 螺栓。

（3）将油枪装在注入口。

（4）注入润滑脂。润滑脂的种类为 Hamornic Crease SK-1A，注入量为 3 g。

（5）取下油枪，装回 M5 螺栓。

安装螺栓时，请在螺纹部缠上 1206C 密封胶带，该流程示意如图 5-152 所示。

2. *l* 轴润滑脂补充

l 轴减速机润滑脂补充步骤如下。

（1）调整机器人姿势，方便补充润滑脂。

（2）取下注入口的 M5 螺栓。

（3）将油枪装在注入口。

（4）注入润滑脂。润滑脂的种类为 Hamornic Crease SK-1A，注入量为 3 g。

（5）取下油枪，装回 M5 螺栓。

安装螺栓时，请在螺纹部缠上 1206C 密封胶带，该流程示意如图 5-153 所示。

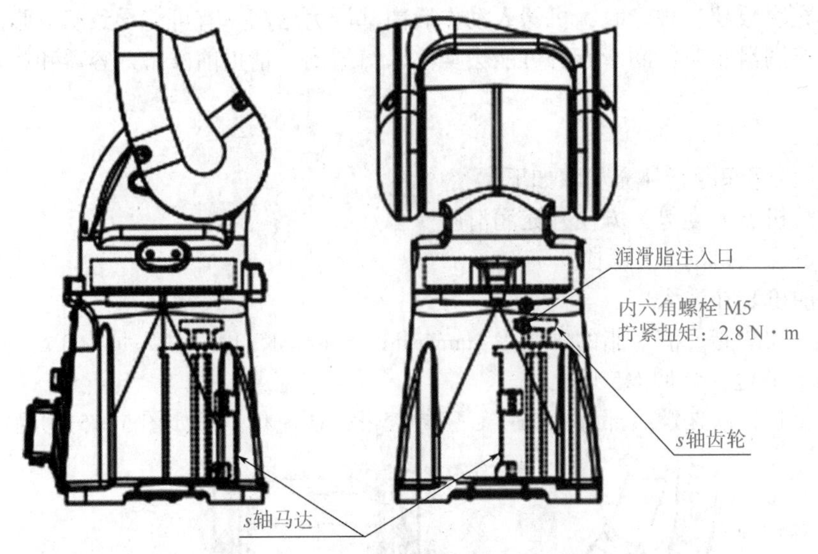

图 5-152　*s* 轴齿轮部润滑脂注入流程示意

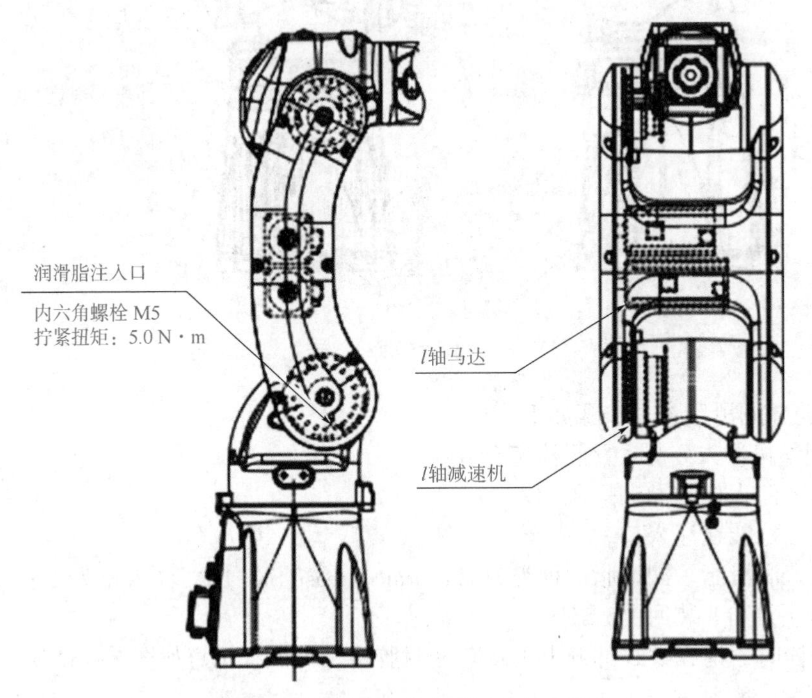

图 5-153　*l* 轴减速机润滑脂注入流程示意

3. *u* 轴润滑脂补充

u 轴减速机润滑脂补充步骤如下。

(1) 调整机器人姿势，方便补充润滑脂。

(2) 取下注入口的 M6 螺栓。

(3) 将油枪装在注入口。

(4) 注入润滑脂。润滑脂的种类为 Hamornic Crease SK-1A，注入量为 1.5 g。

(5) 取下油枪，装回 M6 螺栓。

安装螺栓时，请在螺纹部缠上 1206C 密封胶带，该流程示意如图 5-154 所示。

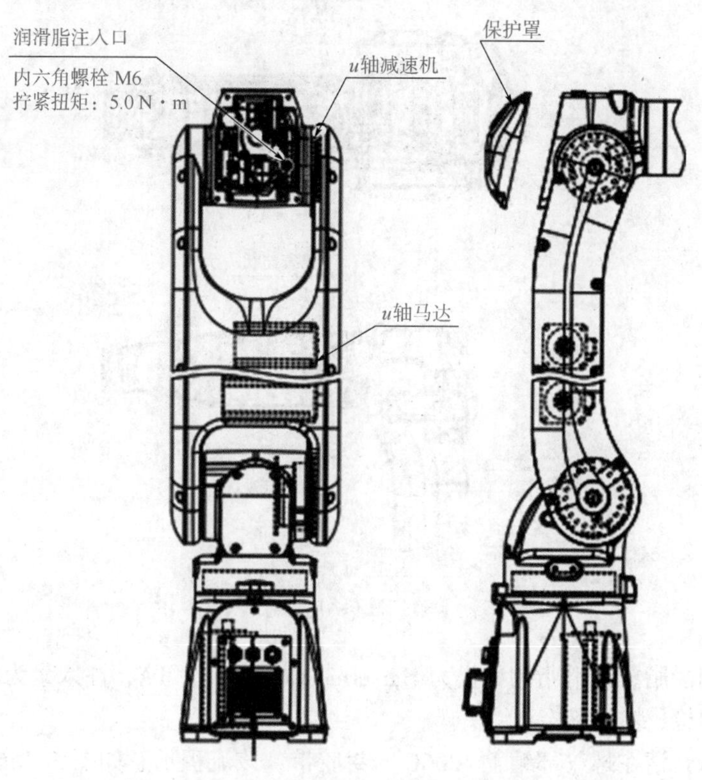

图 5-154　*u* 轴减速机润滑脂注入流程示意

4. *r* 轴润滑脂补充

r 轴减速机润滑脂补充步骤如下。

(1) 调整机器人姿势，方便补充润滑脂。

(2) 取下注入口的 M5 螺栓。

(3) 注入润滑脂。润滑脂的种类为 Hamornic Crease SK-1A，注入量为 1 g。

(4) 取下油枪，装回 M5 型螺栓。

安装螺栓时请在螺纹部缠上 1206C 密封胶带，该流程示意如图 5-155 所示。

5. *b* 轴、*t* 轴润滑脂补充

b 轴减速机润滑脂补充步骤如下。

(1) 调整机器人姿势，方便补充润滑脂。

(2) 取下注入口的 LP-M5 堵头。

(3) 将油枪装在注入口。

(4) 注入润滑脂。润滑脂的种类为 Hamornic Crease SK-1A，注入量为 1 g。

(5) 取下油枪，装回堵头，该流程示意如图 5-156 所示。

t 轴润滑脂补充步骤如下。

(1) 调整机器人姿势，方便补充润滑脂。

(2) 取下注入口的 M4 螺栓和 LP-M5 堵头。

(3) 将油枪装在注入口。

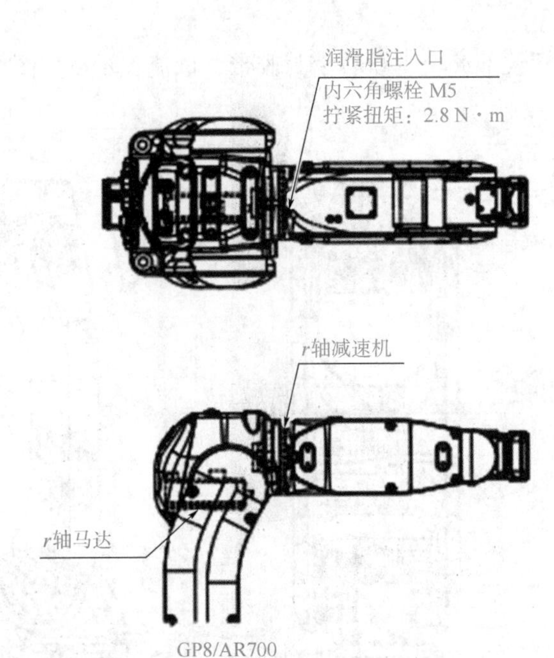

图 5-155　*r* 轴减速机润滑脂注入流程示意

(4) 注入润滑脂。润滑脂的种类为 Hamornic Crease SK- 1A，注入量为 1 g。

(5) 取下油枪，装回螺栓和堵头。

安装螺栓时，请在螺纹部缠上 1206C 密封胶带，该流程示意如图 5-156 所示。

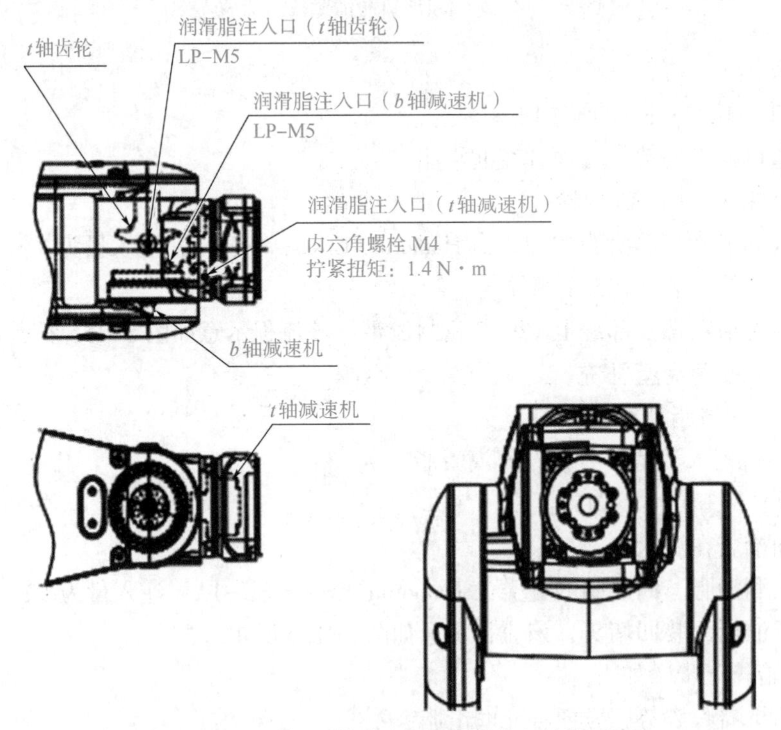

图 5-156　*b* 轴、*t* 轴减速机润滑脂注入流程示意

5.4.2 机器人电池组更换

电路板插头是用于传输马达信号的，在机器人的各部位安装有 3 个电路板插头。电路板插头有 4 处插口，两处连接马达，两处连接机内电线，其说明如图 5-157 所示。更换电池组时，要取下电路板插头，注意不要取下马达到电路板之间的插头，一旦取下，编码器数据就会丢失。

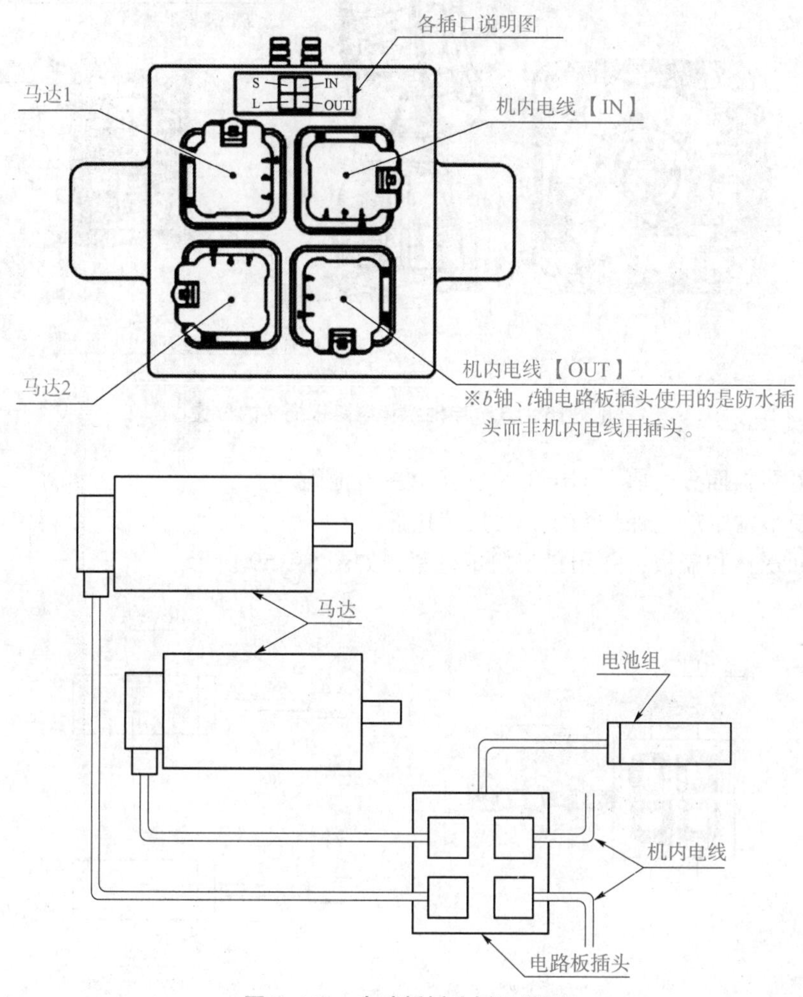

图 5-157 电路板插头插口说明

电池组更换步骤：

3 个电池组分别连接在电路板插头上，如图 5-158 所示。示教编程器上显示电池报警时，请按以下步骤更换电池组。

1. 一般情况（控制柜电源接通状态）

（1）接通控制柜控制电源（ON），切断伺服电源（OFF）。

（2）拧下盖板上的螺栓，取下盖板。

（3）旧电池组在保护套中，被扎带固定。剪断扎带，从保护套中取出旧电池组。

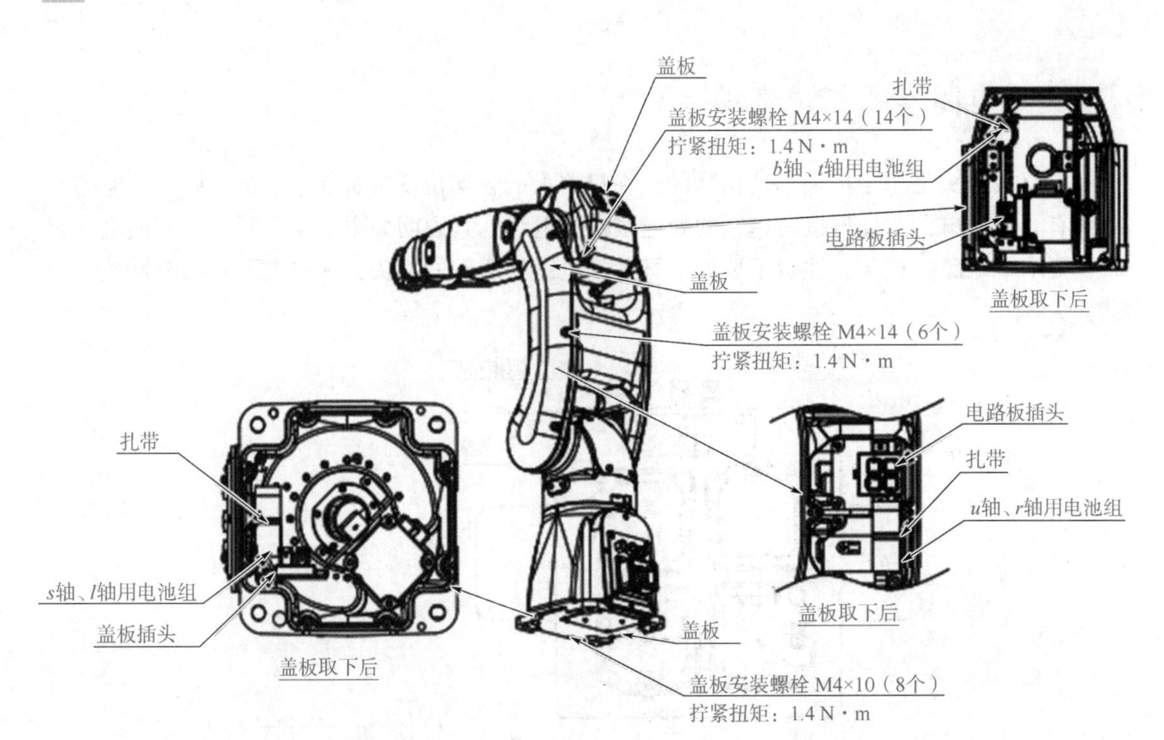

图 5-158　3 个电池组和电路板插头的位置

（4）从电路板插头上取下旧电池组，换上新电池组。

（5）将新电池组放进保护套中，用扎带扎紧。

（6）装回螺栓和盖板，并用指定扭矩拧紧，如图 5-159 所示。

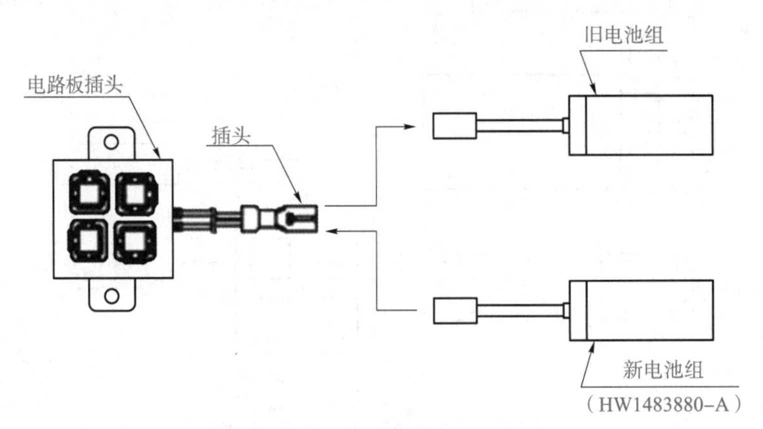

图 5-159　一般情况下更换电池组

2. 控制柜电源没有接通时

（1）准备电线（HW1471281-A）和备用电池组。

（2）拧下盖板上的螺栓，取下盖板。

（3）将连接器从电路板插头拔掉，连接上电池组更换用电线。

（4）将备用电池组与电线连接。

（5）旧电池组在保护套中，被扎带固定。剪断扎带，从保护套中取出旧电池组。

（6）从电路板插头上取下旧电池组，换上新电池组。

(7) 将新电池组放进保护套中，用扎带扎紧。

(8) 将电线和备用电池组从电路板插头取下，将步骤（3）的插头接到 IN 口上。

(9) 装回螺栓和盖板，并用指定扭矩拧紧，如图 5-160 所示。

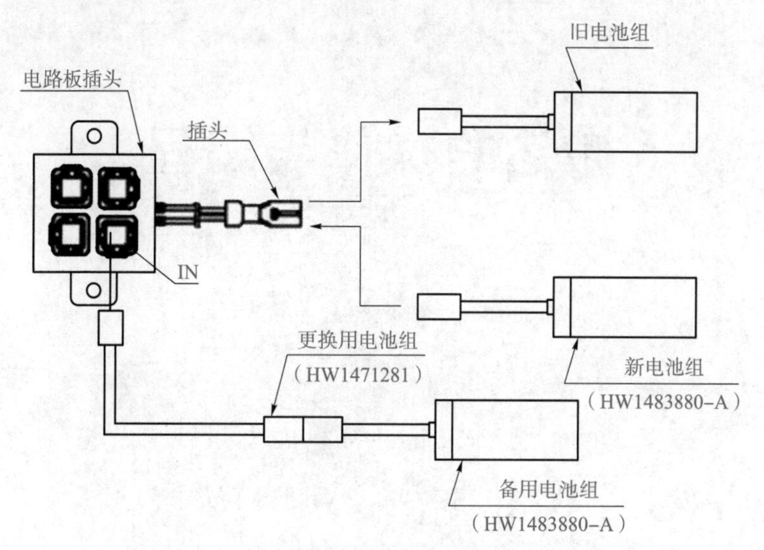

图 5-160　控制柜电源没有接通时更换电池组

第6章

搬运的操作与编程

6.1 识读工位

6.1.1 任务描述

结合安川 GP8 教学样机，识读搬运工位、真空吸盘工位。

6.1.2 知识储备

1. 工装夹具

工装夹具是机器人在生产加工过程中所用的各种工具的总称，它是生产工艺重要的组成部分，具有安装便捷、编程简单、预设输入输出信号可简化程序测试等优点，可以缩短设置与编程时间。

2. 真空吸盘

真空吸盘又称真空吊具，是真空设备执行器之一，利用真空吸盘抓取制品是最方便的方法。根据真空产生的原理，真空吸盘又可以分为真空式吸盘、气流负压吸盘和挤气负压吸盘。根据材料，真空吸盘可以分为橡胶吸盘、硅橡胶吸盘、聚氨酯吸盘。橡胶吸盘可在高温下进行操作，硅橡胶吸盘适用于抓住表面粗糙的制品，聚氨酯吸盘则很耐用。聚氨酯吸盘如图 6-1 所示。

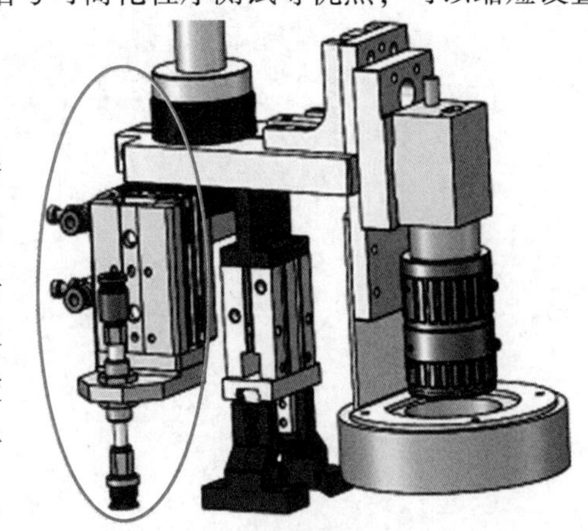

图 6-1　聚氨酯吸盘

3. 搬运平台

真空吸盘将物料从取料位置处吸起，放置在指定的放料位置，从而完成物料的搬运。搬运平台如图 6-2 所示，其由取料平台和放料平台组成，包括铝型材支架、底板、工件等组件。

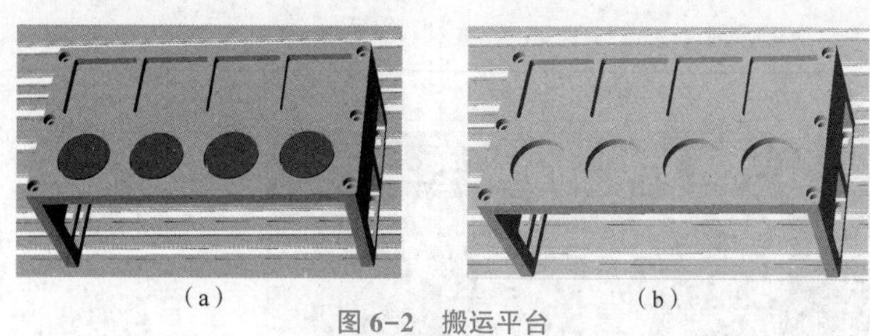

（a）　　　　（b）

图 6-2　搬运平台

（a）取料平台；（b）放料平台

6.2　工具坐标系的建立

6.2.1　任务描述

在更换机器人夹具时，只需要重新更新点位示教时的工具坐标，不需要重新示教机器人轨迹，并且在做机器人重定位旋转时，可以让机器人绕定义的点做空间旋转，从而很方便地把机器人调整到需要的姿态。下面以安川 GP8 教学样机为例，建立搬运工具坐标系，整体流程思路如表 6-1 所示。

表 6-1　整体流程思路

工作步骤	工作内容	注意事项
新建工具坐标系	在手动操作界面新建工具坐标系 更改工具坐标系的名称	选择目标工具时，光标停留在工具坐标的编号上，按下选择键
重心位置检测	在实用工具下选择重心位置检测，测量质量/重心位置	进行质量/重心位置测量时，应拆下连接在工具上的电缆等，并且因为真空吸盘尺寸不大，重心位置的转动惯量很小，可不进行测量
位置检测	在实用工具下选择校验，示教 5 个位置	示教 5 个点时，每个点的姿态尽量相差大一些

6.2.2 工作操作步骤

工作操作步骤如表 6-2 所示。

表 6-2 工作操作步骤

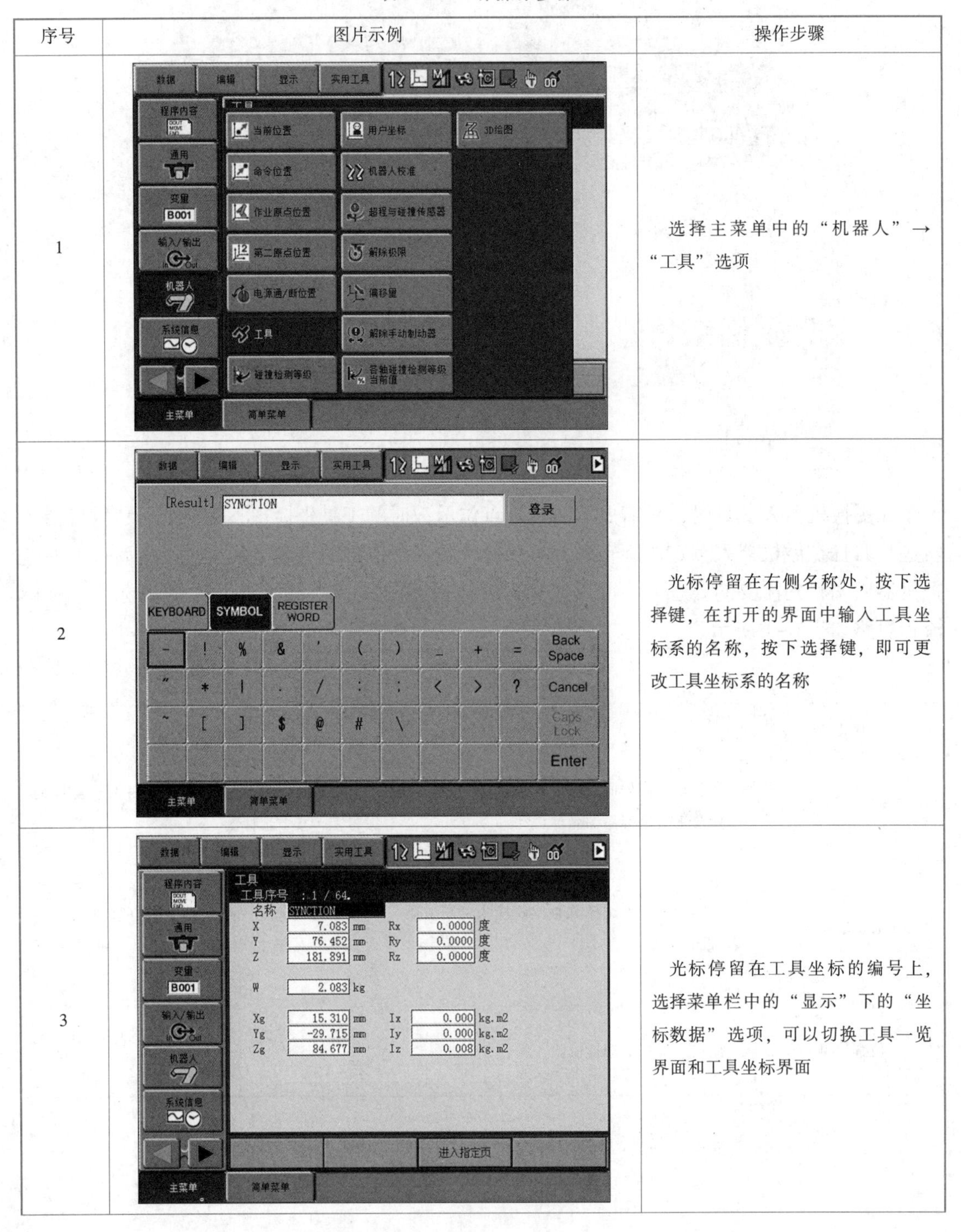

序号	图片示例	操作步骤
1		选择主菜单中的“机器人”→“工具”选项
2		光标停留在右侧名称处，按下选择键，在打开的界面中输入工具坐标系的名称，按下选择键，即可更改工具坐标系的名称
3		光标停留在工具坐标的编号上，选择菜单栏中的“显示”下的“坐标数据”选项，可以切换工具一览界面和工具坐标界面

续表

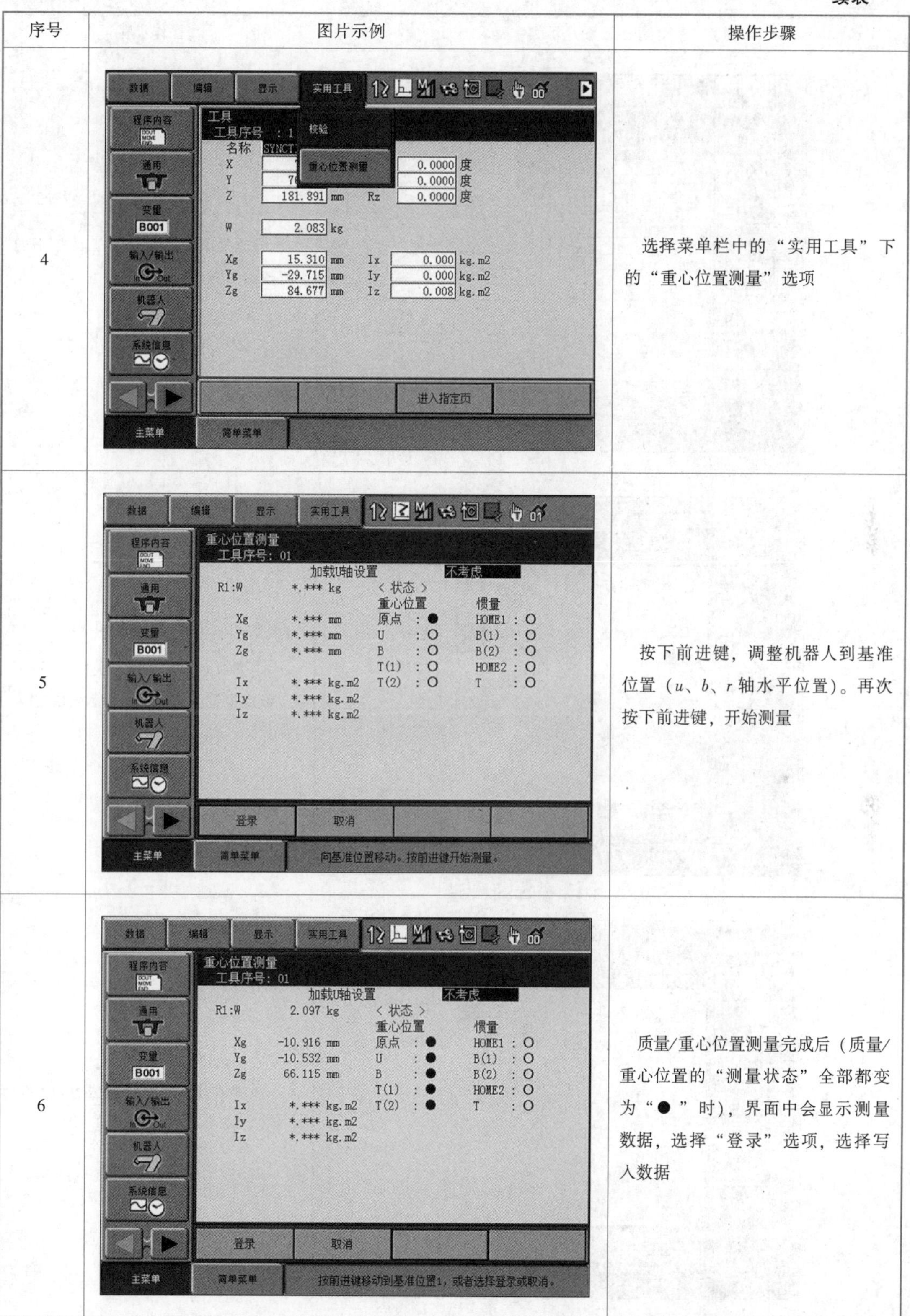

序号	图片示例	操作步骤
4		选择菜单栏中的“实用工具”下的“重心位置测量”选项
5		按下前进键，调整机器人到基准位置（*u*、*b*、*r* 轴水平位置）。再次按下前进键，开始测量
6		质量/重心位置测量完成后（质量/重心位置的“测量状态”全部都变为“●”时），界面中会显示测量数据，选择“登录”选项，选择写入数据

续表

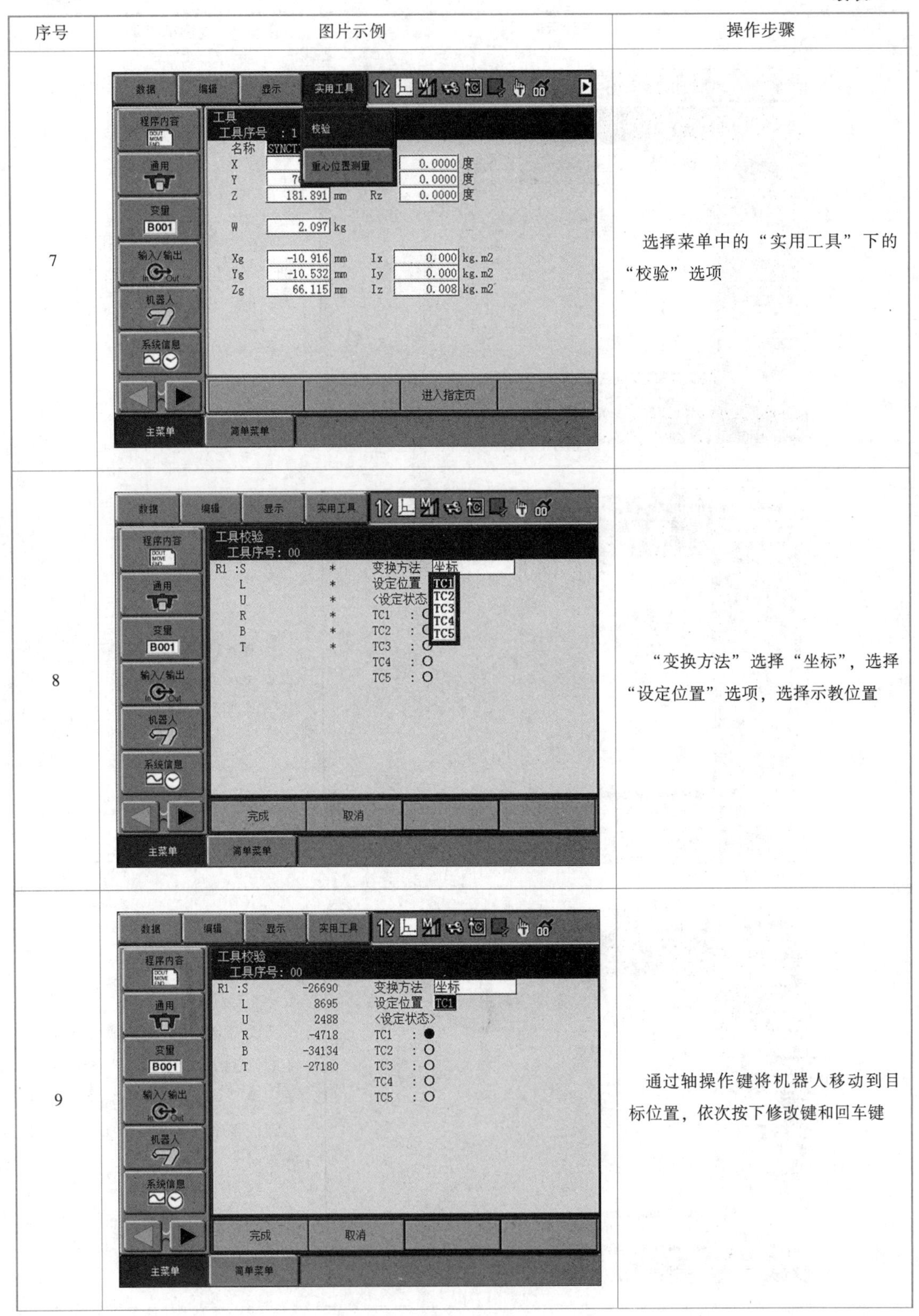

序号	图片示例	操作步骤
7		选择菜单中的“实用工具”下的“校验”选项
8		“变换方法”选择“坐标”，选择“设定位置”选项，选择示教位置
9		通过轴操作键将机器人移动到目标位置，依次按下修改键和回车键

续表

序号	图片示例	操作步骤
10	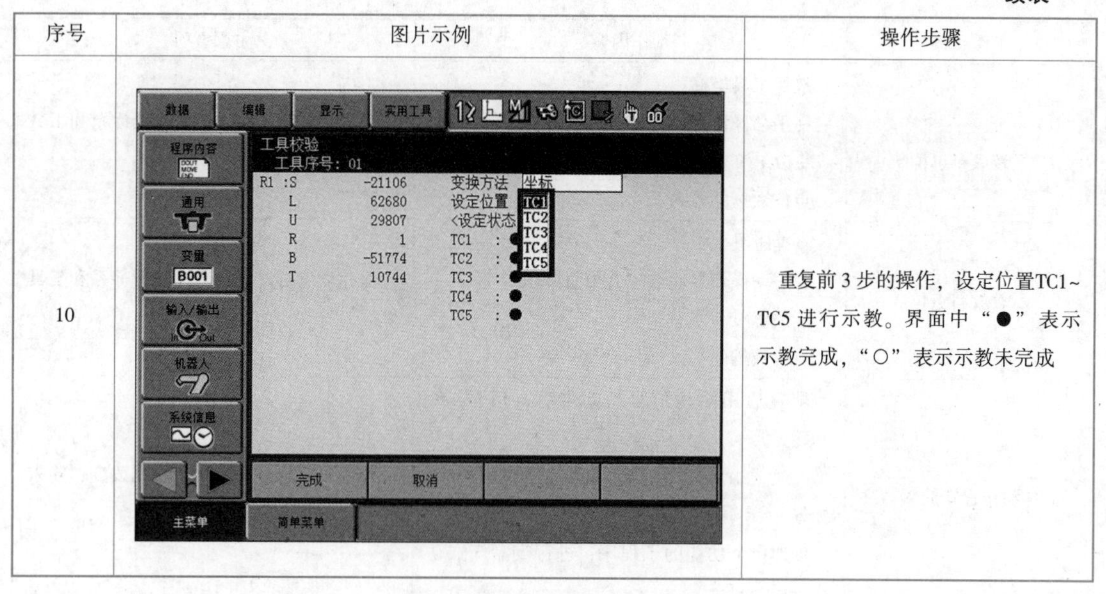	重复前 3 步的操作，设定位置TC1~TC5 进行示教。界面中“●”表示示教完成，“○”表示示教未完成

6.3　编写程序

6.3.1　任务描述

本任务实现机器人从待机位置到固定取料位置后，控制吸盘气缸下降并吸气打开，取出需要搬运的产品，移动至放料区域，控制吸盘动作，按照所取产品的先后顺序进行产品放料。本任务结合安川 GP8 教学样机，进行点位示教、输入/输出（IP）动作程序及搬运程序的编写，其搬运过程如图 6-3 所示。

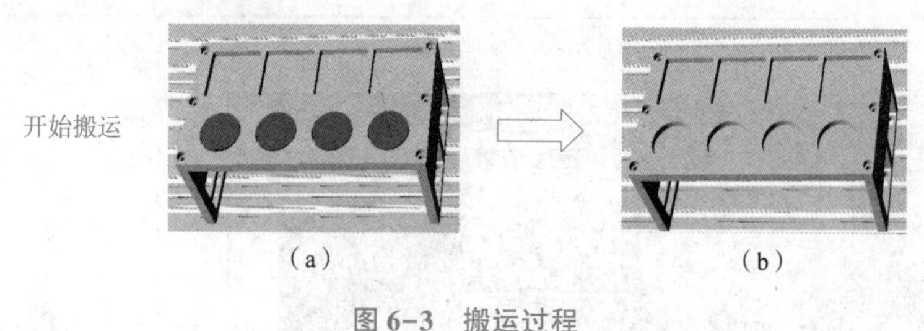

（a）　　（b）

图 6-3　搬运过程

（a）取料平台；（b）放料平台

6.3.2　整体流程思路

整体流程思路如表 6-3 所示。

表 6-3　整体流程思路

工作步骤	工作内容	注意事项
示教取料点位	选择工具坐标 在手动操作界面选择 P 变量 更改 P 变量名称 点位数据的写入	保存点位时，注意选择的坐标系和工具坐标
示教放料点位	选择工具坐标 在手动操作界面选择 P 变量 更改 P 变量名称 点位数据的写入	保存点位时，注意选择的坐标系和工具坐标
I/O 动作程序的编写	配置通用输入信号，更改输入信号 I/O 标签 配置通用输出信号，更改输出信号 I/O 标签 创建单个功能的子程序，进行吸盘气缸动作程序编写	通用输出信号可以手动强制改变，输入的信号的状态只能监控
搬运程序的编写	新建程序项目 取料动作程序的编写 调用吸盘气缸动作程序 放料动作程序的编写 调用吸盘气缸动作程序	编写取放料动作程序时，注意 MOVJ、MOVL 命令的区别

6.3.3　工作操作步骤

工作操作步骤如表 6-4 所示。

表 6-4　工作操作步骤

序号	图片示例	操作步骤
1	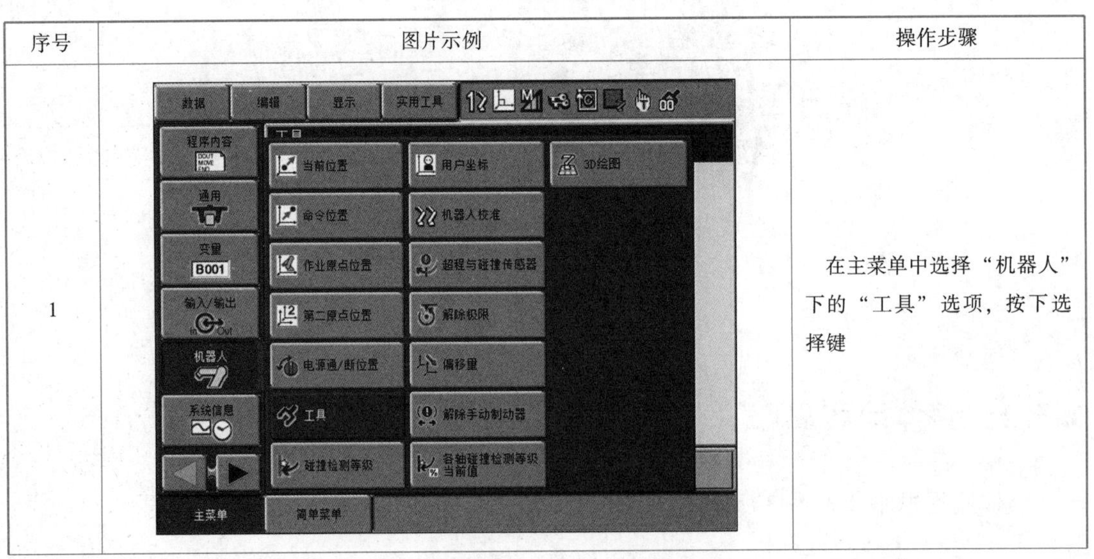	在主菜单中选择“机器人”下的“工具”选项，按下选择键

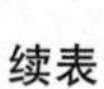

续表

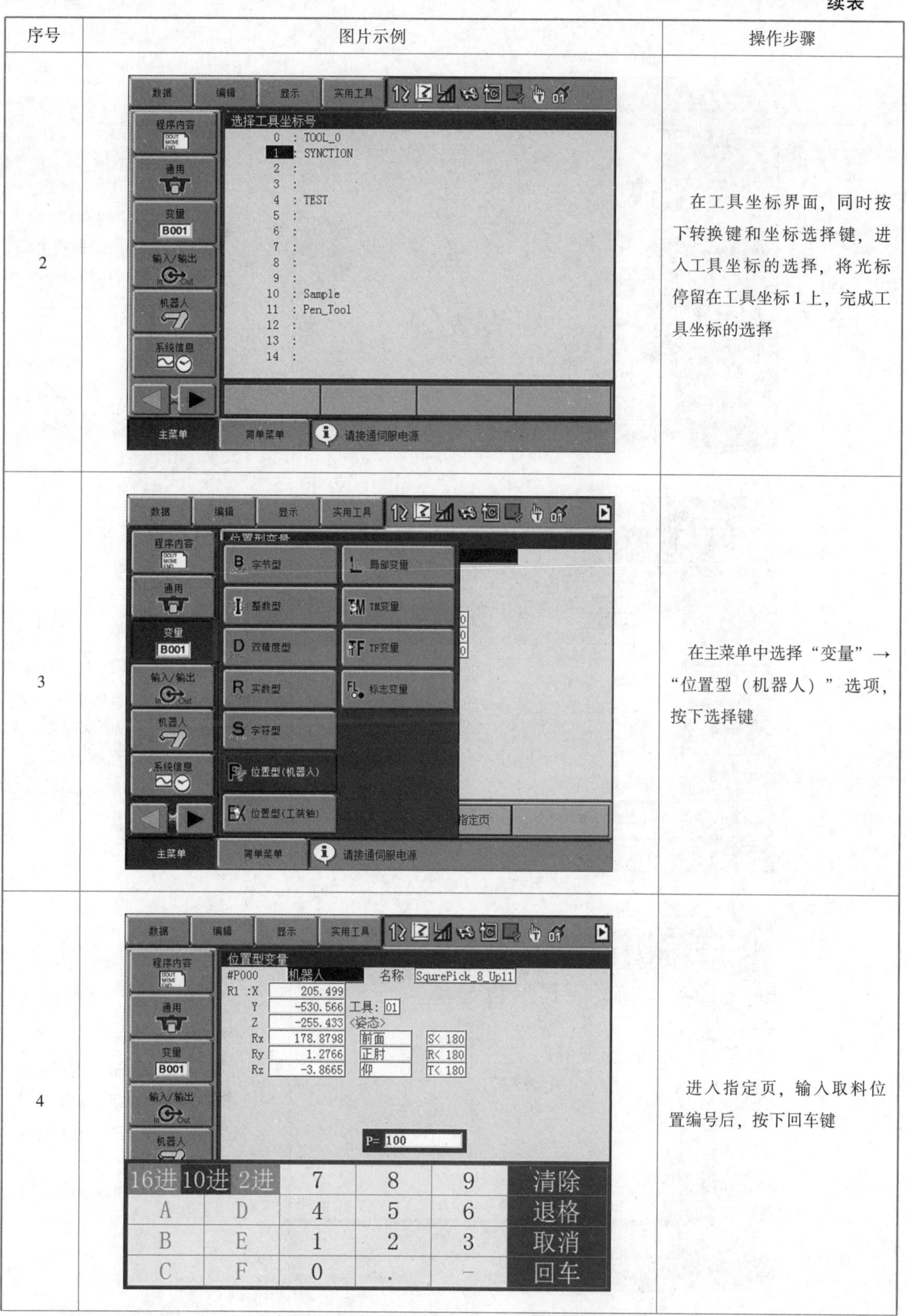

序号	图片示例	操作步骤
2		在工具坐标界面，同时按下转换键和坐标选择键，进入工具坐标的选择，将光标停留在工具坐标 1 上，完成工具坐标的选择
3		在主菜单中选择“变量”→“位置型（机器人）”选项，按下选择键
4		进入指定页，输入取料位置编号后，按下回车键

续表

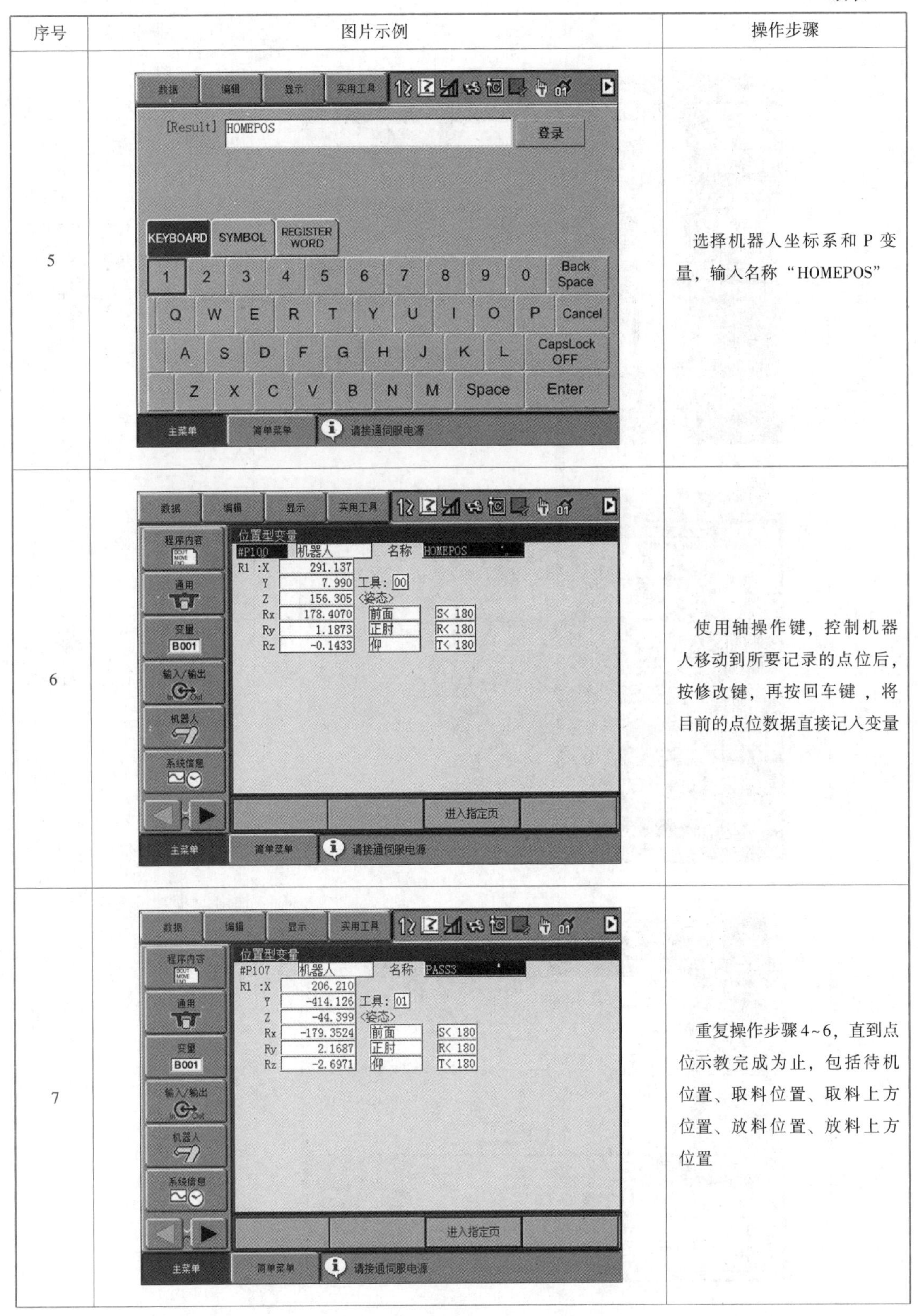

序号	图片示例	操作步骤
5		选择机器人坐标系和 P 变量，输入名称“HOMEPOS”
6		使用轴操作键，控制机器人移动到所要记录的点位后，按修改键，再按回车键，将目前的点位数据直接记入变量
7		重复操作步骤4~6，直到点位示教完成为止，包括待机位置、取料位置、取料上方位置、放料位置、放料上方位置

续表

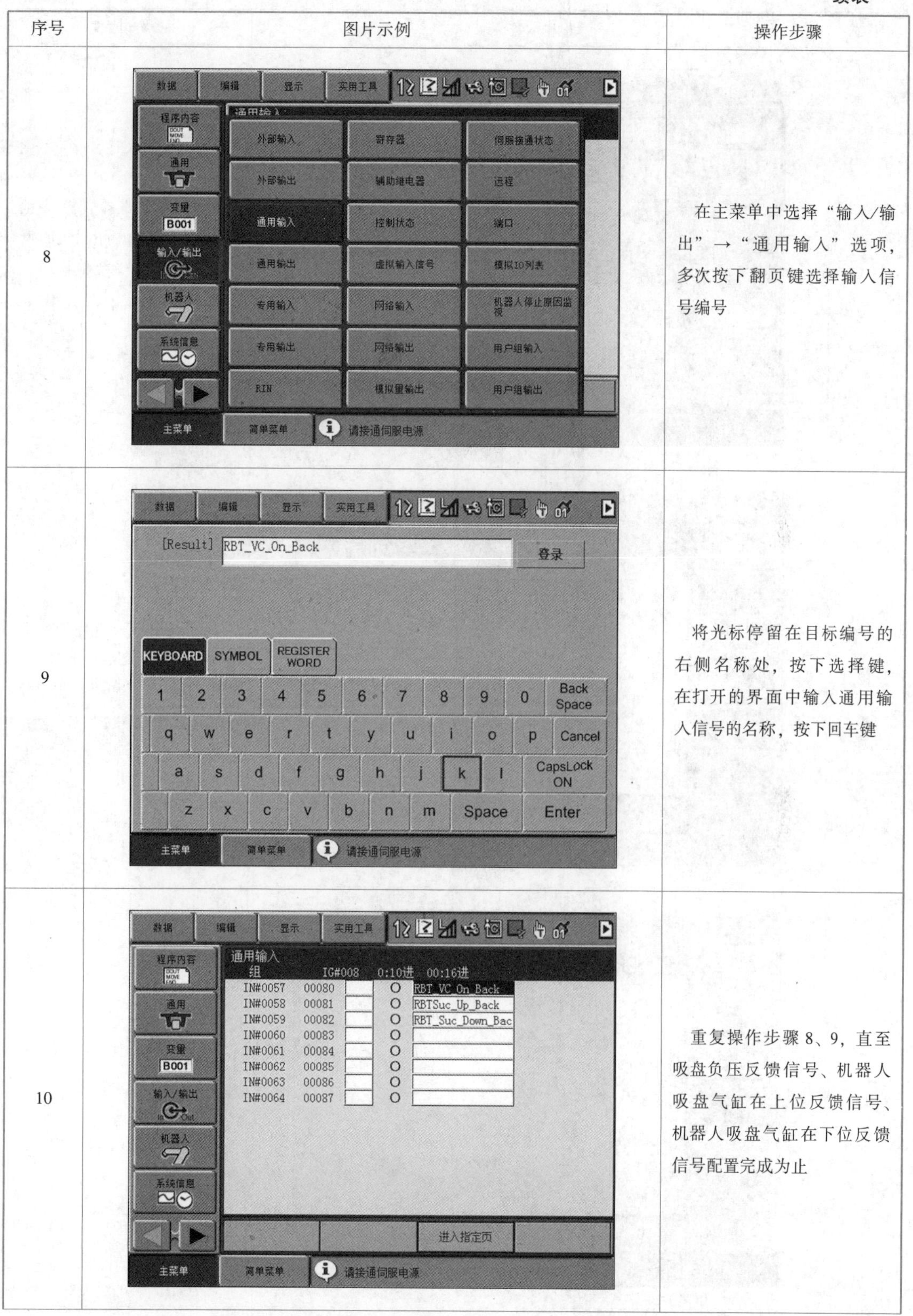

序号	图片示例	操作步骤
8		在主菜单中选择“输入/输出”→“通用输入”选项，多次按下翻页键选择输入信号编号
9		将光标停留在目标编号的右侧名称处，按下选择键，在打开的界面中输入通用输入信号的名称，按下回车键
10		重复操作步骤 8、9，直至吸盘负压反馈信号、机器人吸盘气缸在上位反馈信号、机器人吸盘气缸在下位反馈信号配置完成为止

续表

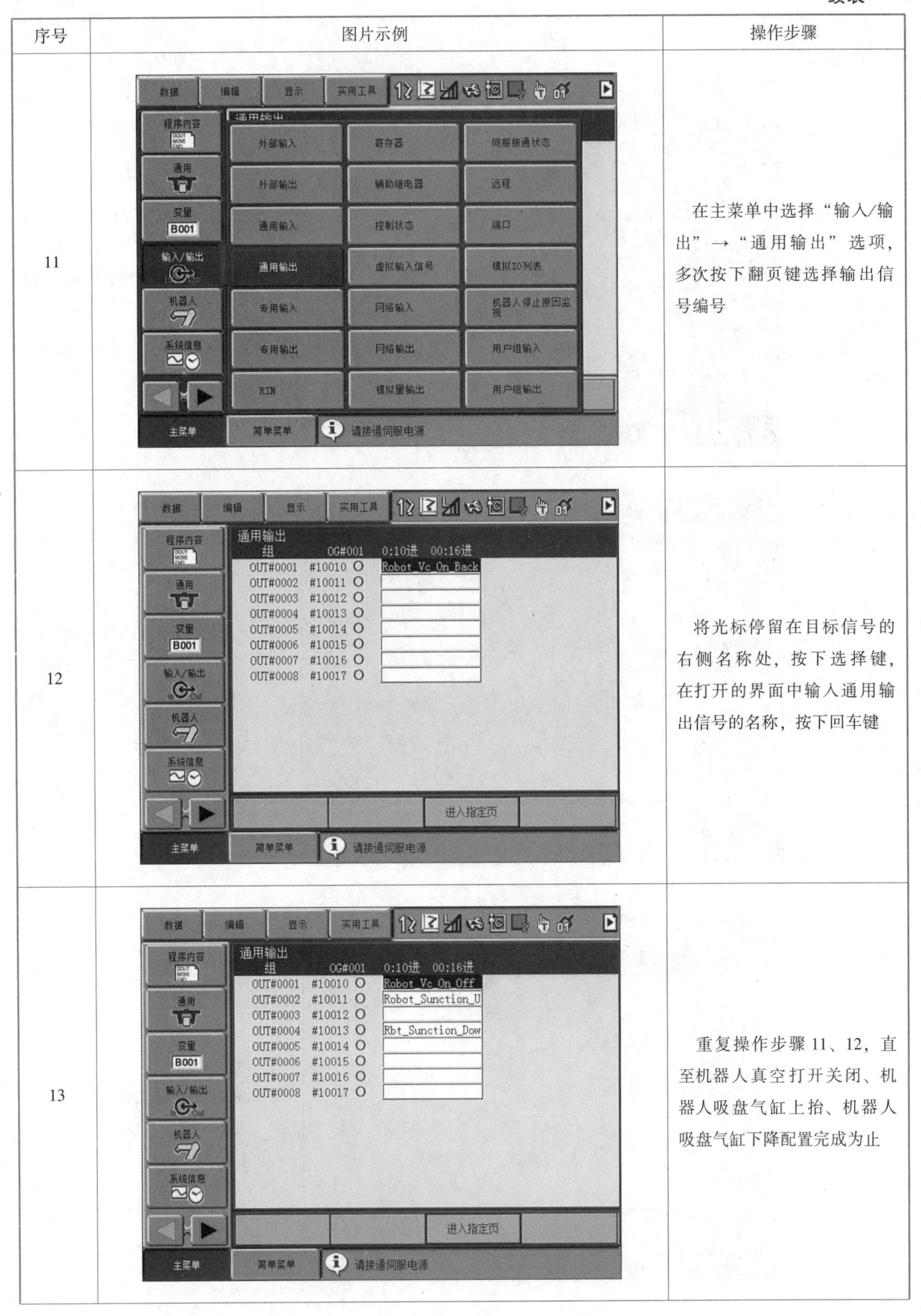

序号	图片示例	操作步骤
11		在主菜单中选择“输入/输出”→“通用输出”选项，多次按下翻页键选择输出信号编号
12		将光标停留在目标信号的右侧名称处，按下选择键，在打开的界面中输入通用输出信号的名称，按下回车键
13		重复操作步骤11、12，直至机器人真空打开关闭、机器人吸盘气缸上抬、机器人吸盘气缸下降配置完成为止

续表

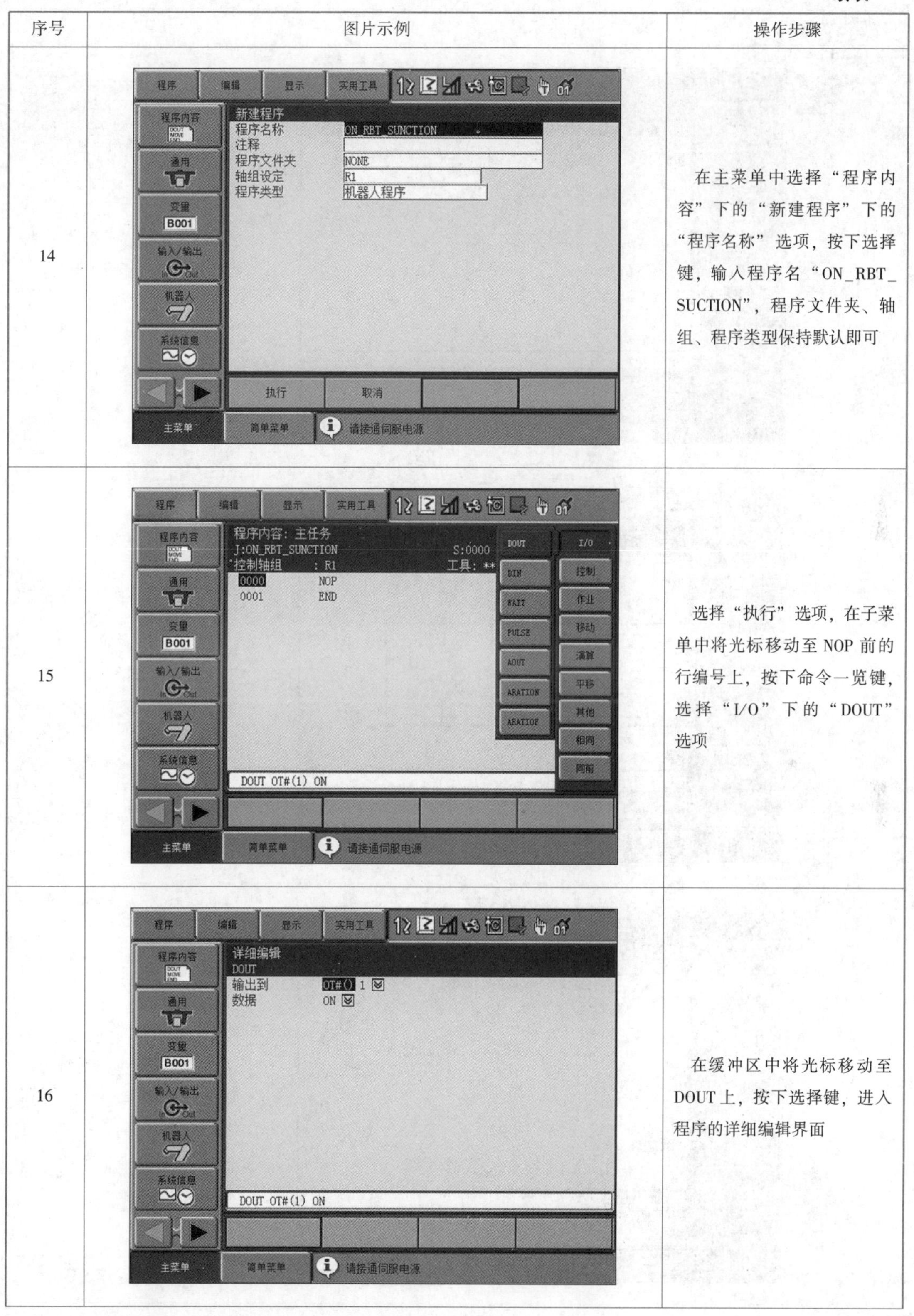

序号	图片示例	操作步骤
14		在主菜单中选择“程序内容”下的“新建程序”下的“程序名称”选项，按下选择键，输入程序名“ON_RBT_SUCTION”，程序文件夹、轴组、程序类型保持默认即可
15		选择“执行”选项，在子菜单中将光标移动至 NOP 前的行编号上，按下命令一览键，选择“I/O”下的“DOUT”选项
16		在缓冲区中将光标移动至 DOUT 上，按下选择键，进入程序的详细编辑界面

续表

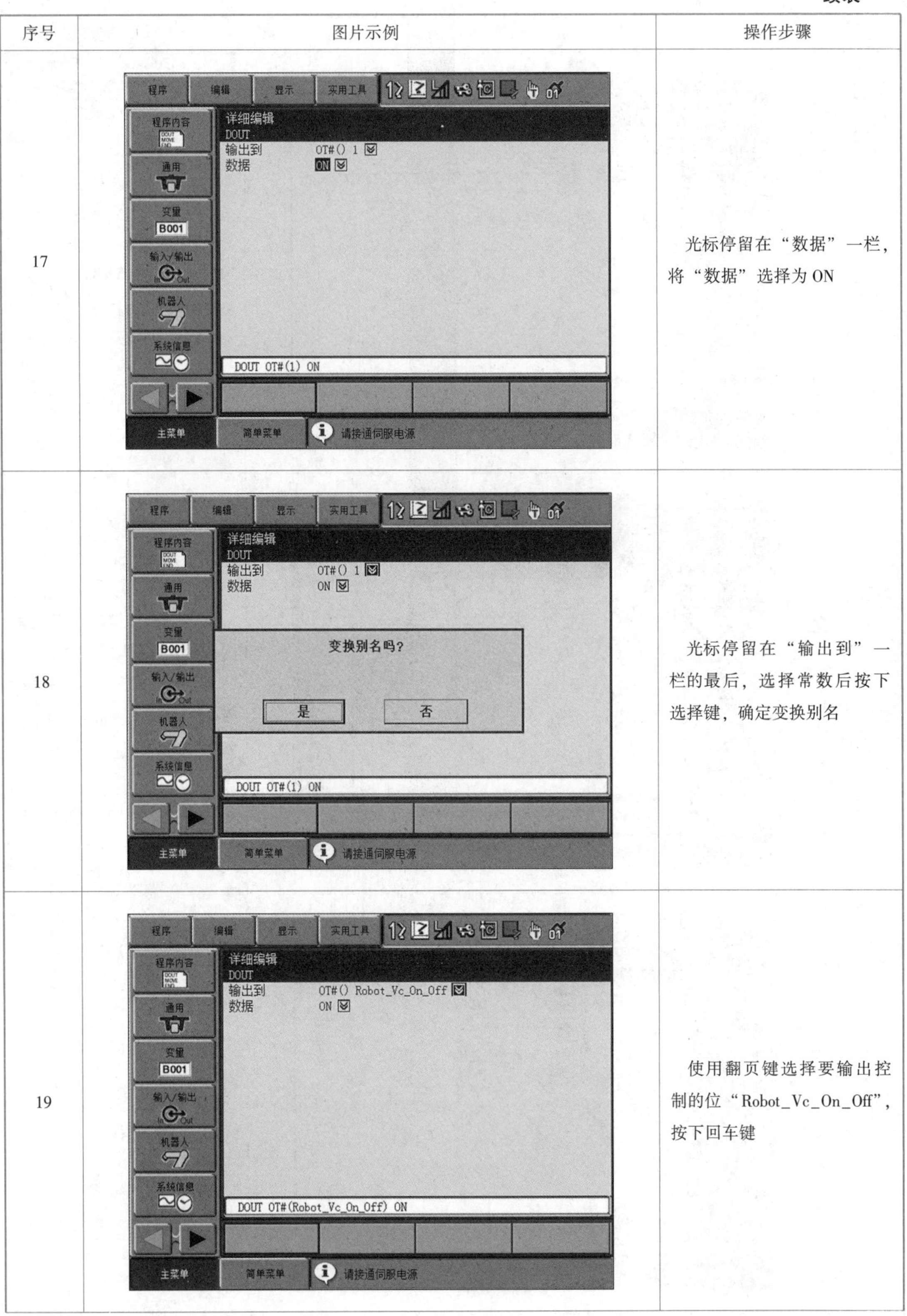

序号	图片示例	操作步骤
17	程序 编辑 显示 实用工具 详细编辑 DOUT 输出到 OT#() 1 数据 ON DOUT OT#(1) ON 主菜单 简单菜单 请接通伺服电源	光标停留在“数据”一栏，将“数据”选择为ON
18	程序 编辑 显示 实用工具 详细编辑 DOUT 输出到 OT#() 1 数据 ON 变换别名吗？ 是 否 DOUT OT#(1) ON 主菜单 简单菜单 请接通伺服电源	光标停留在“输出到”一栏的最后，选择常数后按下选择键，确定变换别名
19	程序 编辑 显示 实用工具 详细编辑 DOUT 输出到 OT#() Robot_Vc_On_Off 数据 ON DOUT OT#(Robot_Vc_On_Off) ON 主菜单 简单菜单 请接通伺服电源	使用翻页键选择要输出控制的位“Robot_Vc_On_Off”，按下回车键

续表

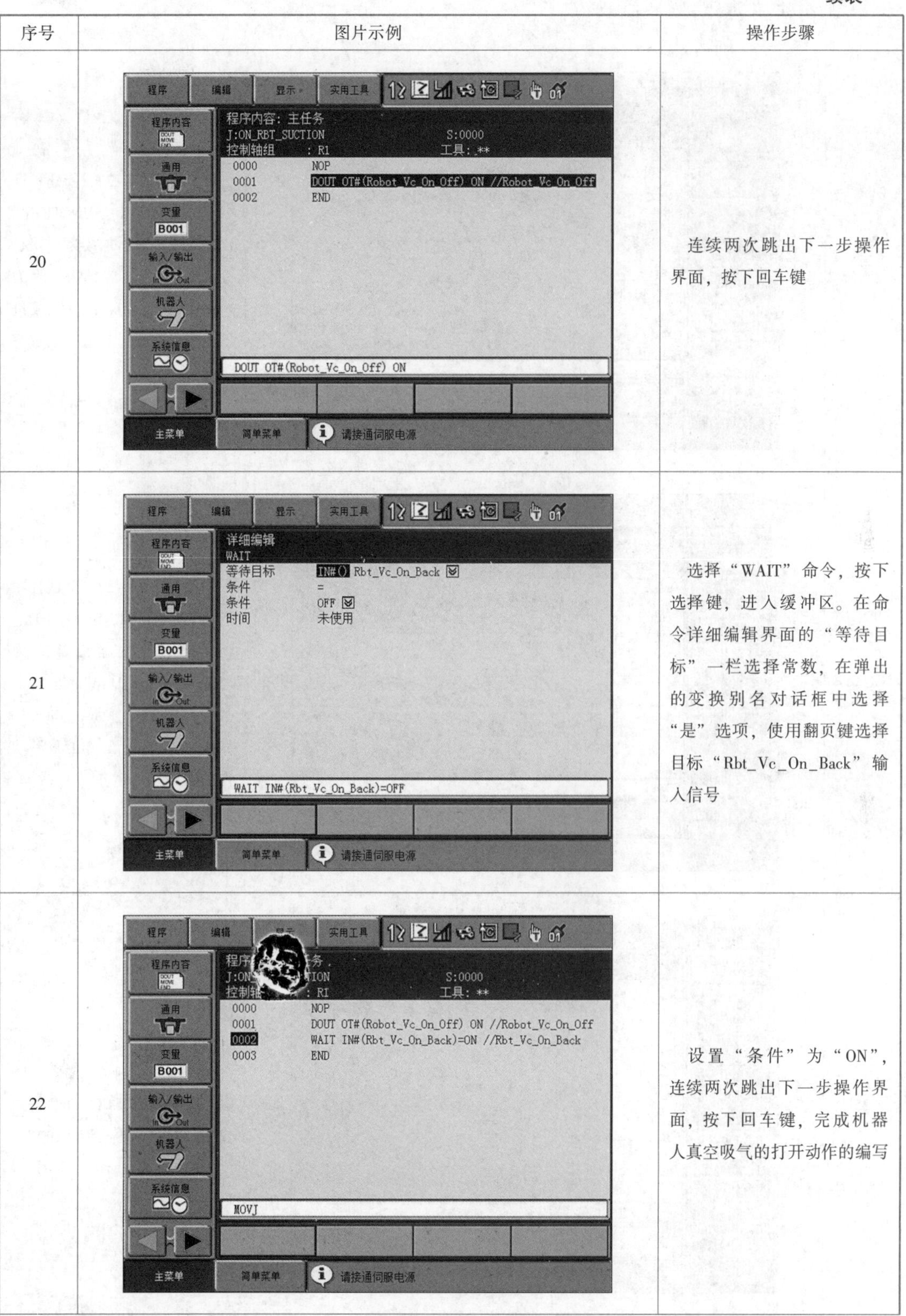

序号	图片示例	操作步骤
20		连续两次跳出下一步操作界面，按下回车键
21		选择“WAIT”命令，按下选择键，进入缓冲区。在命令详细编辑界面的“等待目标”一栏选择常数，在弹出的变换别名对话框中选择“是”选项，使用翻页键选择目标“Rbt_Vc_On_Back”输入信号
22		设置“条件”为“ON”，连续两次跳出下一步操作界面，按下回车键，完成机器人真空吸气的打开动作的编写

续表

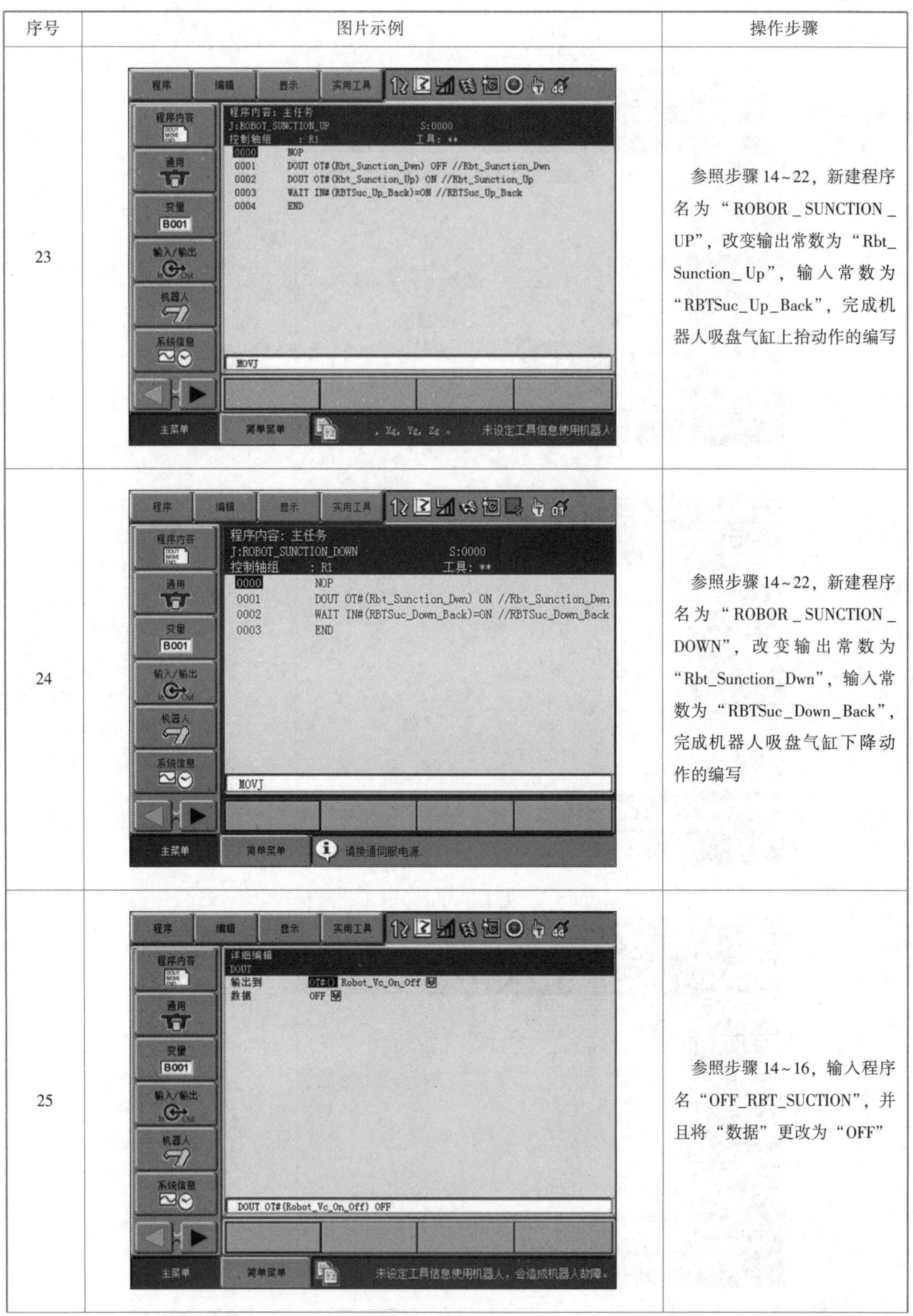

序号	图片示例	操作步骤
23		参照步骤 14~22，新建程序名为“ROBOR_SUNCTION_UP”，改变输出常数为“Rbt_Sunction_Up”，输入常数为“RBTSuc_Up_Back”，完成机器人吸盘气缸上抬动作的编写
24		参照步骤 14~22，新建程序名为“ROBOR_SUNCTION_DOWN”，改变输出常数为“Rbt_Sunction_Dwn”，输入常数为“RBTSuc_Down_Back”，完成机器人吸盘气缸下降动作的编写
25		参照步骤 14~16，输入程序名“OFF_RBT_SUCTION”，并且将“数据”更改为“OFF”

续表

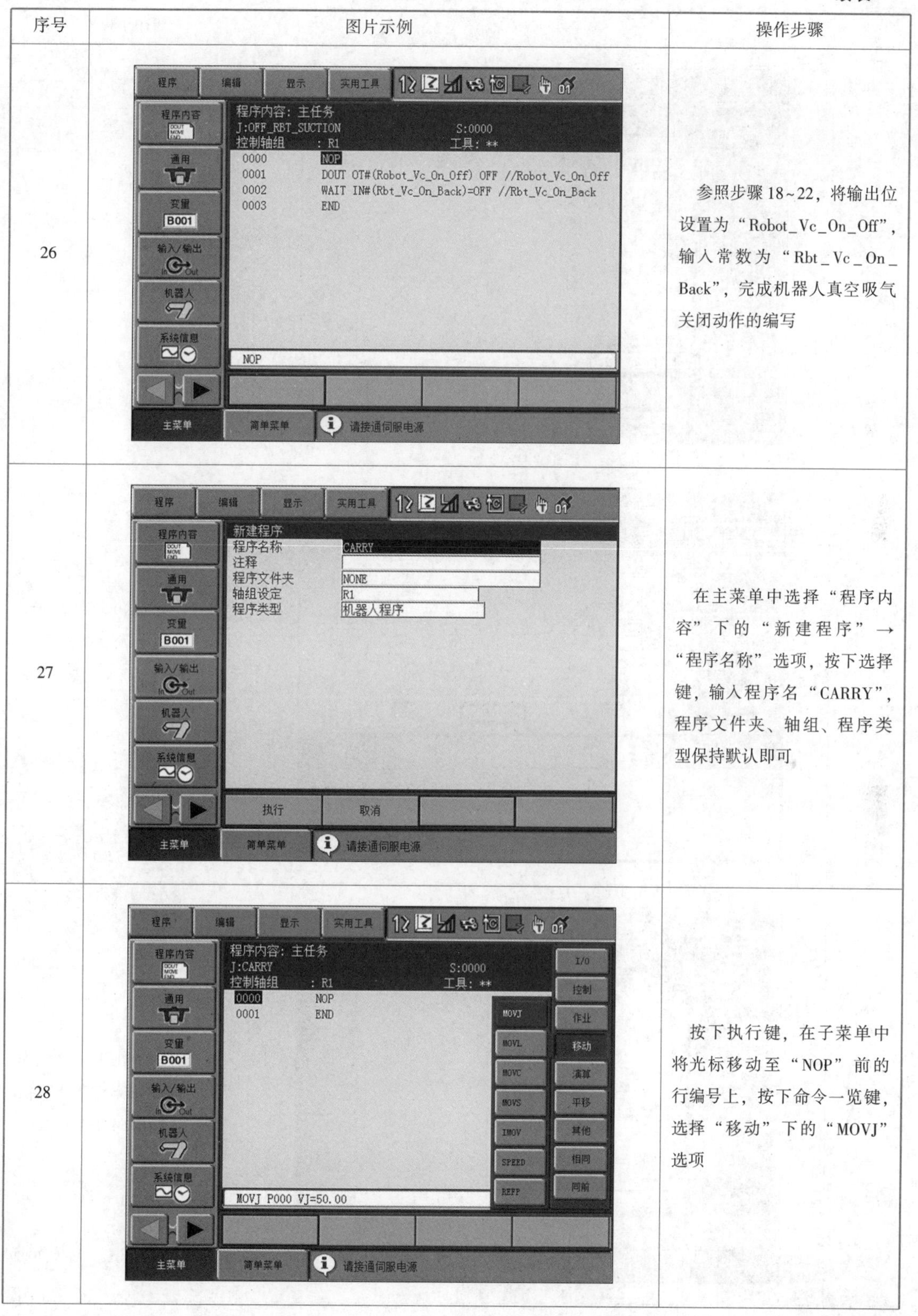

序号	图片示例	操作步骤
26	程序内容：主任务 J:OFF_RBT_SUCTION　S:0000 控制轴组　: R1　工具：** 0000　NOP 0001　DOUT OT#(Robot_Vc_On_Off) OFF //Robot_Vc_On_Off 0002　WAIT IN#(Rbt_Vc_On_Back)=OFF //Rbt_Vc_On_Back 0003　END	参照步骤 18~22，将输出位设置为“Robot_Vc_On_Off”，输入常数为“Rbt_Vc_On_Back”，完成机器人真空吸气关闭动作的编写
27	新建程序 程序名称　CARRY 注释 程序文件夹　NONE 轴组设定　R1 程序类型　机器人程序	在主菜单中选择“程序内容”下的“新建程序”→“程序名称”选项，按下选择键，输入程序名“CARRY”，程序文件夹、轴组、程序类型保持默认即可
28	程序内容：主任务 J:CARRY　S:0000 控制轴组　: R1　工具：** 0000　NOP 0001　END MOVJ P000 VJ=50.00	按下执行键，在子菜单中将光标移动至“NOP”前的行编号上，按下命令一览键，选择“移动”下的“MOVJ”选项

续表

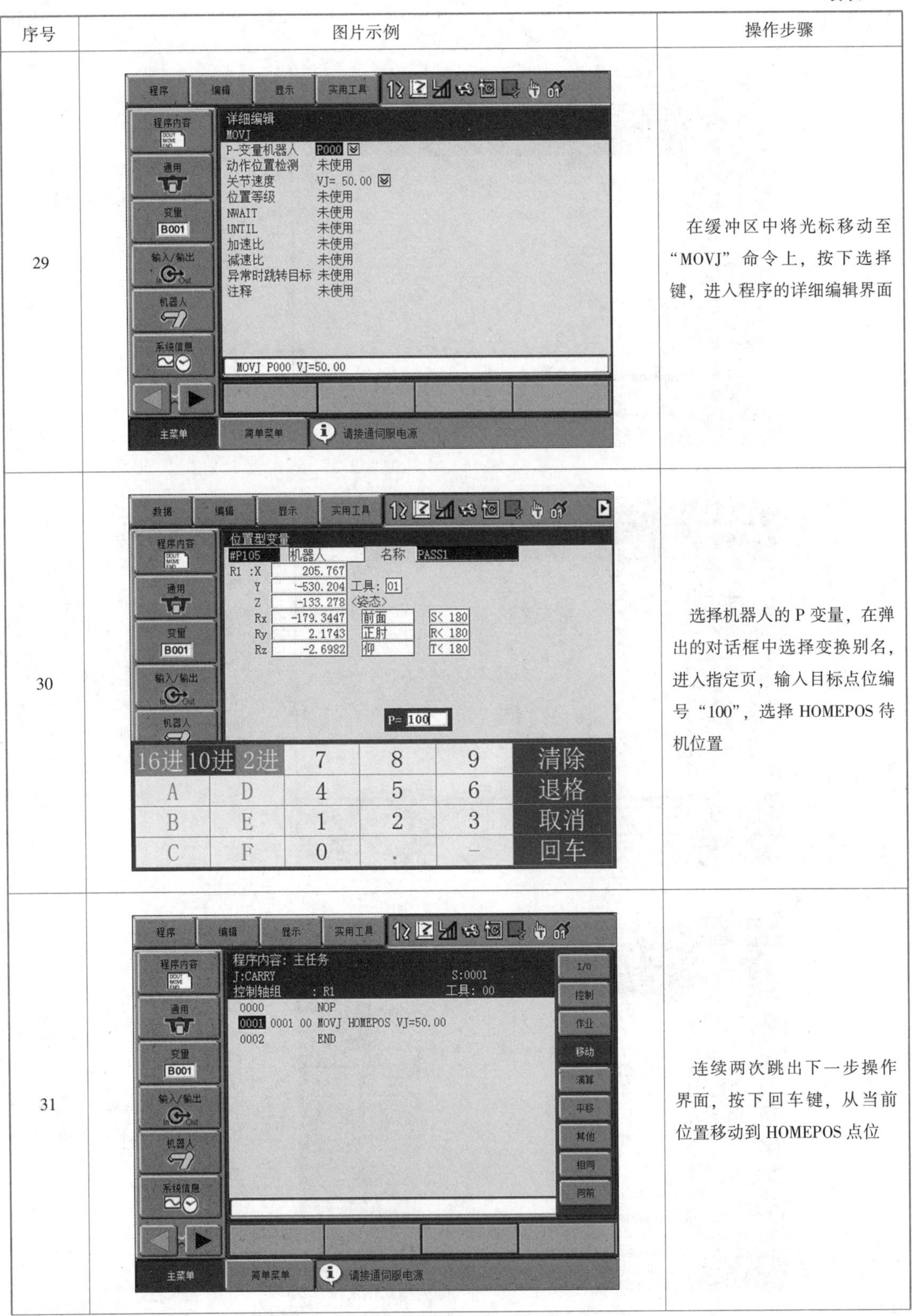

序号	图片示例	操作步骤
29		在缓冲区中将光标移动至“MOVJ”命令上，按下选择键，进入程序的详细编辑界面
30		选择机器人的P变量，在弹出的对话框中选择变换别名，进入指定页，输入目标点位编号“100”，选择HOMEPOS待机位置
31		连续两次跳出下一步操作界面，按下回车键，从当前位置移动到HOMEPOS点位

续表

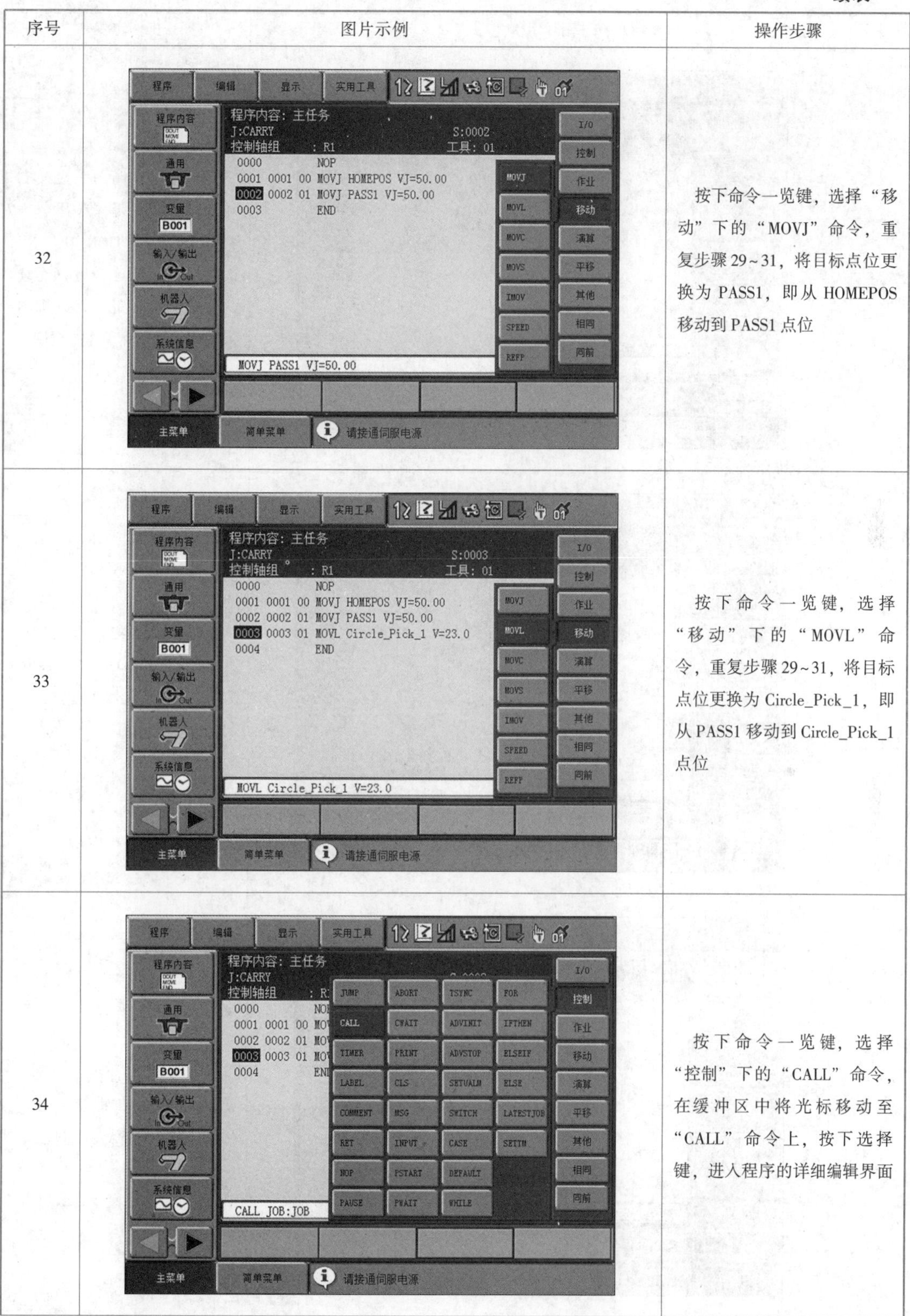

序号	图片示例	操作步骤
32		按下命令一览键，选择“移动”下的“MOVJ”命令，重复步骤 29~31，将目标点位更换为 PASS1，即从 HOMEPOS 移动到 PASS1 点位
33		按下命令一览键，选择“移动”下的“MOVL”命令，重复步骤 29~31，将目标点位更换为 Circle_Pick_1，即从 PASS1 移动到 Circle_Pick_1 点位
34		按下命令一览键，选择“控制”下的“CALL”命令，在缓冲区中将光标移动至“CALL”命令上，按下选择键，进入程序的详细编辑界面

续表

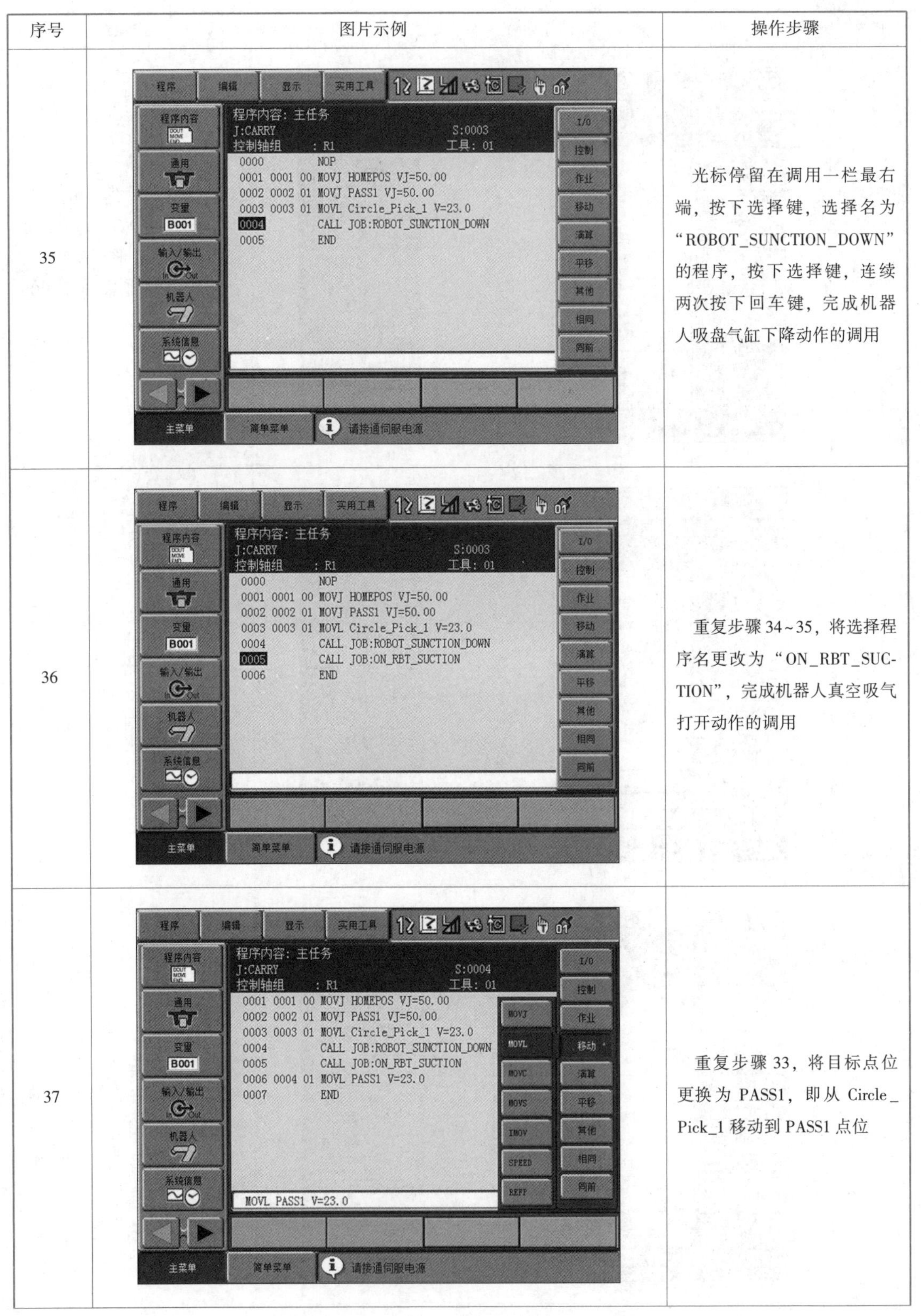

序号	图片示例	操作步骤
35		光标停留在调用一栏最右端，按下选择键，选择名为“ROBOT_SUNCTION_DOWN”的程序，按下选择键，连续两次按下回车键，完成机器人吸盘气缸下降动作的调用
36		重复步骤 34~35，将选择程序名更改为“ON_RBT_SUCTION”，完成机器人真空吸气打开动作的调用
37		重复步骤 33，将目标点位更换为 PASS1，即从 Circle_Pick_1 移动到 PASS1 点位

续表

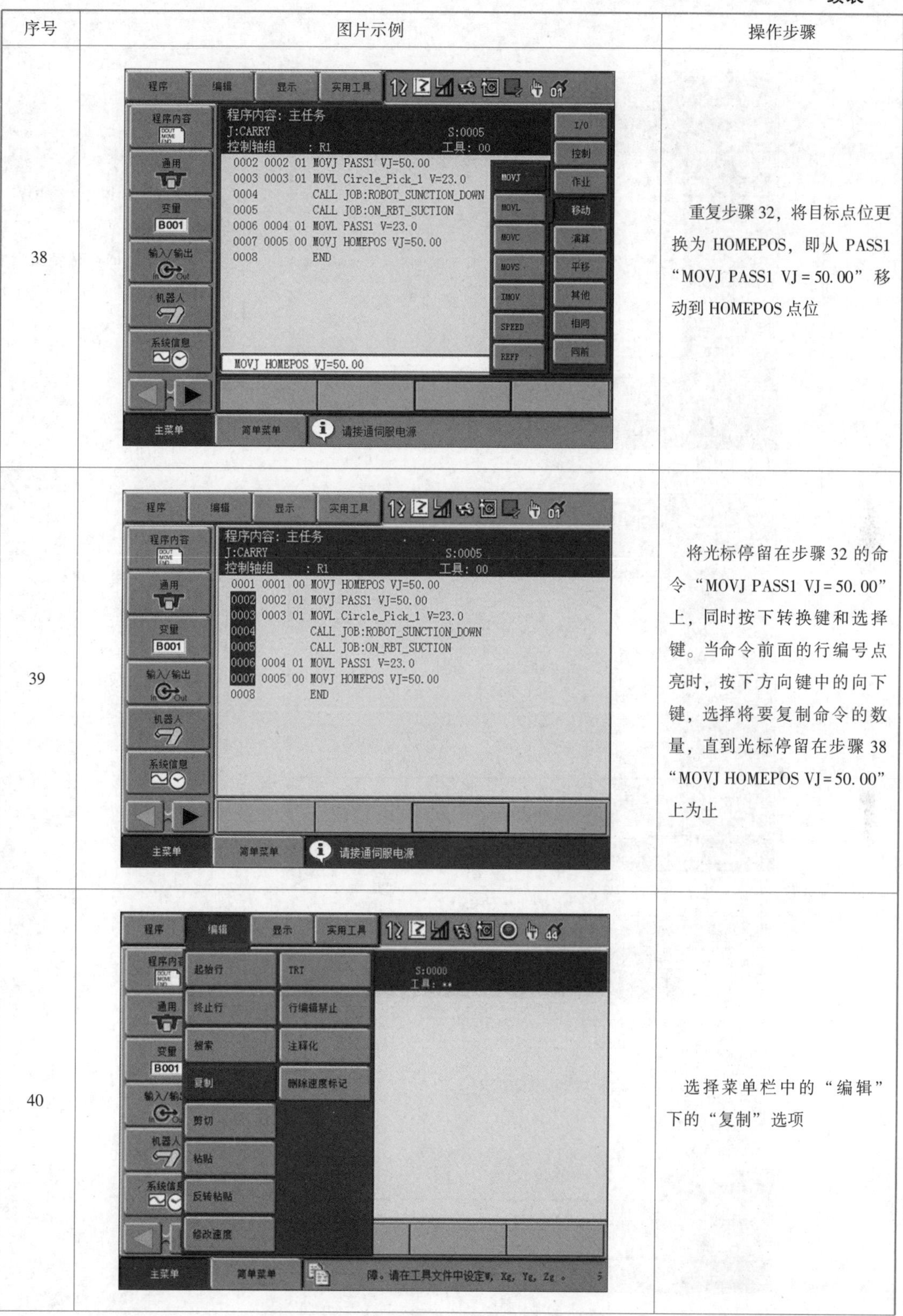

序号	图片示例	操作步骤
38		重复步骤 32，将目标点位更换为 HOMEPOS，即从 PASS1 “MOVJ PASS1 VJ = 50. 00” 移动到 HOMEPOS 点位
39		将光标停留在步骤 32 的命令 “MOVJ PASS1 VJ = 50. 00” 上，同时按下转换键和选择键。当命令前面的行编号点亮时，按下方向键中的向下键，选择将要复制命令的数量，直到光标停留在步骤 38 “MOVJ HOMEPOS VJ = 50. 00” 上为止
40		选择菜单栏中的 “编辑” 下的 “复制” 选项

续表

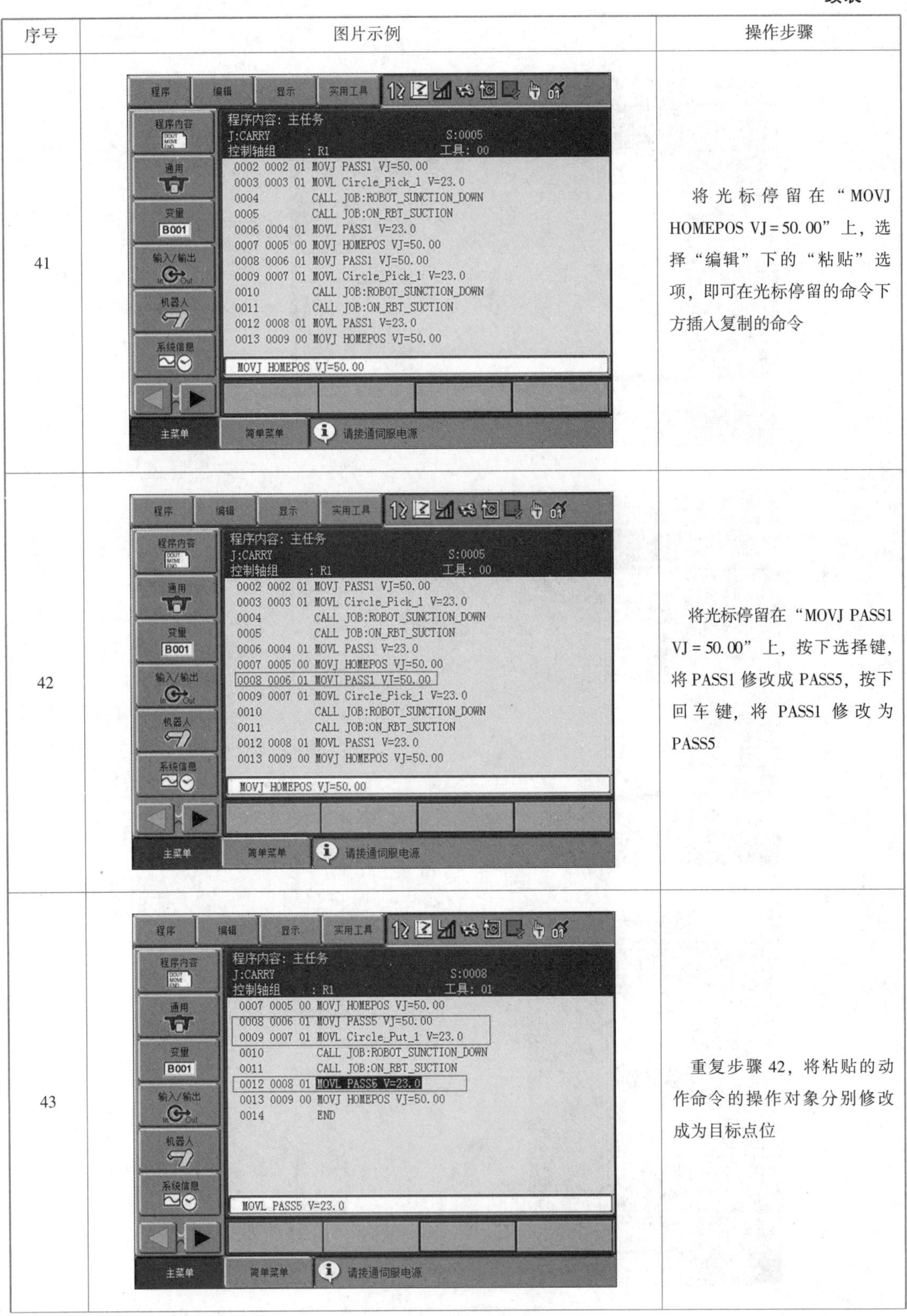

序号	图片示例	操作步骤
41		将光标停留在“MOVJ HOMEPOS VJ = 50.00”上，选择“编辑”下的“粘贴”选项，即可在光标停留的命令下方插入复制的命令
42		将光标停留在“MOVJ PASS1 VJ = 50.00”上，按下选择键，将PASS1修改成PASS5，按下回车键，将PASS1修改为PASS5
43		重复步骤42，将粘贴的动作命令的操作对象分别修改成为目标点位

续表

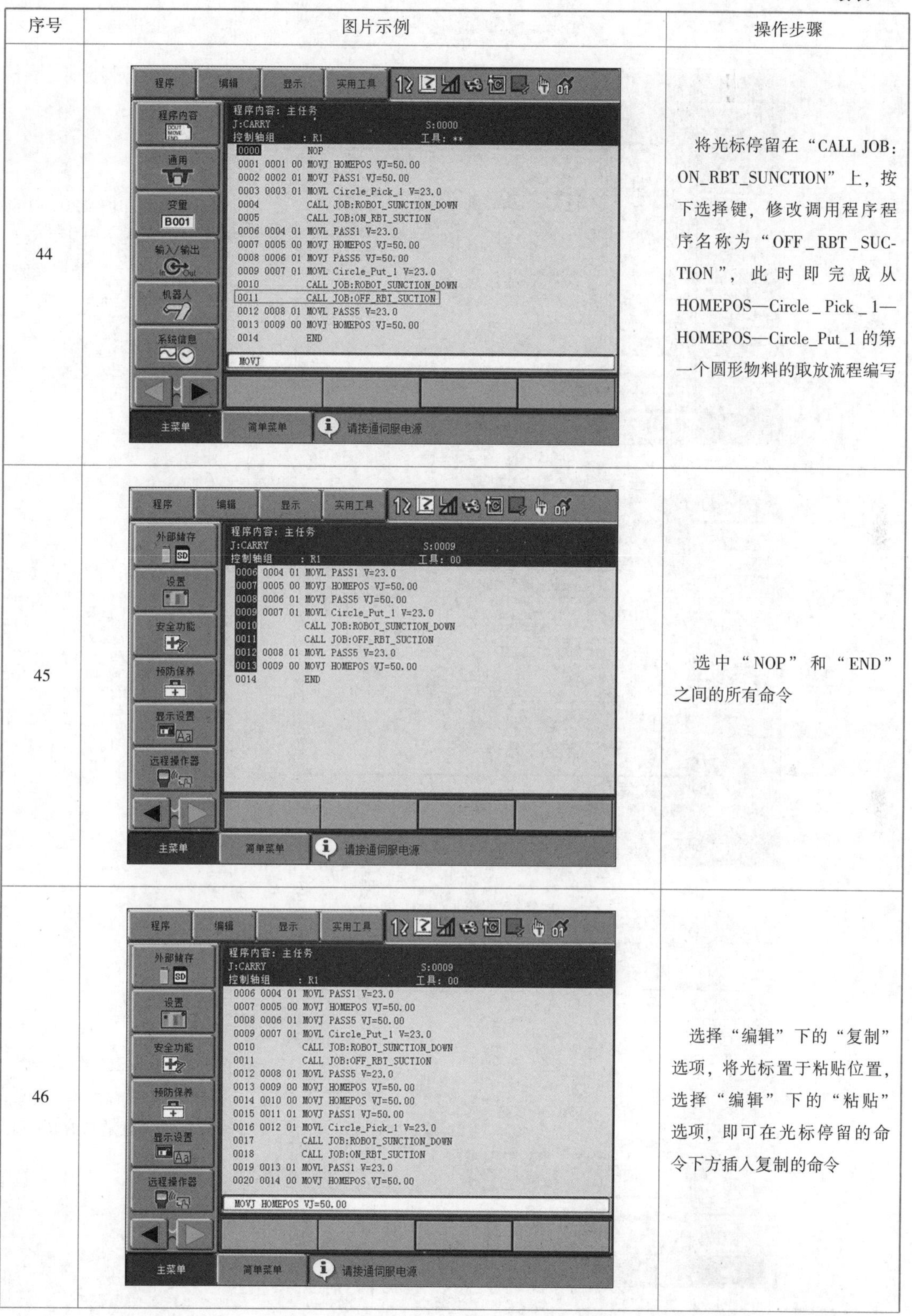

序号	图片示例	操作步骤
44		将光标停留在“CALL JOB：ON_RBT_SUNCTION”上，按下选择键，修改调用程序程序名称为“OFF_RBT_SUCTION”，此时即完成从HOMEPOS—Circle_Pick_1—HOMEPOS—Circle_Put_1的第一个圆形物料的取放流程编写
45		选中“NOP”和“END”之间的所有命令
46		选择“编辑”下的“复制”选项，将光标置于粘贴位置，选择“编辑”下的“粘贴”选项，即可在光标停留的命令下方插入复制的命令

续表

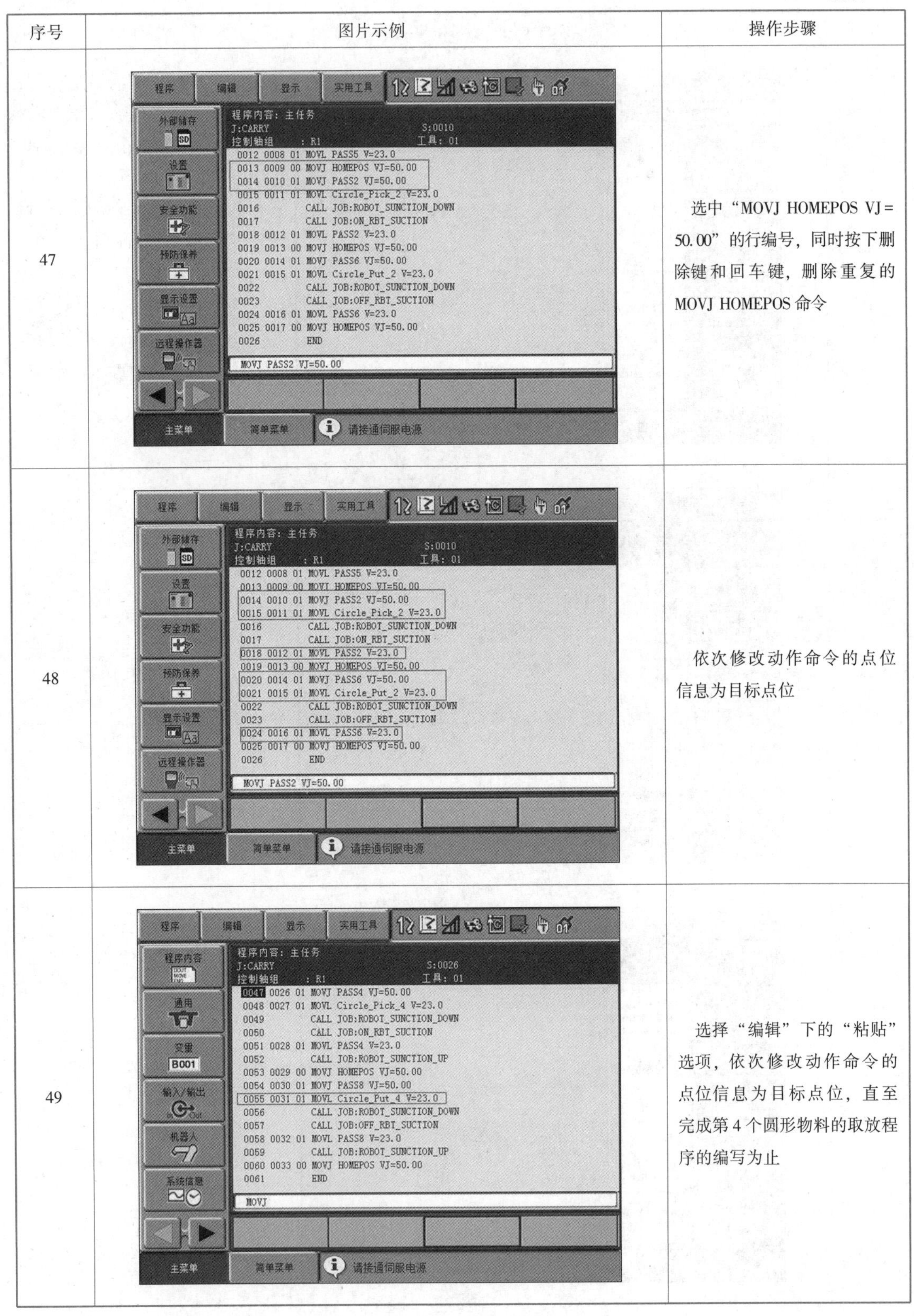

序号	图片示例	操作步骤
47		选中“MOVJ HOMEPOS VJ=50.00”的行编号，同时按下删除键和回车键，删除重复的MOVJ HOMEPOS命令
48		依次修改动作命令的点位信息为目标点位
49		选择“编辑”下的“粘贴”选项，依次修改动作命令的点位信息为目标点位，直至完成第4个圆形物料的取放程序的编写为止

6.3.4　参考数据

1. 子程序名称

子程序名称如表 6-5 所示。

表 6-5　子程序名称

控制信号	子程序名称	程序含义
Robot_Vc_On_Off Rbt_Vc_On_Back	ON_RBT_SUCTION	机器人真空吸气打开
Robot_Vc_On_Off Rbt_Vc_On_Back	OFF_RBT_SUCTION	机器人真空吸气关闭
Rbt_Sunction_Up RBTSuc_Up_Back	ROBOR_SUNCTION_UP	机器人吸盘气缸上抬
Rbt_Sunction_Down RBTSuc_Down_Back	ROBOR_SUNCTION_DOWN	机器人吸盘气缸下降

2. 点位信息

点位信息如表 6-6 所示。

表 6-6　点位信息

P 变量编号	点位名称	点位含义
P100	HOMEPOS	待机点
P105	PASS1	取料上方点
P106	PASS2	
P107	PASS3	
P108	PASS4	
P109	PASS5	放料上方点
P110	PASS6	
P111	PASS7	
P112	PASS8	
P80	Circle_Pick_1	取料点位
81	Circle_Pick_2	
82	Circle_Pick_3	
83	Circle_Pick_4	
P85	Circle_Put_1	放料点位
P86	Circle_Put_2	
P87	Circle_Put_3	
P88	Circle_Put_4	

3. 输入输出信号分配

输入输出信号分配如表 6-7 所示。

表 6-7　输入输出信号分配

序号		信号标签	信号含义
通用输入信号	00036	Rbt_Vc_On_Back	吸盘负压反馈信号
	00045	RBTSuc_Up_Back	机器人吸盘气缸在上位反馈信号
	00046	RBTSuc_Down_Back	机器人吸盘气缸在下位反馈信号
通用输出信号	10024	Robot_Vc_On_Off	机器人真空吸气打开关闭
	10045	Rbt_Sunction_Up	机器人吸盘气缸上抬
	10046	Rbt_Sunction_Down	机器人吸盘气缸下降

6.4　调试程序

6.4.1　任务描述

程序编写结束以后，为了保证程序的正确性和稳定性，需要对编写的程序进行执行、检查和修正。下面结合安川 GP8 教学样机，分别使用示教模式和再现模式对搬运程序进行调试，实现机器人从取料工位搬运物料至放料工位的过程。

6.4.2　整体流程思路

整体流程思路如表 6-8 所示。

表 6-8　整体流程思路

工作步骤	工作内容	注意事项
示教模式	动作命令编写确认 动作命令速度更改 示教模式下进行试运行操作	出现紧急情况时，立即松开使能按钮，机器人会自动停止
再现模式	将示教编程器模式改为再现模式 按下开始按钮 进行自动运行	运动命令使用的速度不要超过 250 mm/s，出现紧急情况时，立即按下急停按钮

6.4.3　工作操作步骤

工作操作步骤如表 6-9 所示。

表 6-9　工作操作步骤

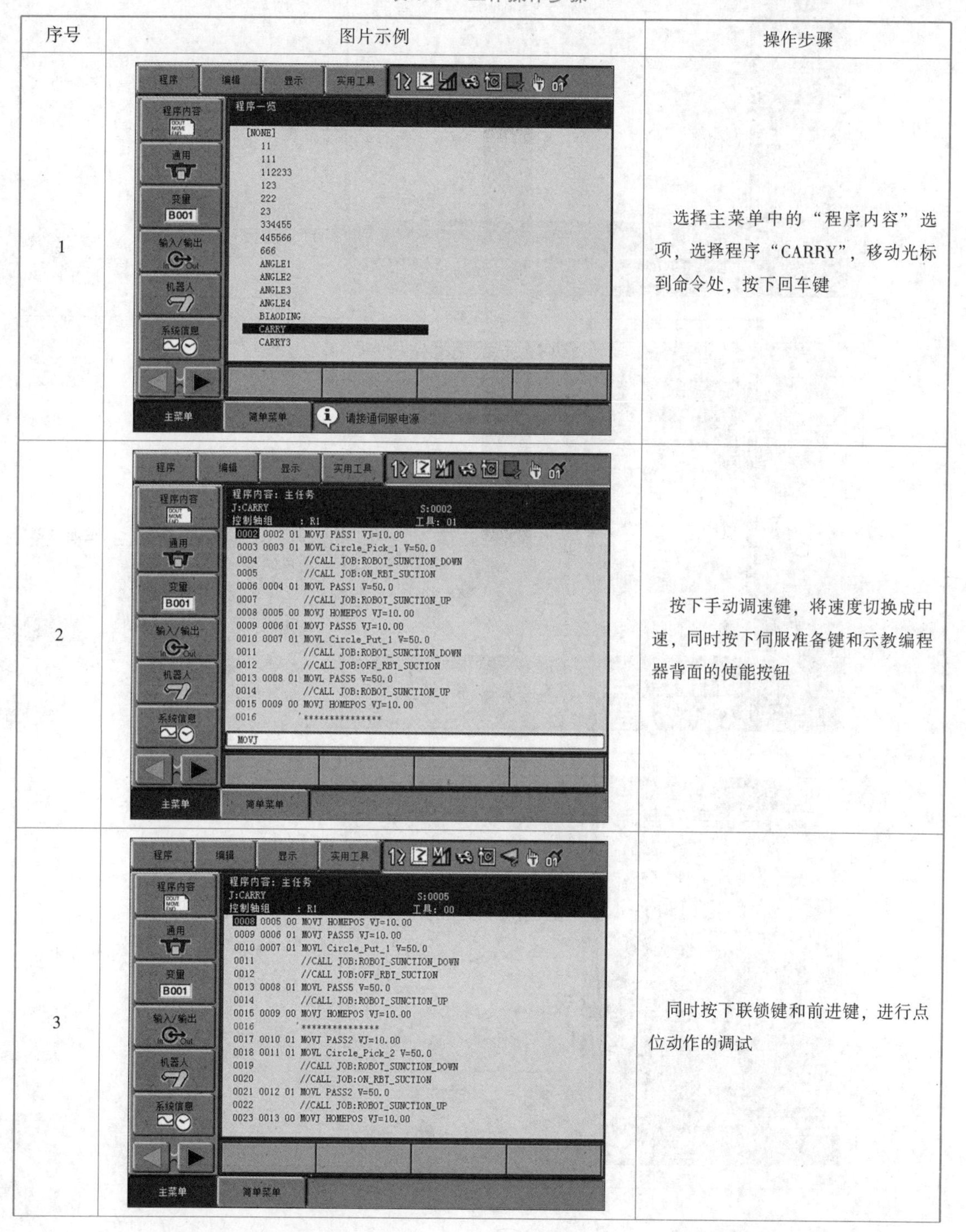

序号	图片示例	操作步骤
1		选择主菜单中的“程序内容”选项，选择程序“CARRY”，移动光标到命令处，按下回车键
2		按下手动调速键，将速度切换成中速，同时按下伺服准备键和示教编程器背面的使能按钮
3		同时按下联锁键和前进键，进行点位动作的调试

续表

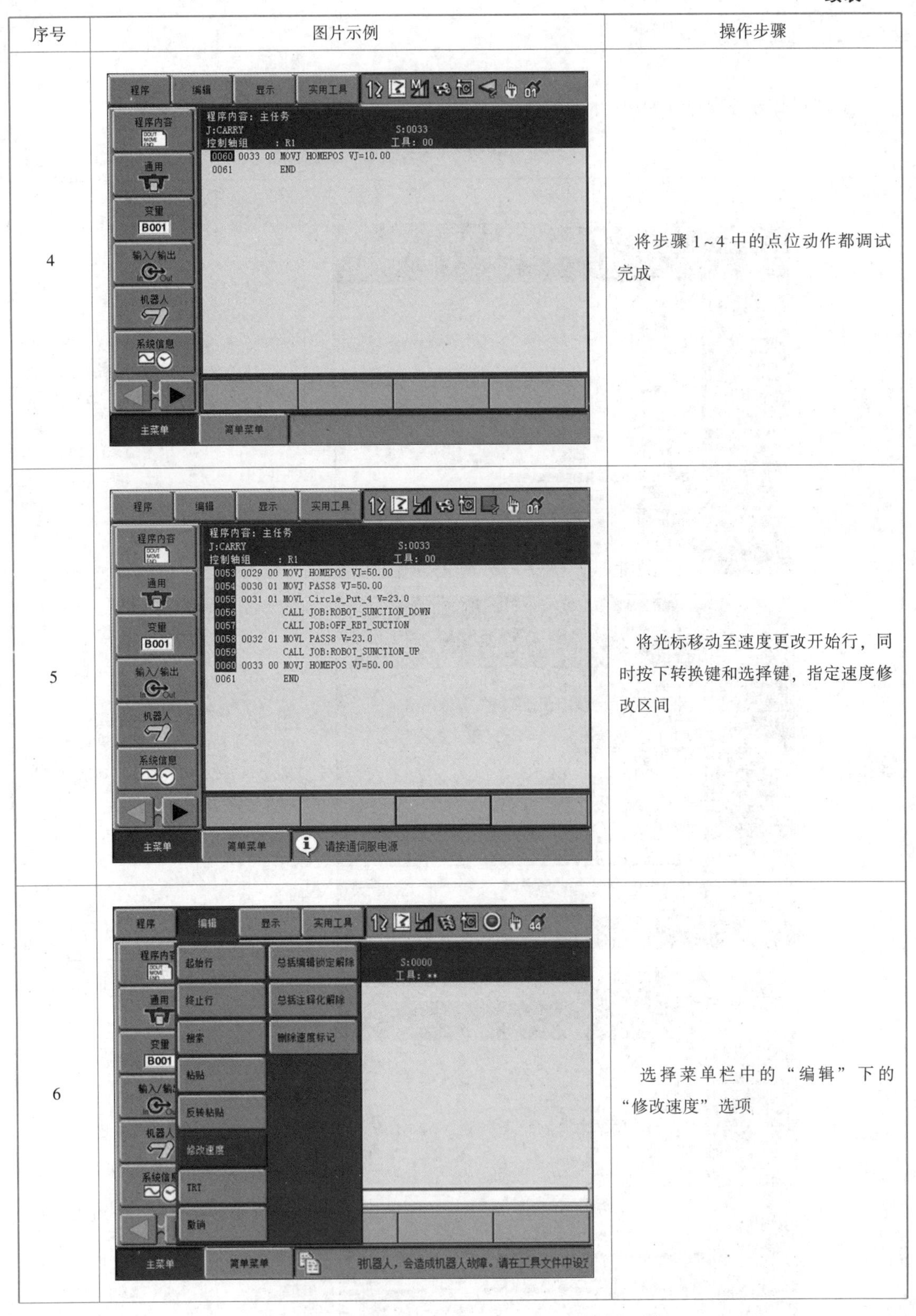

序号	图片示例	操作步骤
4		将步骤 1~4 中的点位动作都调试完成
5		将光标移动至速度更改开始行，同时按下转换键和选择键，指定速度修改区间
6		选择菜单栏中的“编辑”下的“修改速度”选项

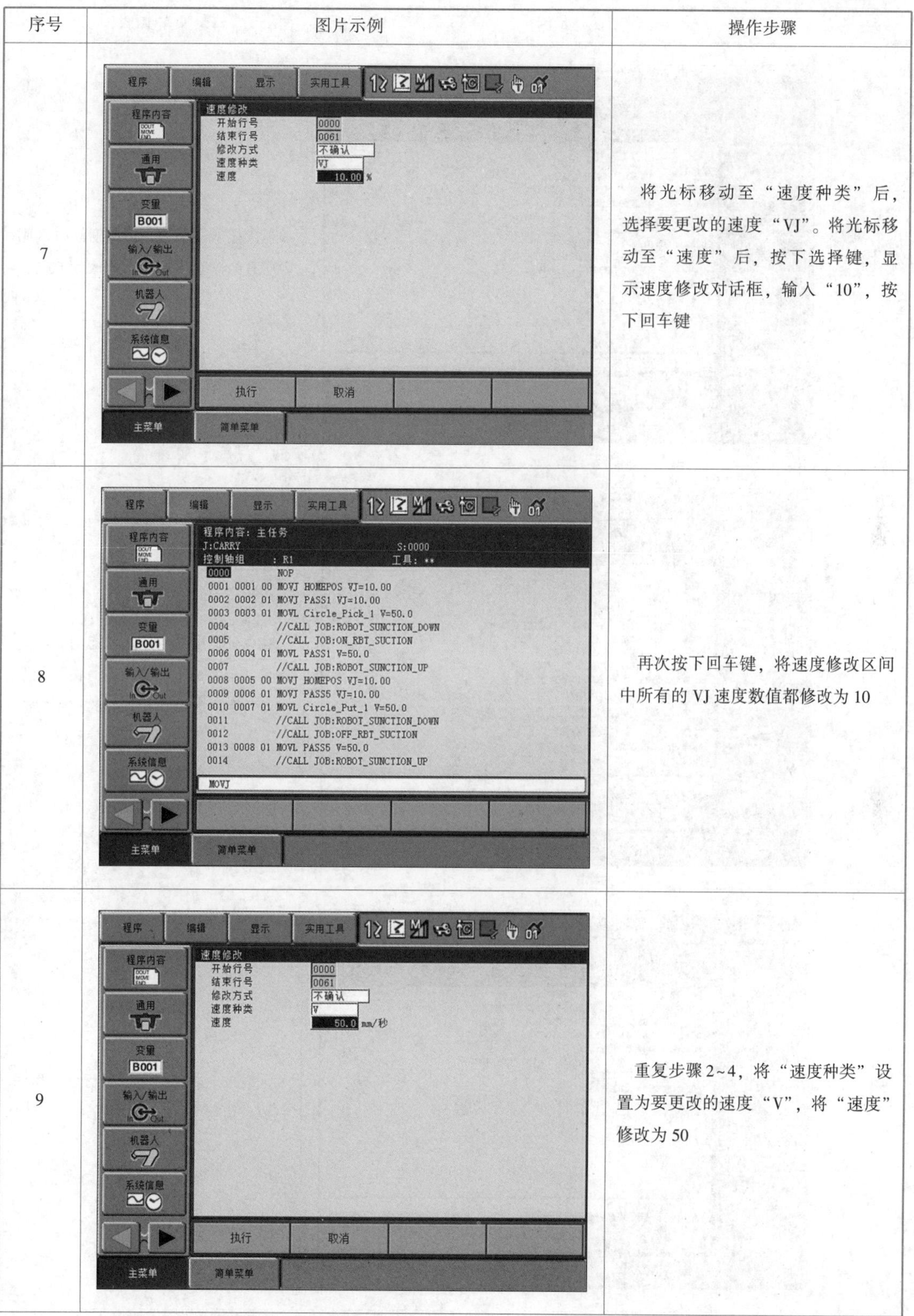

续表

序号	图片示例	操作步骤
7		将光标移动至“速度种类”后，选择要更改的速度“VJ”。将光标移动至“速度”后，按下选择键，显示速度修改对话框，输入“10”，按下回车键
8		再次按下回车键，将速度修改区间中所有的 VJ 速度数值都修改为 10
9		重复步骤 2~4，将“速度种类”设置为要更改的速度“V”，将“速度”修改为 50

续表

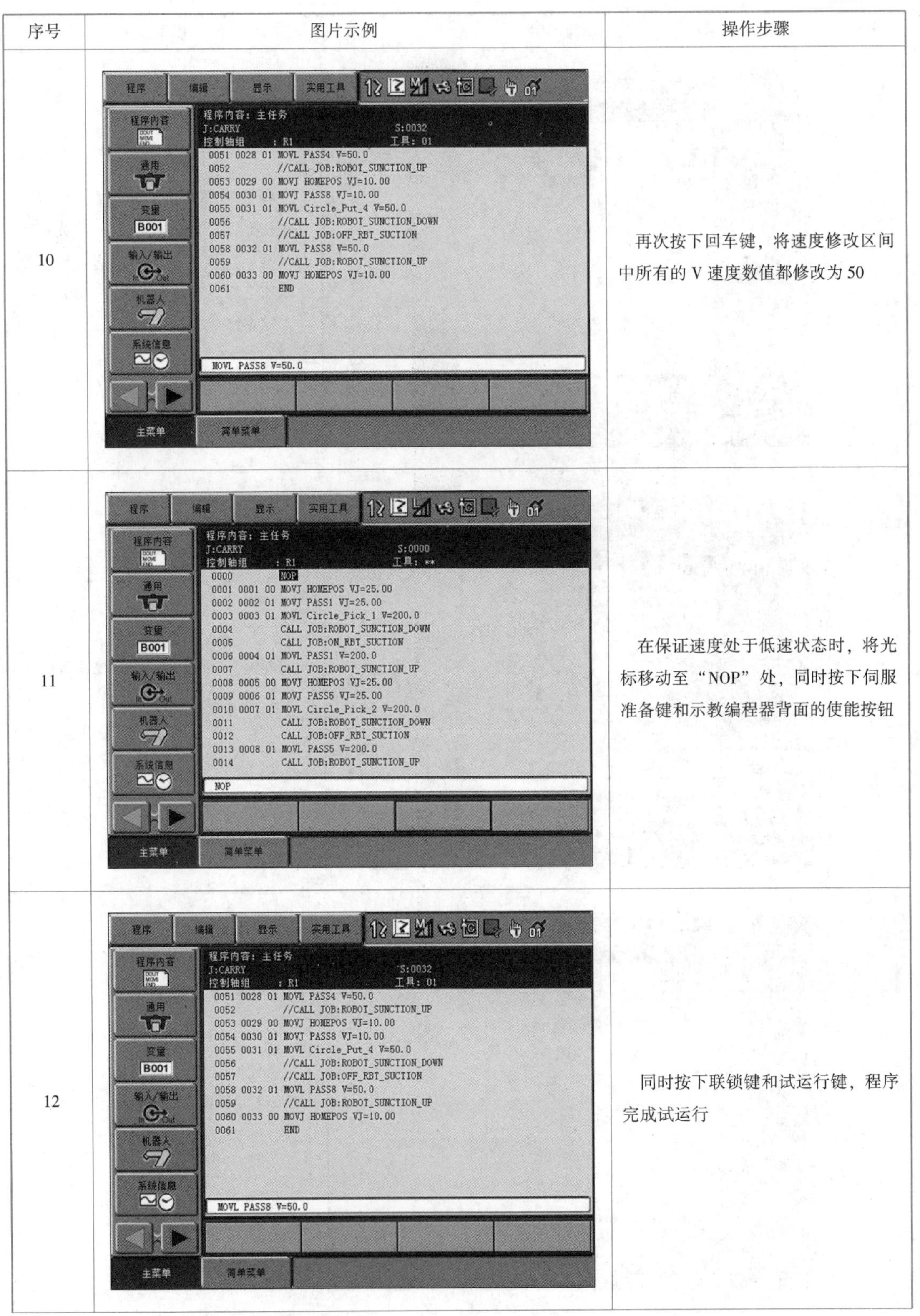

序号	图片示例	操作步骤
10		再次按下回车键，将速度修改区间中所有的 V 速度数值都修改为 50
11		在保证速度处于低速状态时，将光标移动至“NOP”处，同时按下伺服准备键和示教编程器背面的使能按钮
12		同时按下联锁键和试运行键，程序完成试运行

续表

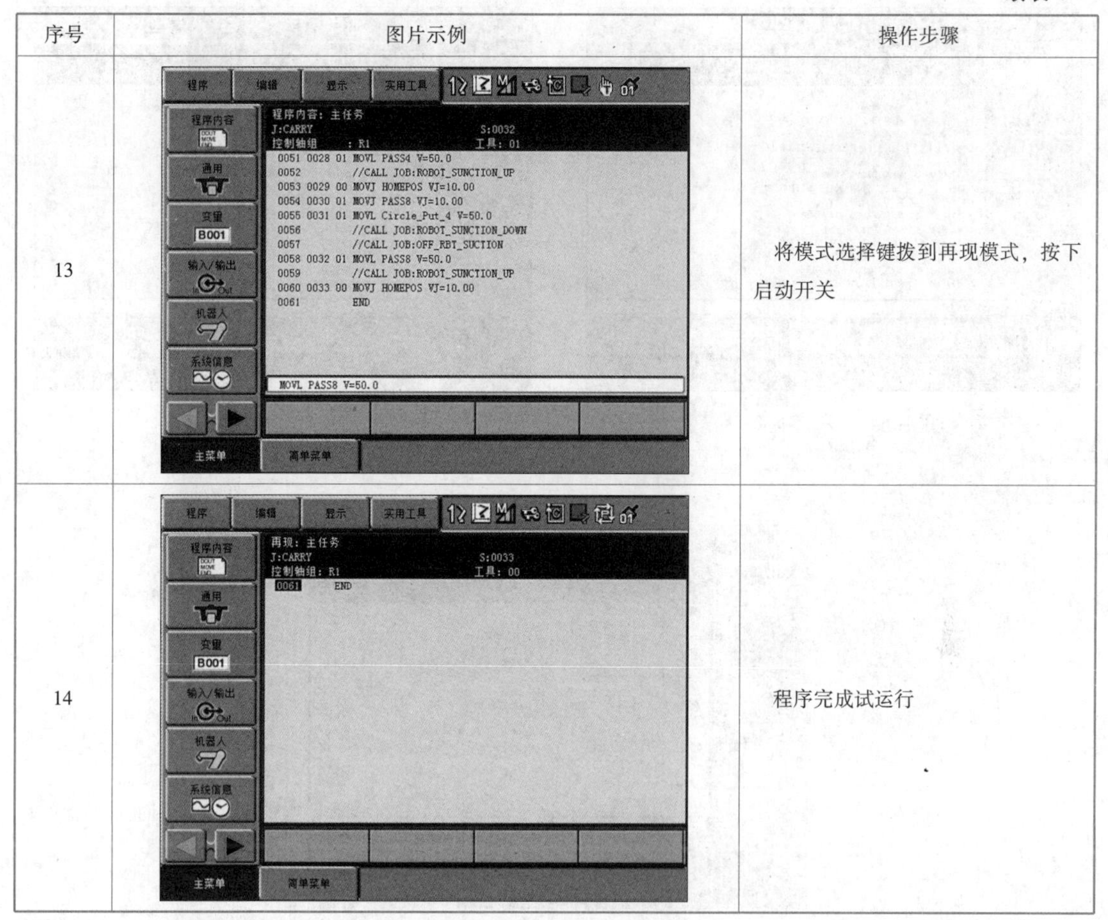

序号	图片示例	操作步骤
13		将模式选择键拨到再现模式，按下启动开关
14		程序完成试运行

6.4.4　参考数据

1. 主程序

本项目主程序内容如图 6-4~图 6-8 所示。

图 6-4　主程序内容 1

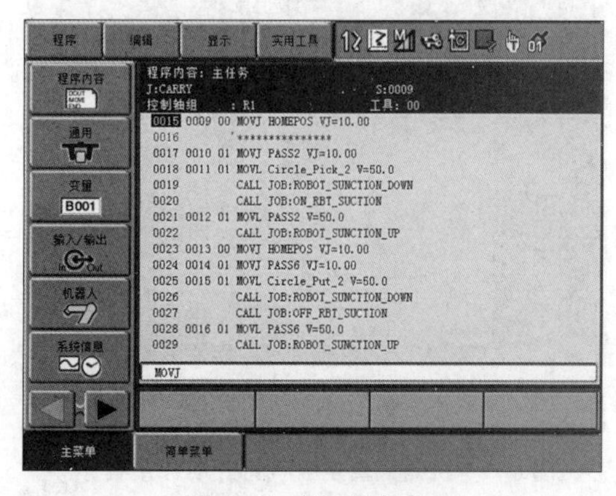

图 6-5　主程序内容 2

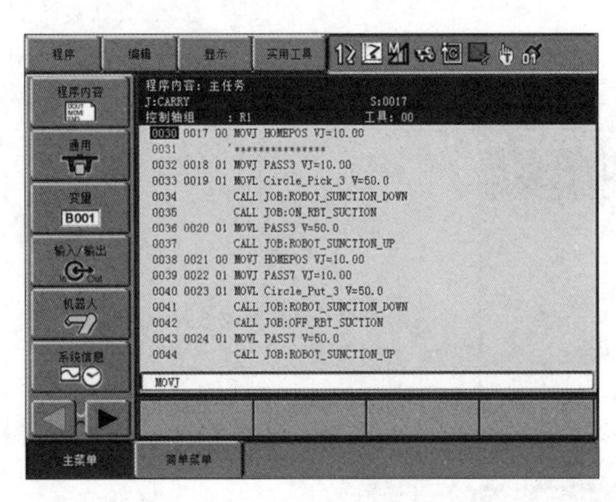

图 6-6　主程序内容 3

图 6-7　主程序内容 4

图 6-8　主程序内容 5

2. 子程序

本项目子程序共有 4 个，内容分别如图 6-9~图 6-12 所示。

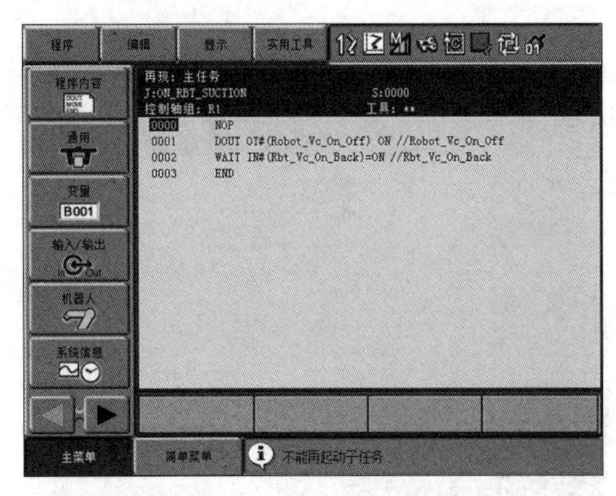

图 6-9　机器人真空吸气打开动作子程序

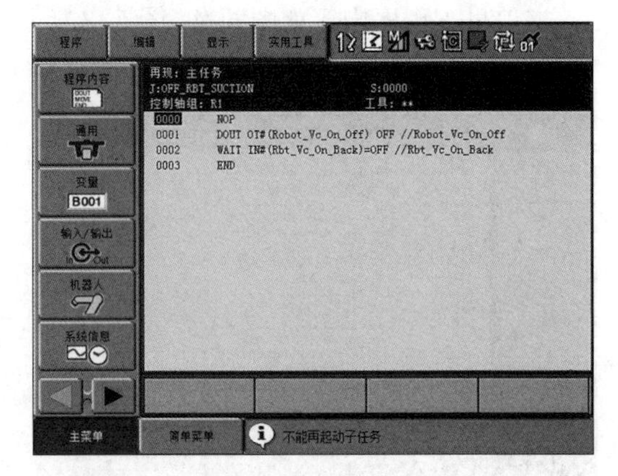

图 6-10　机器人真空吸气关闭动作子程序

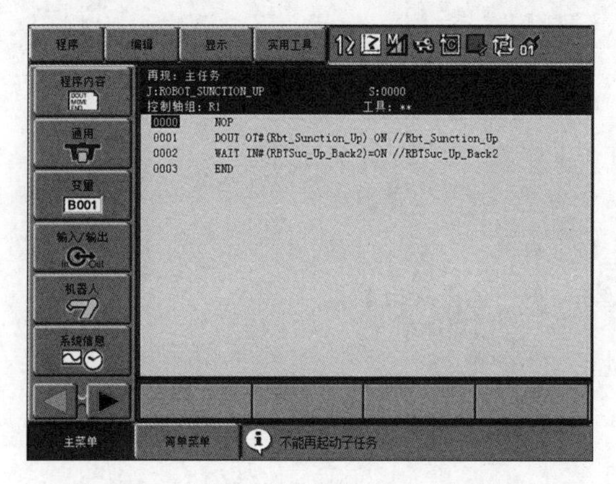

图 6-11　机器人吸盘气缸上抬动作子程序

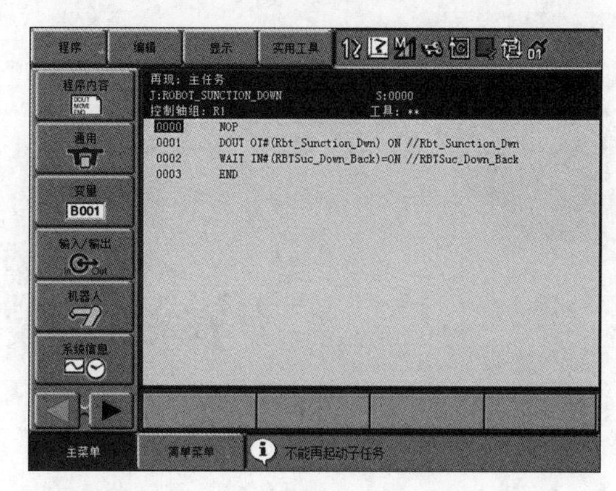

图 6-12　机器人吸盘气缸下降动作子程序

第7章

码垛的操作与编程

7.1 参数设置

7.1.1 任务描述

在实际编程中，需要对变量进行区分命名，且在程序中会以所定义的名称对变量进行使用，此时可以修改参数 S2C396 中的值。

在示教过程中，可以通过手动调速键调整机器人的移动速度，但是精确的速度还需要使用微动功能来实现，即按一次方向键，机器人按照设定的微动量移动。

7.1.2 操作步骤

操作步骤如表 7-1 所示。

表 7-1 操作步骤

序号	图片示例	步骤说明
1		在设定参数之前，需要将操作模式设置为管理模式或更高权限的操作模式

续表

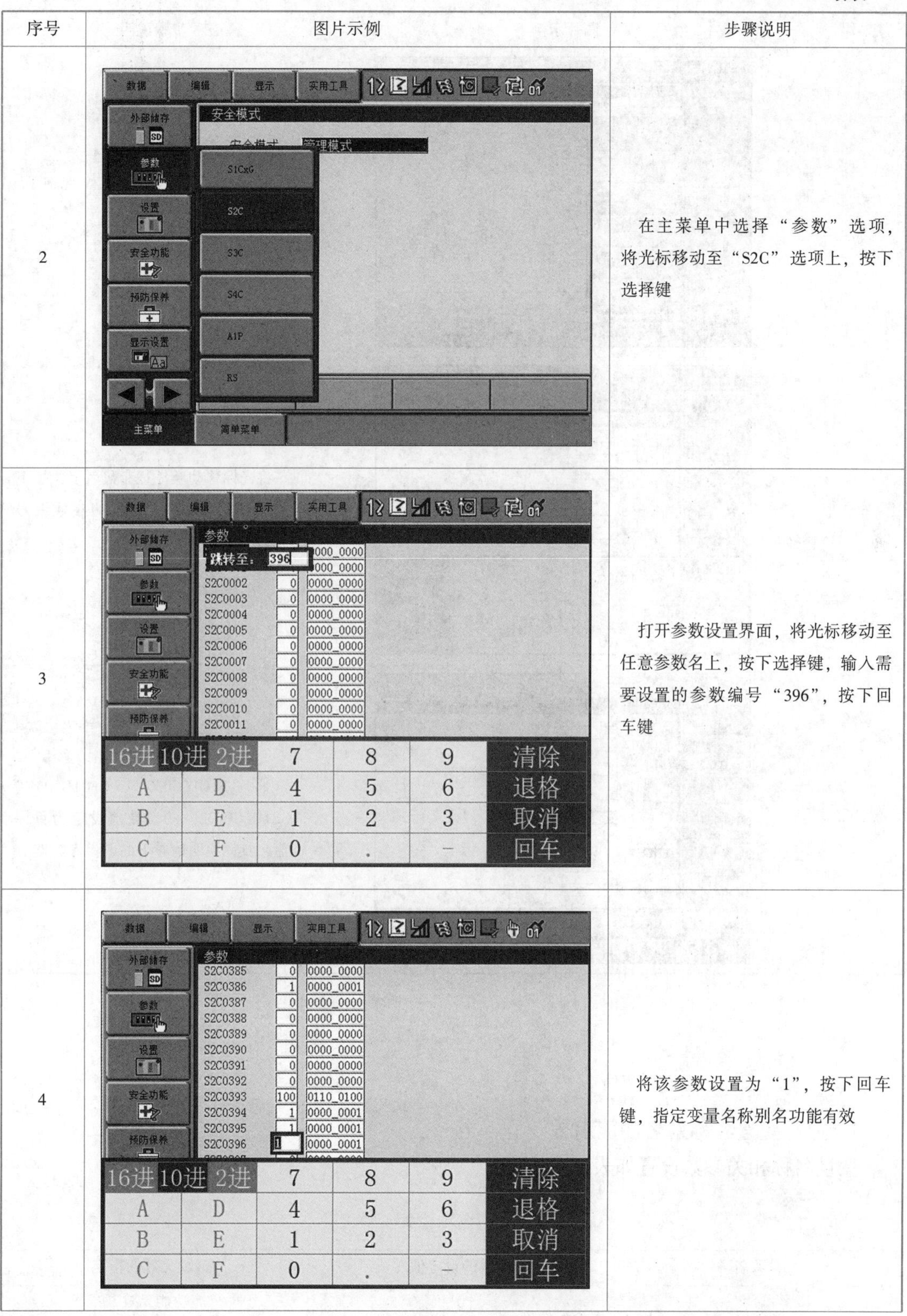

序号	图片示例	步骤说明
2		在主菜单中选择“参数”选项，将光标移动至“S2C”选项上，按下选择键
3		打开参数设置界面，将光标移动至任意参数名上，按下选择键，输入需要设置的参数编号“396”，按下回车键
4		将该参数设置为“1”，按下回车键，指定变量名称别名功能有效

续表

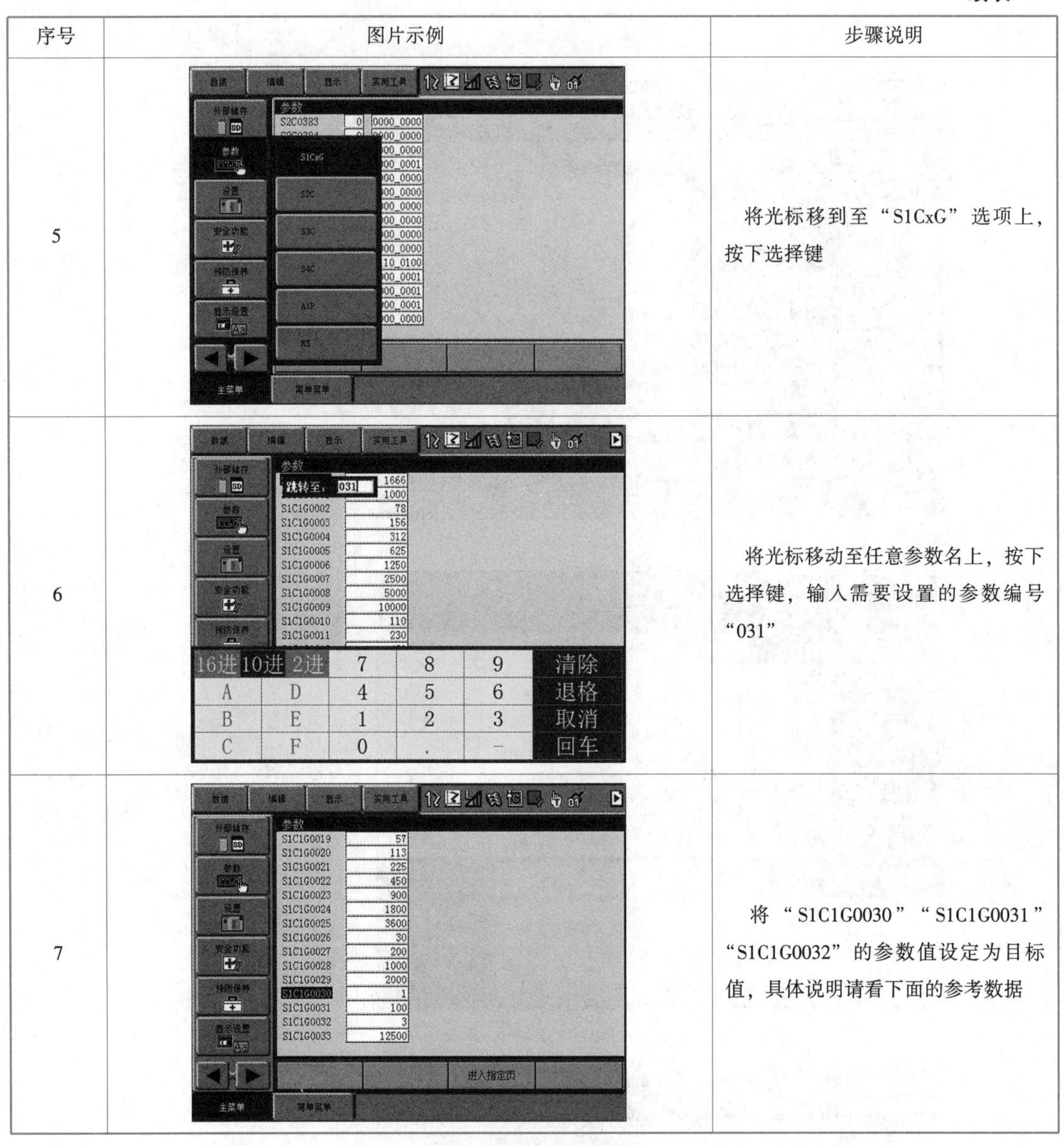

序号	图片示例	步骤说明
5		将光标移到至“S1CxG”选项上，按下选择键
6		将光标移动至任意参数名上，按下选择键，输入需要设置的参数编号“031”
7		将“S1C1G0030”“S1C1G0031”“S1C1G0032”的参数值设定为目标值，具体说明请看下面的参考数据

7.1.3 参考数据

1. 指定变量名称别名功能有效

变量名称相关参数设置如表 7-2 所示。

表 7-2 变量名称相关参数设置

参数名	参数的设定值	有效/无效的指定
S2C396	0	功能无效
	1	功能有效

本功能有效时，若在详细编辑界面下选择变量，则会显示确认对话框，提示用户是否用名称输入。若选择“是”选项，则会切换到变量选择界面，按下回车键选择目标编号的变量后，会显示代替变量编号登录的名称。若该编号的变量没有登录名称，则会照常显示编号。

2. 微动量设定

微动量设定如表 7-3 所示。

表 7-3　微动量设定

所作用的坐标系	参数名	设定值说明
关节动作	S1CxG030	单位：脉冲
直角/圆柱	S1CxG031	单位：0.001 mm
控制点固定不变下的动作	S1CxG032	单位：0.000 1°

7.2　机器人通用输入/输出点位核对

7.2.1　任务描述

本任务通过输入通用输入/输出信号，来控制机器人的吸盘气缸上抬、下降动作及真空吸气打开、关闭动作。

7.2.2　操作步骤

操作步骤如表 7-4 所示。

表 7-4　操作步骤

序号	图片示例	步骤说明
1		在主菜单中选择“输入/输出”下的“通用输出”选项

续表

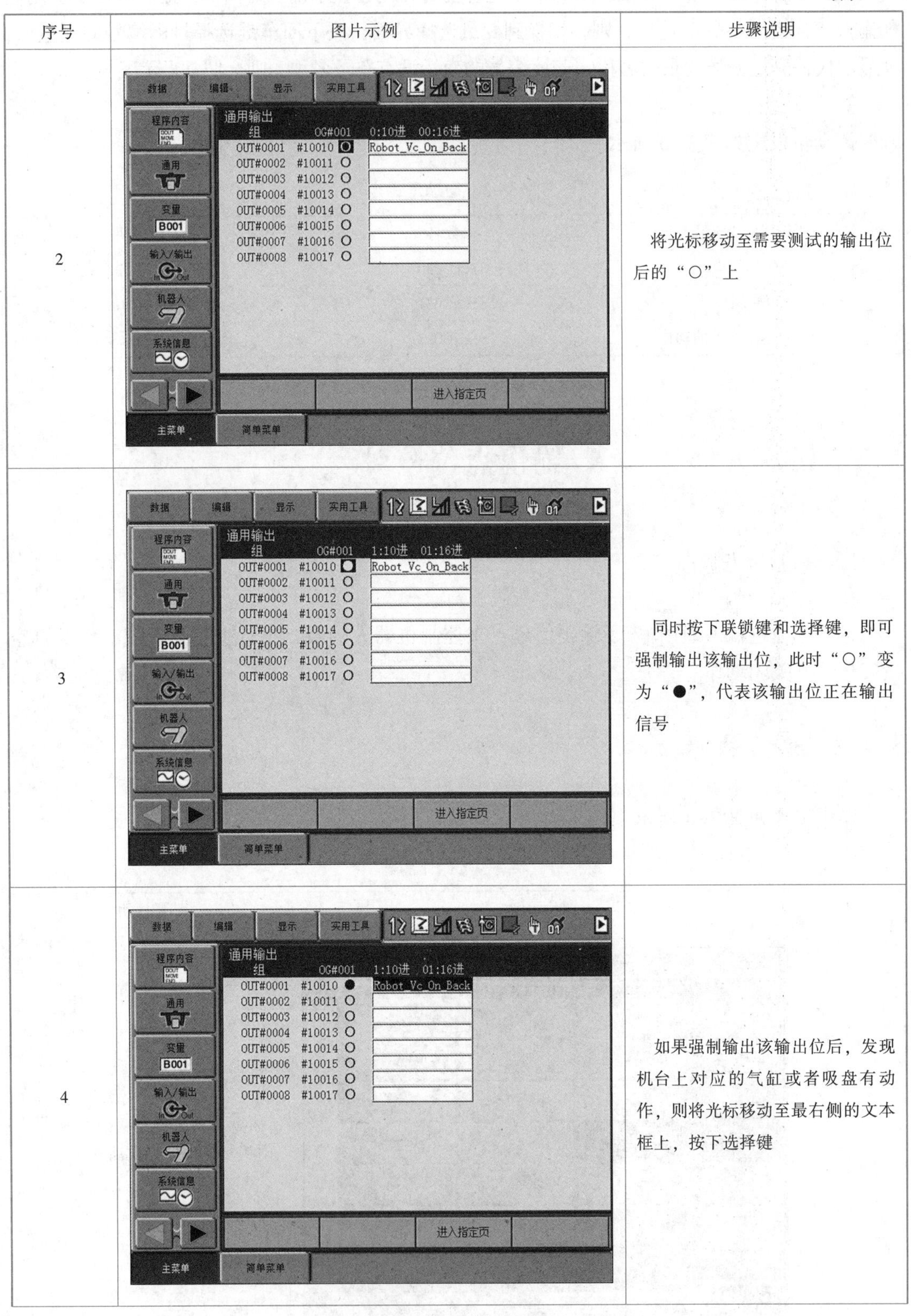

序号	图片示例	步骤说明
2		将光标移动至需要测试的输出位后的“○”上
3		同时按下联锁键和选择键，即可强制输出该输出位，此时“○”变为“●”，代表该输出位正在输出信号
4		如果强制输出该输出位后，发现机台上对应的气缸或者吸盘有动作，则将光标移动至最右侧的文本框上，按下选择键

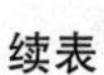

续表

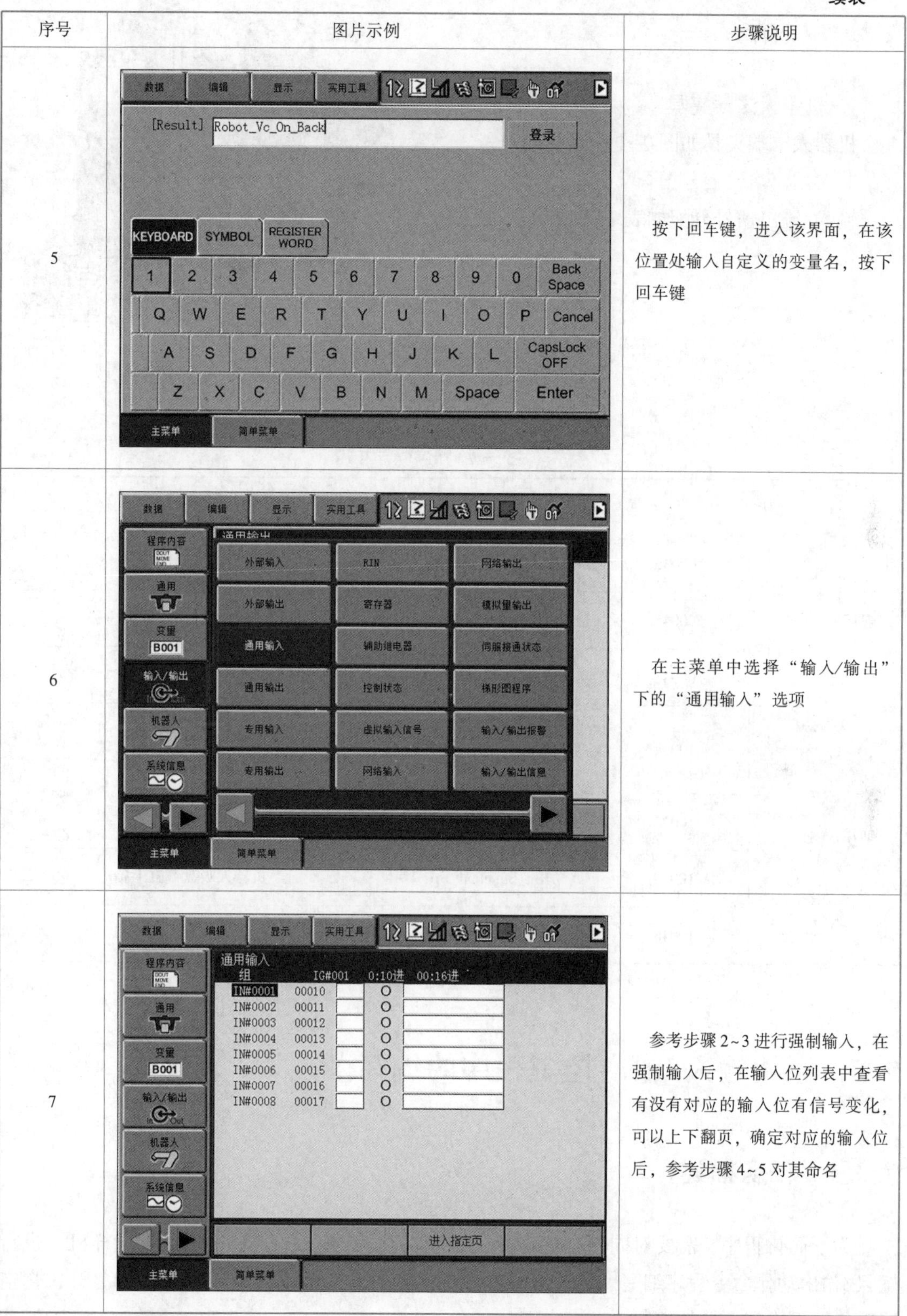

序号	图片示例	步骤说明
5		按下回车键，进入该界面，在该位置处输入自定义的变量名，按下回车键
6		在主菜单中选择“输入/输出”下的“通用输入”选项
7		参考步骤 2~3 进行强制输入，在强制输入后，在输入位列表中查看有没有对应的输入位有信号变化，可以上下翻页，确定对应的输入位后，参考步骤 4~5 对其命名

7.2.3 数据参考

1. 机器人末端夹具

机器人末端夹具如图 7-1 所示。

2. 输入/输出信号分配

输入/输出信号分配如表 7-5 所示。

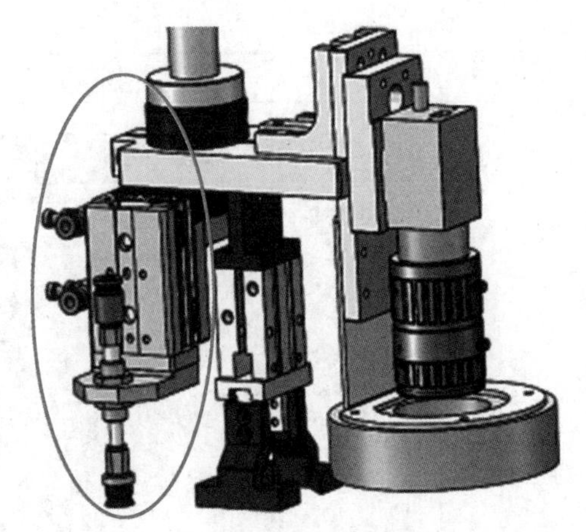

图 7-1 机器人末端夹具

表 7-5 输入输出信号分配

序号		信号标签	信号含义
通用输入信号	00036	Rbt_Vc_On_Back	吸盘负压反馈信号
	00045	RBTSuc_Up_Back	机器人吸盘气缸在上位反馈信号
	00046	RBTSuc_Down_Back	机器人吸盘气缸在下位反馈信号
通用输出信号	10024	Robot_Vc_On_Off	机器人真空吸气打开关闭 （On：打开；Off：关闭）
	10025	Robot_Blow	机器人吸盘吹气
	10045	Rbt_Sunction_Up	机器人吸盘气缸上抬
	10046	Rbt_Sunction_Down	机器人吸盘气缸下降

7.3 通用输入/输出控制程序的编写

7.3.1 任务描述

为了简化程序，需要对同一功能命令进行模块化操作。结合安川 GP8 教学样机，进行输入/输出动作命令程序编写。通过编写程序，达到对真空吸嘴气缸吸气关闭和打开、真空吸嘴气缸下降和上抬的控制。

7.3.2　整体流程思路

整体流程思路如表 7-6 所示。

表 7-6　整体流程思路

工作步骤	工作内容	注意事项
机器人真空吸气打开程序	新建程序 写入真空吸气打开命令 写入等待真空吸气后的负压反馈命令	Robot_Vc_On_Off 是单控
机器人真空吸气关闭程序再现模式	新建程序 写入吸真空气关闭命令 写入等待真空吸气关闭后的负压反馈命令	Robot_Vc_On_Off 是单控
机器人吸盘气缸下降动作程序	新建程序 写入吸盘气缸下降命令 写入等待吸盘气缸下降后的反馈命令	Rbt_Sunction_Down 是双控
机器人吸盘气缸上抬动作程序	新建程序 写入吸盘气缸上抬命令 写入等待吸盘气缸上抬后的反馈命令	Rbt_Sunction_Up 是双控

7.3.3　操作步骤

操作步骤如表 7-7 所示。

表 7-7　操作步骤

序号	图片示例	步骤说明
1	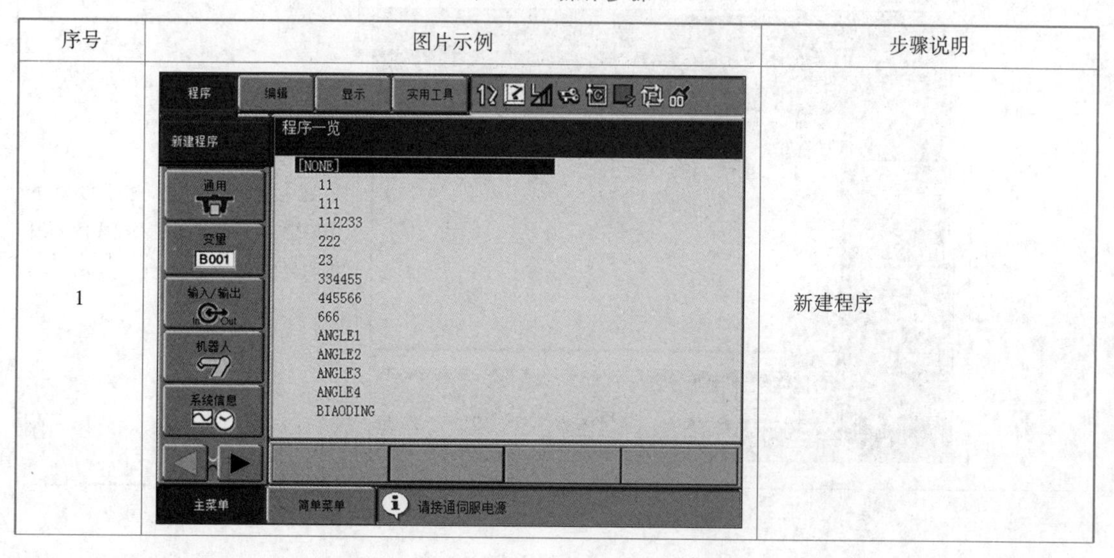	新建程序

续表

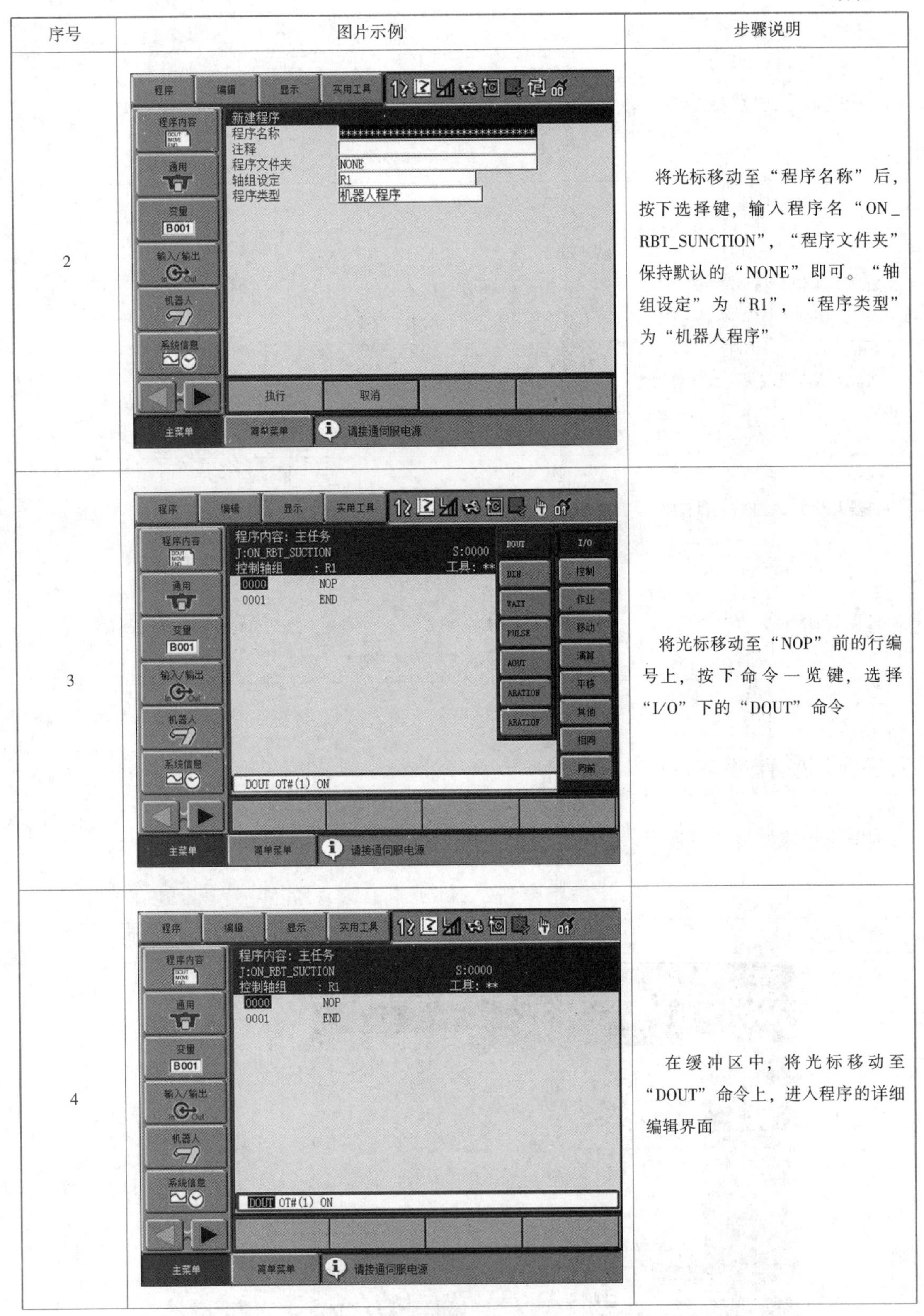

序号	图片示例	步骤说明
2		将光标移动至“程序名称”后，按下选择键，输入程序名“ON_RBT_SUNCTION”，“程序文件夹”保持默认的“NONE”即可。“轴组设定”为“R1”，“程序类型”为“机器人程序”
3		将光标移动至“NOP”前的行编号上，按下命令一览键，选择“I/O”下的“DOUT”命令
4		在缓冲区中，将光标移动至“DOUT”命令上，进入程序的详细编辑界面

续表

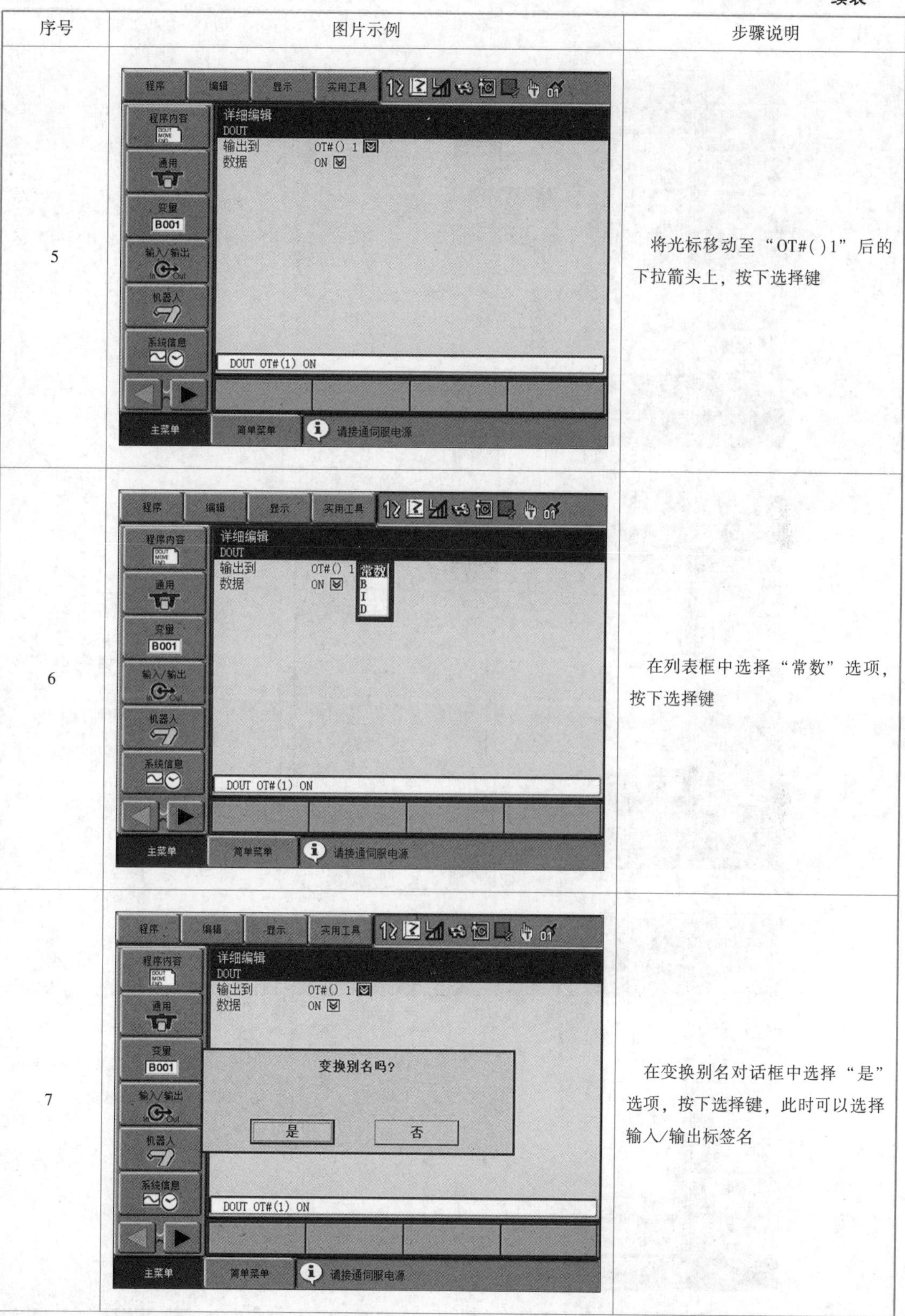

序号	图片示例	步骤说明
5		将光标移动至“OT#( )1”后的下拉箭头上，按下选择键
6		在列表框中选择“常数”选项，按下选择键
7		在变换别名对话框中选择“是”选项，按下选择键，此时可以选择输入/输出标签名

续表

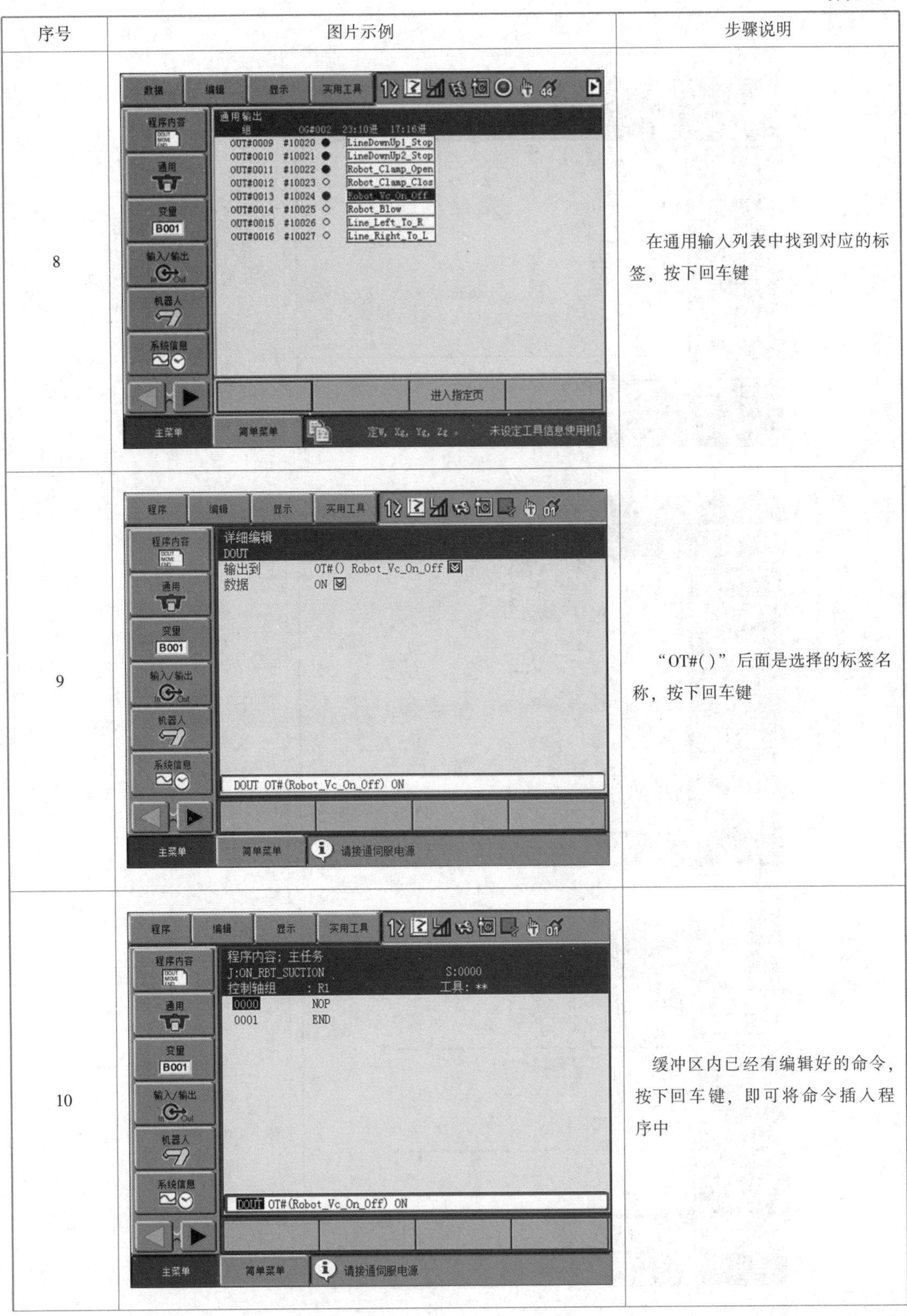

序号	图片示例	步骤说明
8		在通用输入列表中找到对应的标签，按下回车键
9		“OT#( )”后面是选择的标签名称，按下回车键
10		缓冲区内已经有编辑好的命令，按下回车键，即可将命令插入程序中

续表

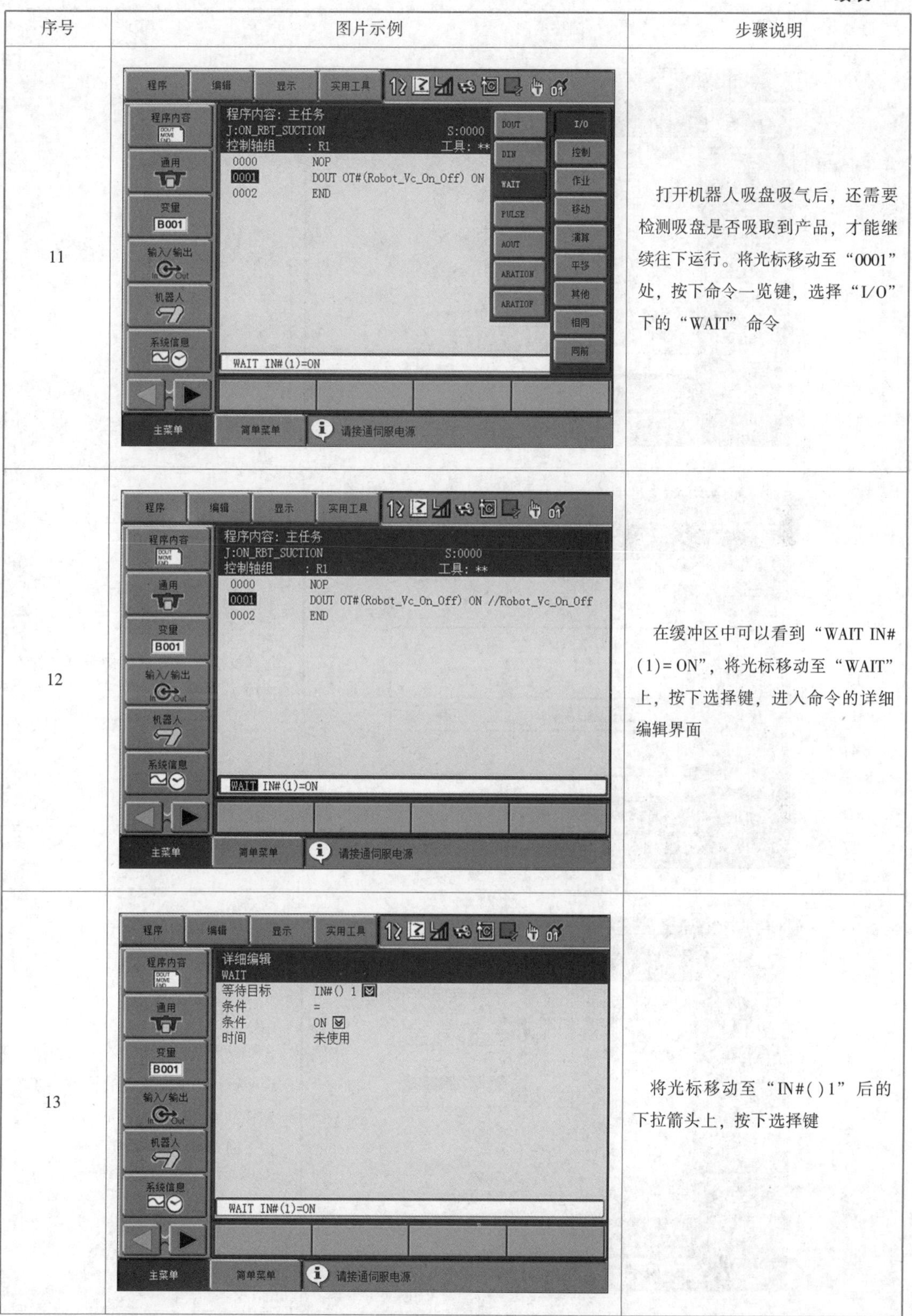

序号	图片示例	步骤说明
11		打开机器人吸盘吸气后，还需要检测吸盘是否吸取到产品，才能继续往下运行。将光标移动至“0001”处，按下命令一览键，选择“I/O”下的“WAIT”命令
12		在缓冲区中可以看到“WAIT IN#(1)= ON”，将光标移动至“WAIT”上，按下选择键，进入命令的详细编辑界面
13		将光标移动至“IN#( )1”后的下拉箭头上，按下选择键

续表

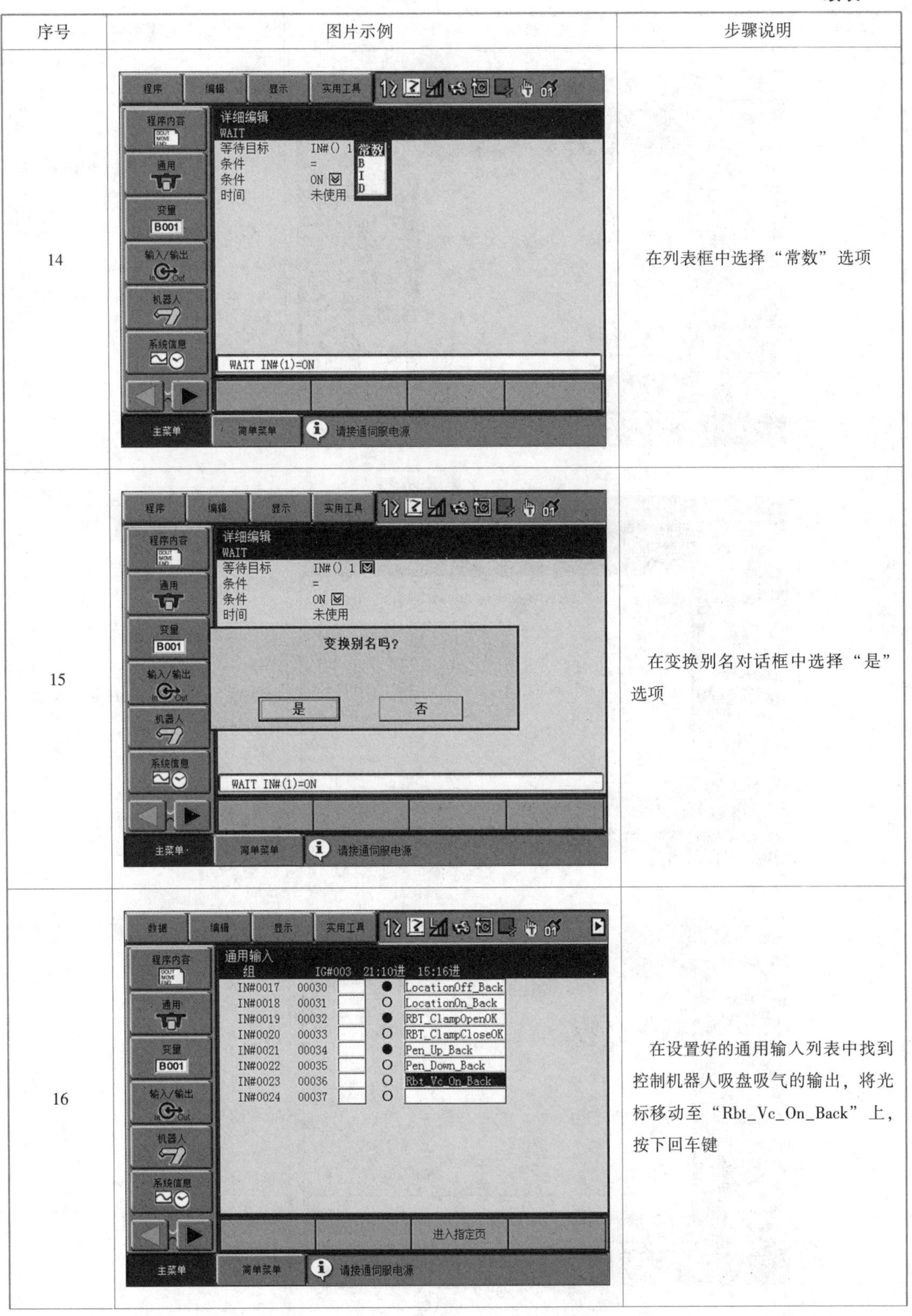

序号	图片示例	步骤说明
14		在列表框中选择“常数”选项
15		在变换别名对话框中选择“是”选项
16		在设置好的通用输入列表中找到控制机器人吸盘吸气的输出，将光标移动至“Rbt_Vc_On_Back”上，按下回车键

续表

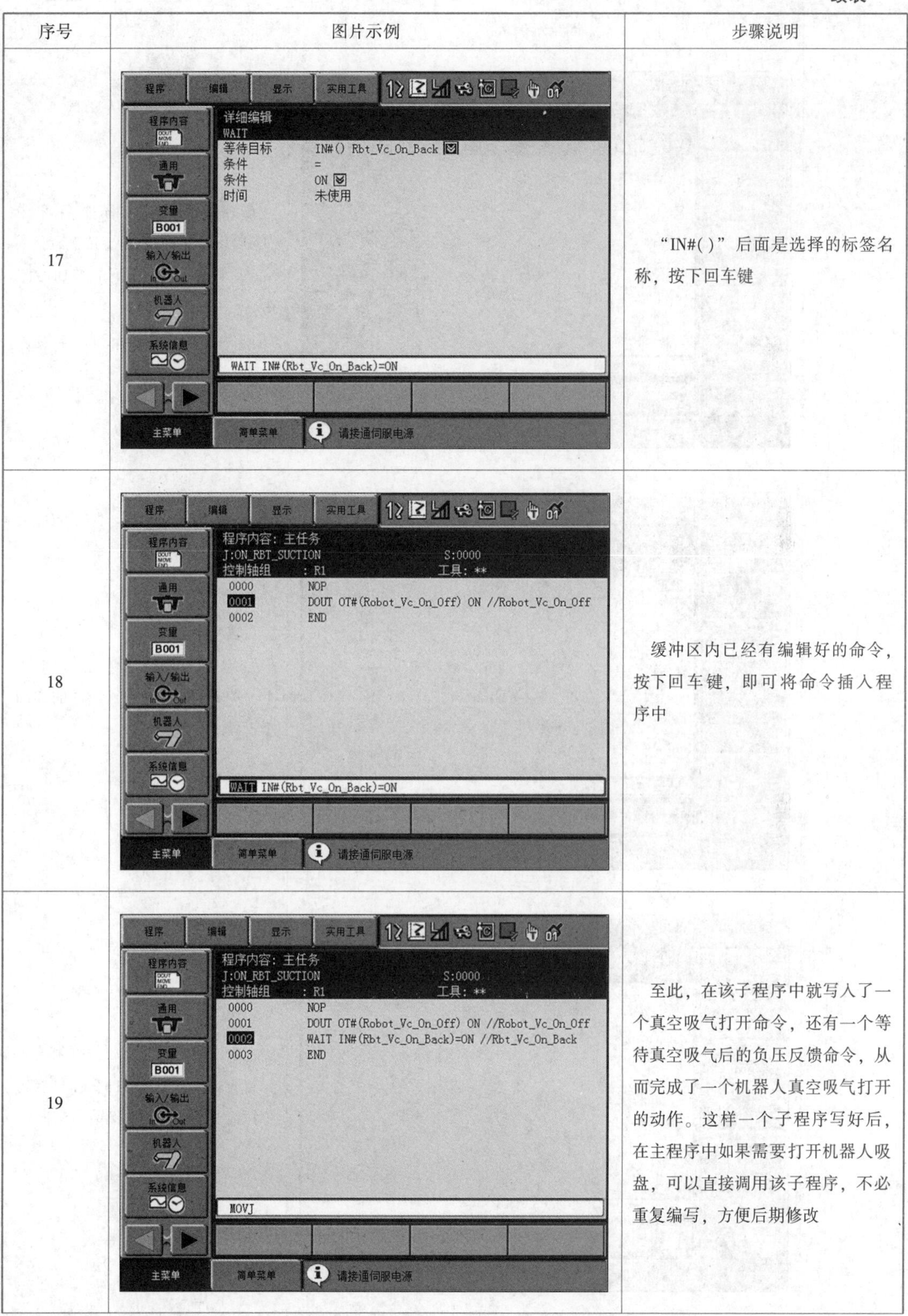

序号	图片示例	步骤说明
17		“IN#( )” 后面是选择的标签名称，按下回车键
18		缓冲区内已经有编辑好的命令，按下回车键，即可将命令插入程序中
19		至此，在该子程序中就写入了一个真空吸气打开命令，还有一个等待真空吸气后的负压反馈命令，从而完成了一个机器人真空吸气打开的动作。这样一个子程序写好后，在主程序中如果需要打开机器人吸盘，可以直接调用该子程序，不必重复编写，方便后期修改

续表

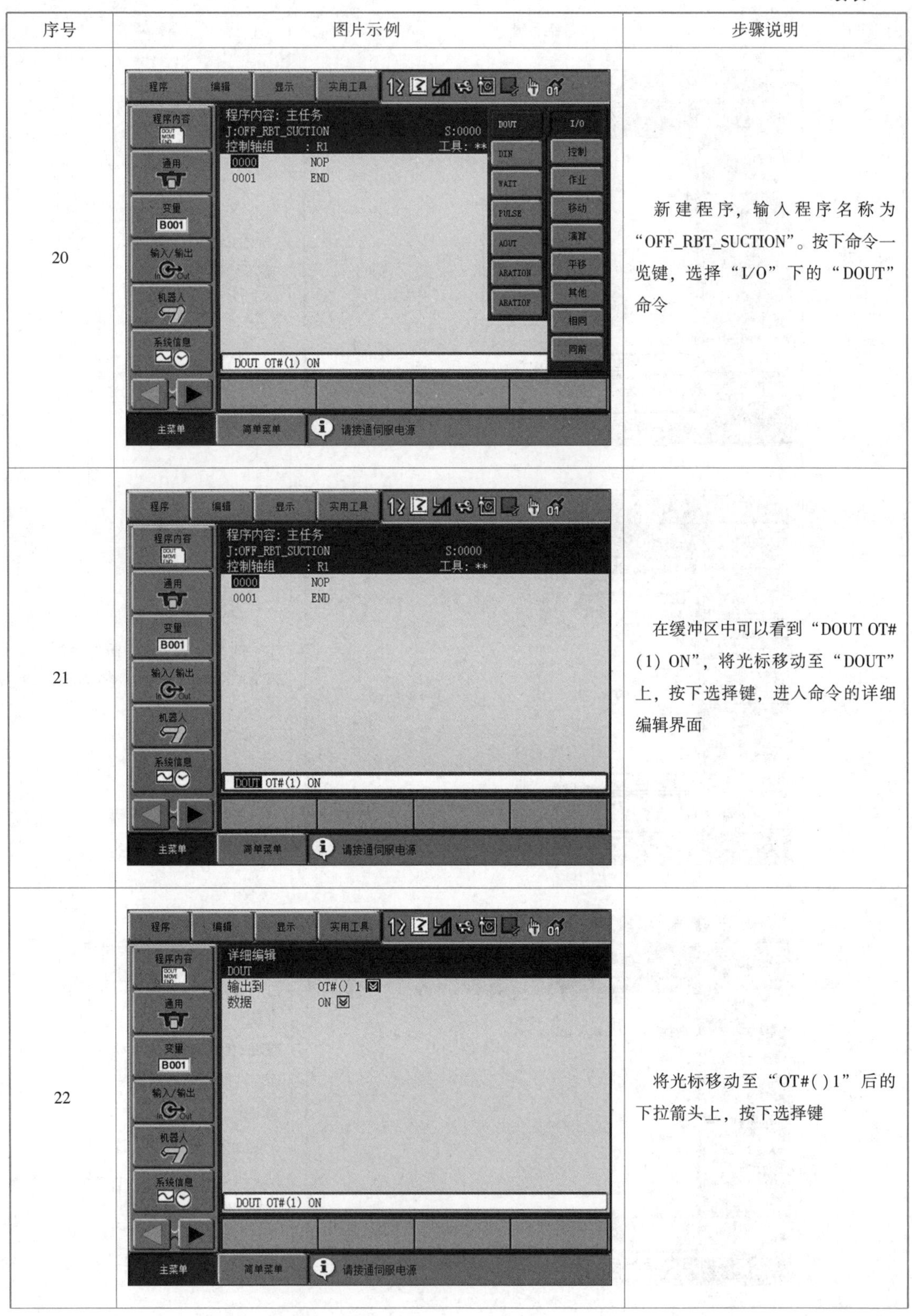

序号	图片示例	步骤说明
20		新建程序，输入程序名称为“OFF_RBT_SUCTION”。按下命令一览键，选择“I/O”下的“DOUT”命令
21		在缓冲区中可以看到“DOUT OT#(1) ON”，将光标移动至“DOUT”上，按下选择键，进入命令的详细编辑界面
22		将光标移动至“OT#( )1”后的下拉箭头上，按下选择键

续表

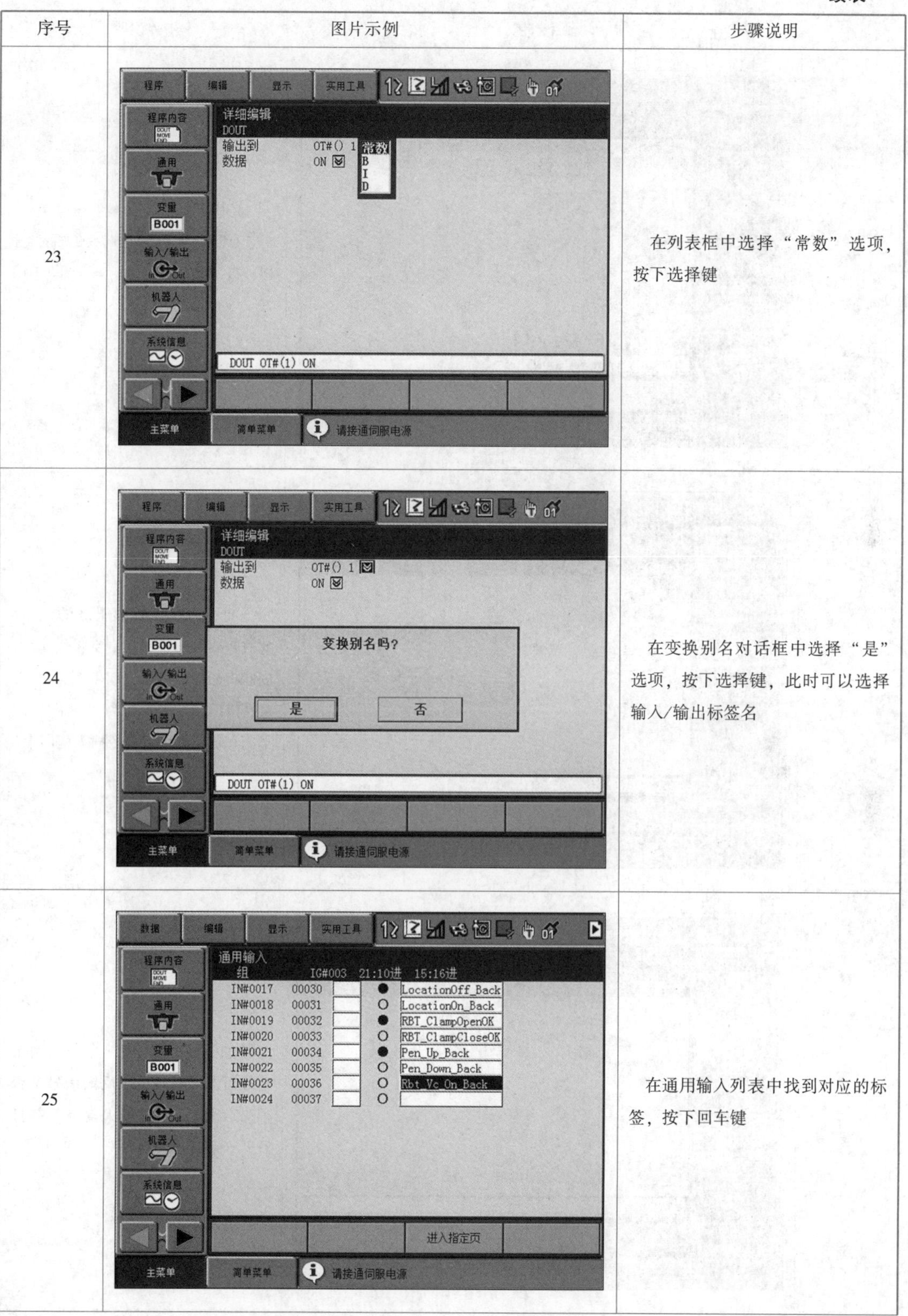

序号	图片示例	步骤说明
23		在列表框中选择“常数”选项，按下选择键
24		在变换别名对话框中选择“是”选项，按下选择键，此时可以选择输入/输出标签名
25		在通用输入列表中找到对应的标签，按下回车键

续表

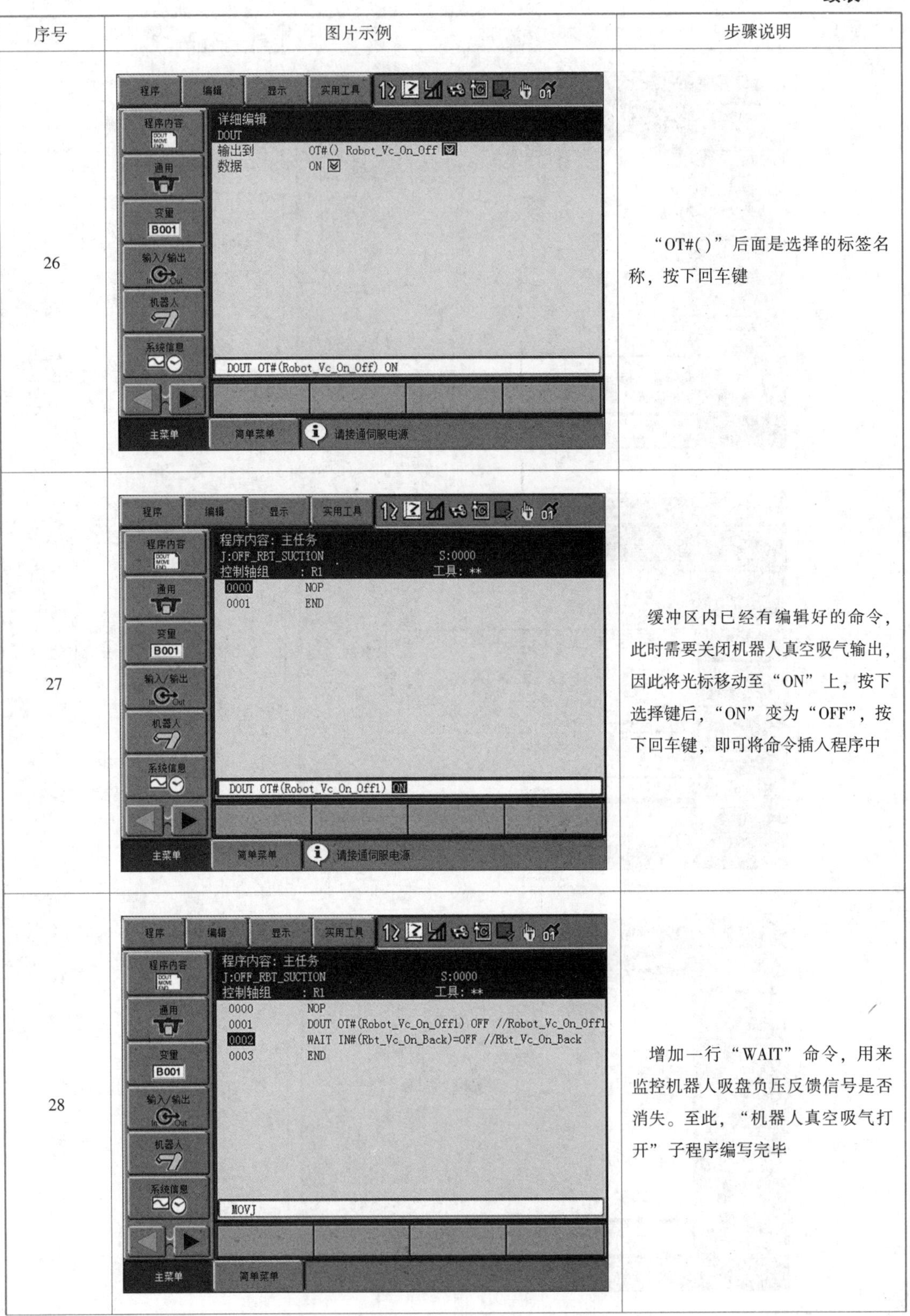

序号	图片示例	步骤说明
26		“OT#( )”后面是选择的标签名称，按下回车键
27		缓冲区内已经有编辑好的命令，此时需要关闭机器人真空吸气输出，因此将光标移动至“ON”上，按下选择键后，“ON”变为“OFF”，按下回车键，即可将命令插入程序中
28		增加一行“WAIT”命令，用来监控机器人吸盘负压反馈信号是否消失。至此，“机器人真空吸气打开”子程序编写完毕

续表

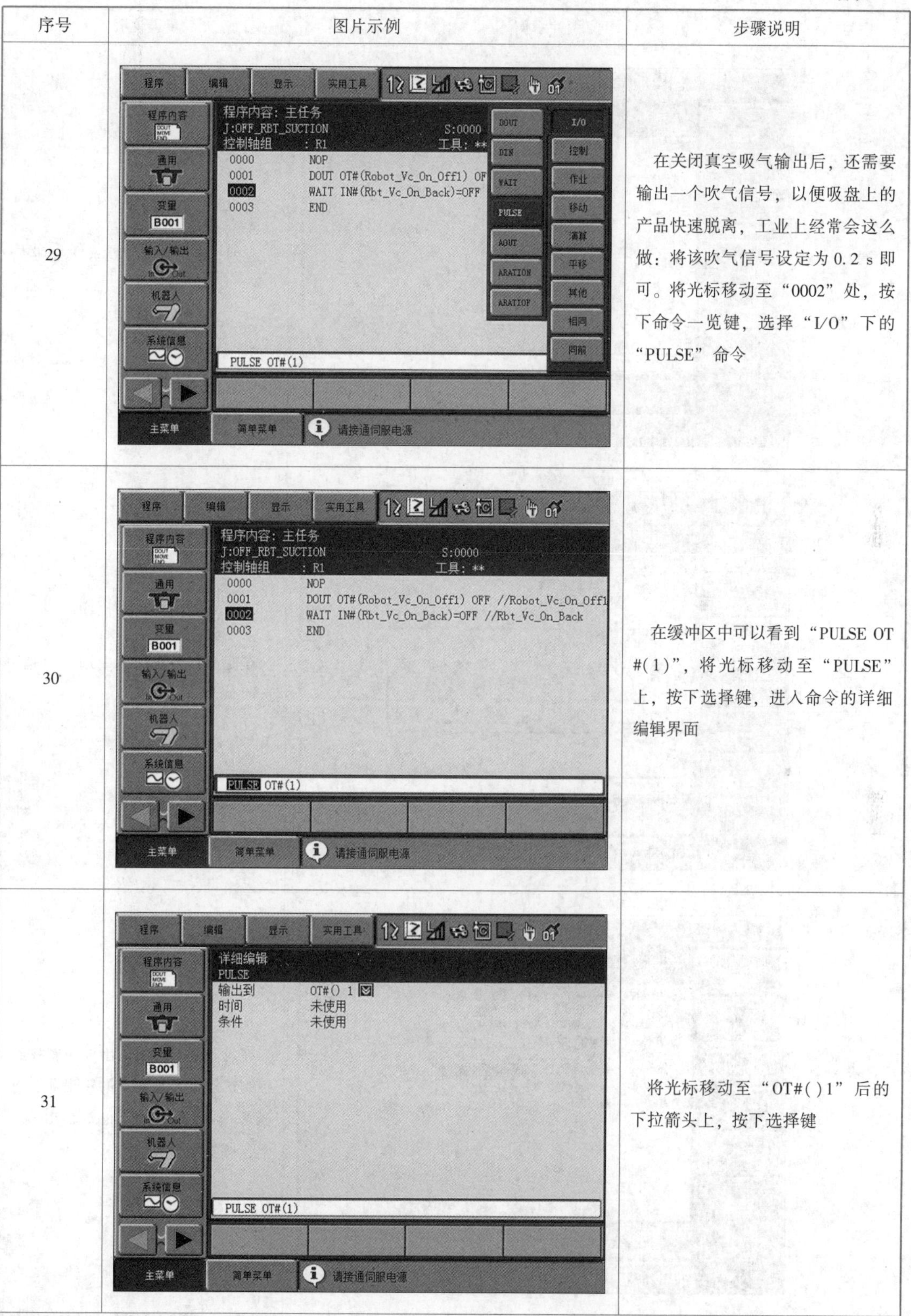

序号	图片示例	步骤说明
29		在关闭真空吸气输出后，还需要输出一个吹气信号，以便吸盘上的产品快速脱离，工业上经常会这么做：将该吹气信号设定为 0.2 s 即可。将光标移动至“0002”处，按下命令一览键，选择“I/O”下的“PULSE”命令
30		在缓冲区中可以看到“PULSE OT#(1)”，将光标移动至“PULSE”上，按下选择键，进入命令的详细编辑界面
31		将光标移动至“OT#()1”后的下拉箭头上，按下选择键

续表

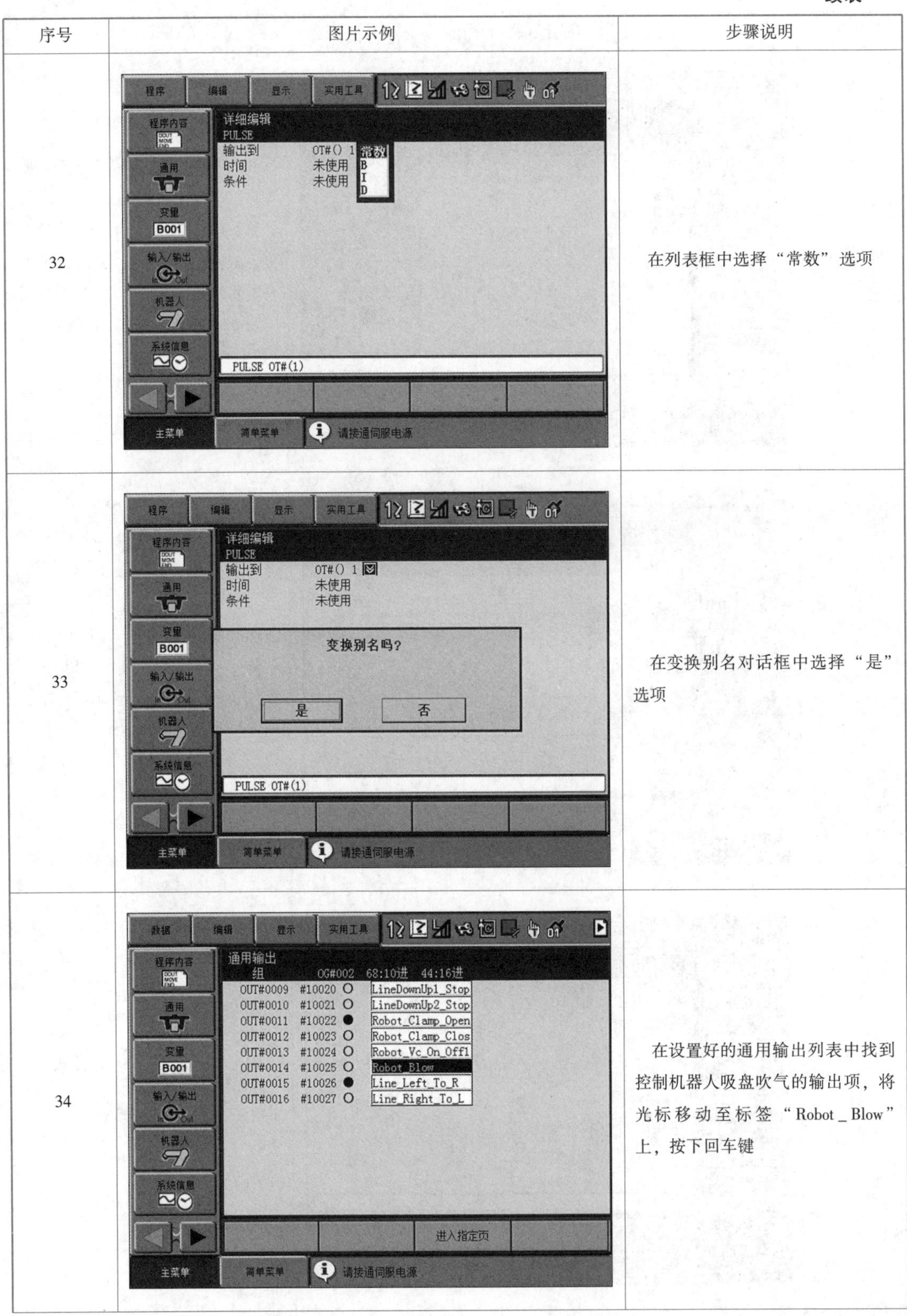

序号	图片示例	步骤说明
32		在列表框中选择“常数”选项
33		在变换别名对话框中选择“是”选项
34		在设置好的通用输出列表中找到控制机器人吸盘吹气的输出项，将光标移动至标签“Robot _ Blow”上，按下回车键

续表

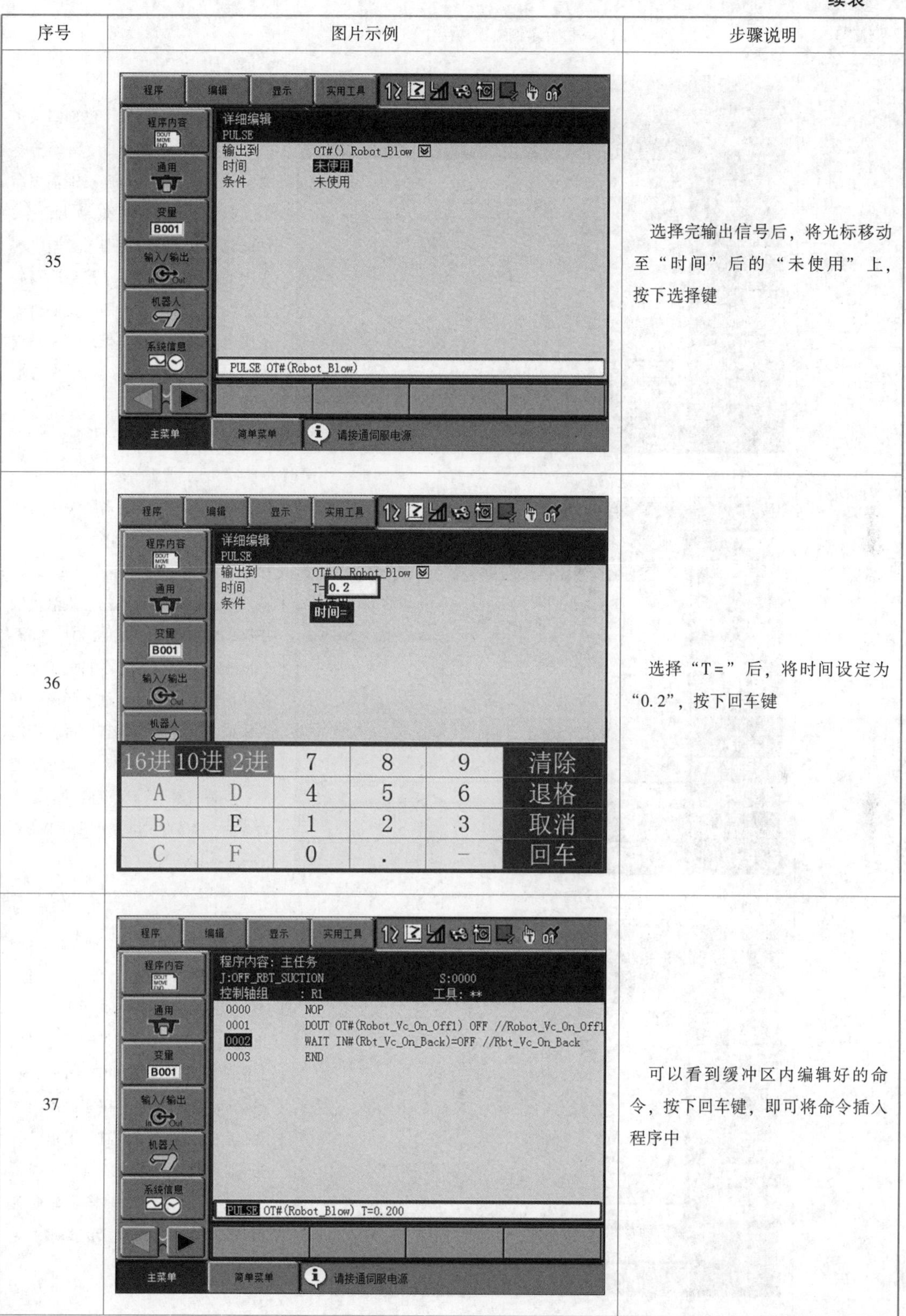

序号	图片示例	步骤说明
35		选择完输出信号后，将光标移动至“时间”后的“未使用”上，按下选择键
36		选择“T=”后，将时间设定为“0.2”，按下回车键
37		可以看到缓冲区内编辑好的命令，按下回车键，即可将命令插入程序中

续表

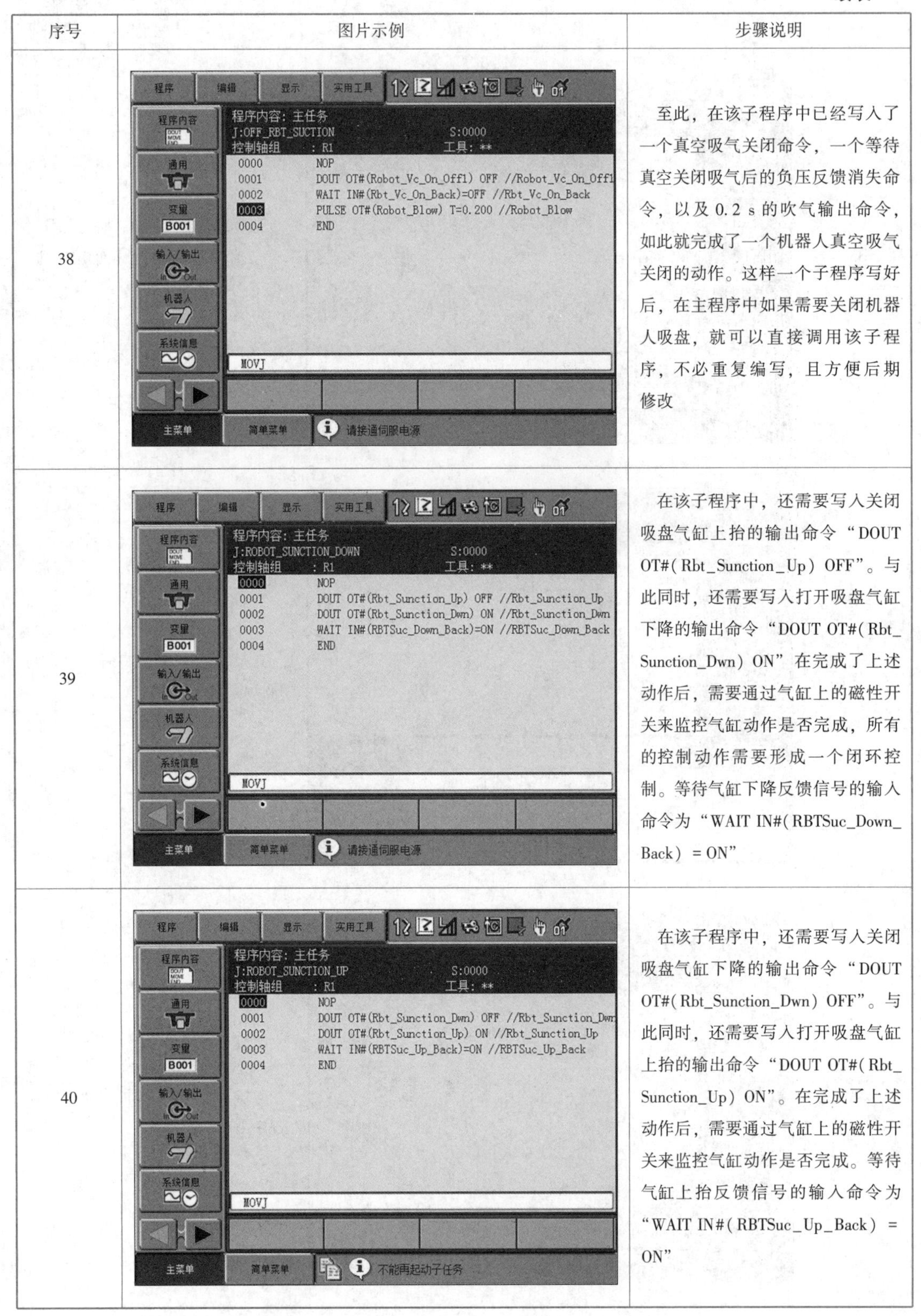

序号	图片示例	步骤说明
38		至此，在该子程序中已经写入了一个真空吸气关闭命令，一个等待真空关闭吸气后的负压反馈消失命令，以及 0.2 s 的吹气输出命令，如此就完成了一个机器人真空吸气关闭的动作。这样一个子程序写好后，在主程序中如果需要关闭机器人吸盘，就可以直接调用该子程序，不必重复编写，且方便后期修改
39		在该子程序中，还需要写入关闭吸盘气缸上抬的输出命令“DOUT OT#(Rbt_Sunction_Up) OFF”。与此同时，还需要写入打开吸盘气缸下降的输出命令“DOUT OT#(Rbt_Sunction_Dwn) ON”在完成了上述动作后，需要通过气缸上的磁性开关来监控气缸动作是否完成，所有的控制动作需要形成一个闭环控制。等待气缸下降反馈信号的输入命令为“WAIT IN#(RBTSuc_Down_Back) = ON”
40		在该子程序中，还需要写入关闭吸盘气缸下降的输出命令“DOUT OT#(Rbt_Sunction_Dwn) OFF”。与此同时，还需要写入打开吸盘气缸上抬的输出命令“DOUT OT#(Rbt_Sunction_Up) ON”。在完成了上述动作后，需要通过气缸上的磁性开关来监控气缸动作是否完成。等待气缸上抬反馈信号的输入命令为“WAIT IN#(RBTSuc_Up_Back) = ON”

7.4　编写程序

7.4.1　任务描述

本任务实现机器人从固定出料位置取出需要码垛的产品，移动至码垛摆放区域，按照所取产品的先后顺序将产品依次摆放，摆放时按照 2×2 的阵列放置，如超出该层最大容量，则向上增加一层，共摆放 8 个产品，合计两层。最终摆放效果如图 7-2 所示。

图 7-2　最终摆放效果

7.4.2　整体动作流程思路

整体动作流程思路如图 7-3 所示。

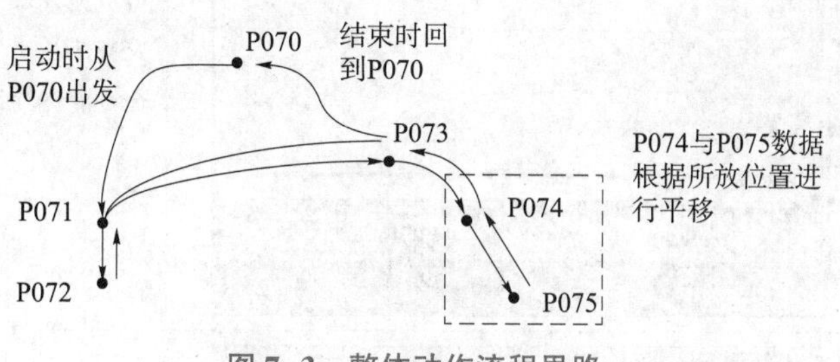

图 7-3　整体动作流程思路

机器人的待机位置为 P070，收到 MOVJ 命令后，移动至取料上方过渡位置 P071，收到 MOVL 命令后，移动至取料位置 P072，到达取料位置后，通过调用“机器人吸盘气缸下降动作”子程序及“机器人真空吸气打开”子程序吸取物块。物块成功吸取后，机器人收到 MOVL 命令，移动至位置 P071，收到 MOVJ 命令，移动至放料过渡点 1 位置 P073，然后打开平移功能，命令为 SFTON 和 SFTOF，在这两个命令之间所执行的点位会在自身点数据的基础上加上设定的偏移值，偏移值保存在 P076 上。机器人到达位置 P075 时，调用子程序放下物料，收到 MOVL 命令，移动至位置 P074，收到 MOVJ 命令，移动至位置 P073。若物料没有达到设定的取放个数，则使用 MOVJ 命令使机器人移动到位置 P071，进入下一次取放循环。若超出设定的放料个数，则使机器人移动至位置 P070。

7.4.3 工作操作步骤

工作操作步骤如表 7-8 所示。

表 7-8 工作操作步骤

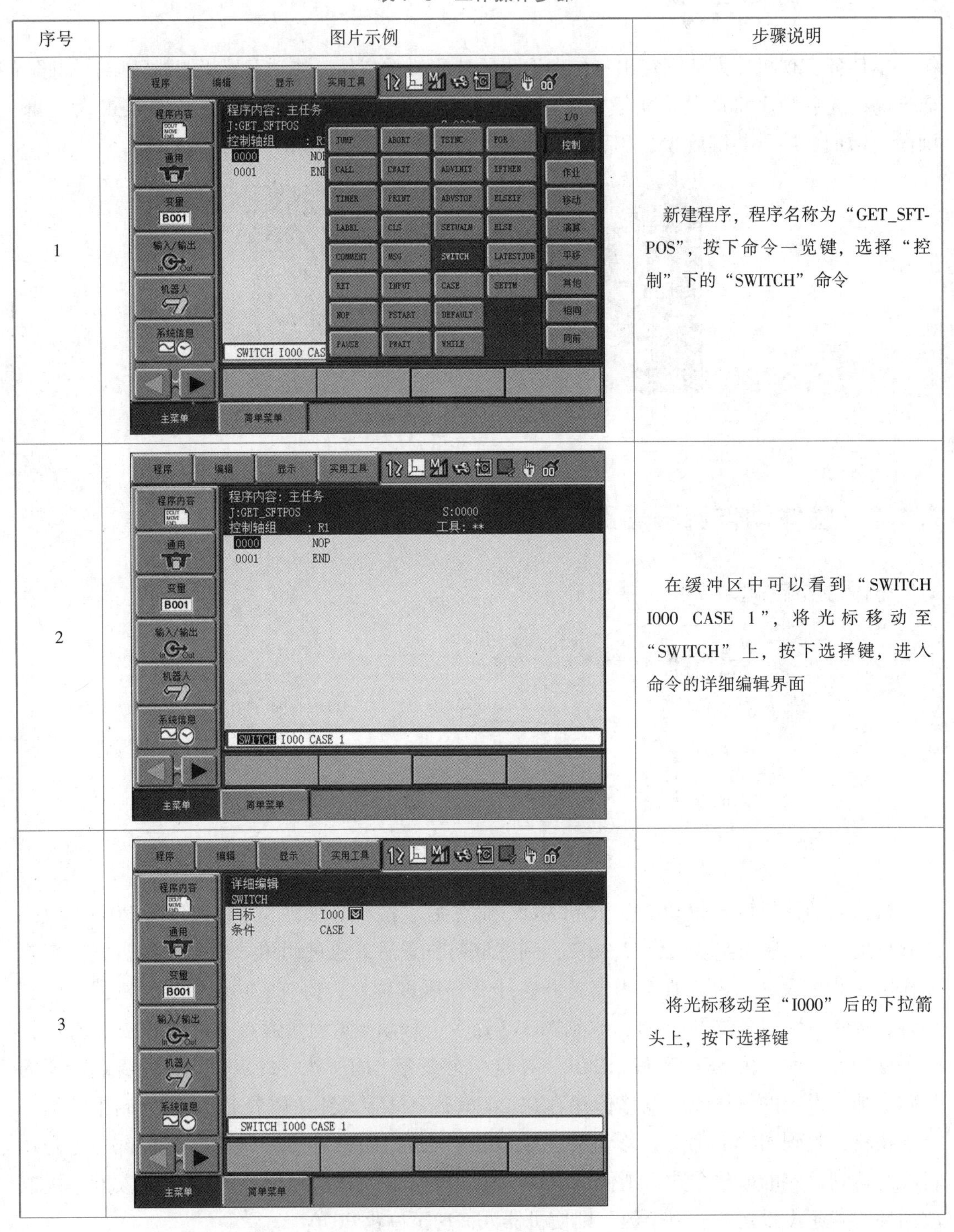

序号	图片示例	步骤说明
1		新建程序，程序名称为“GET_SFTPOS”，按下命令一览键，选择“控制”下的“SWITCH”命令
2		在缓冲区中可以看到“SWITCH I000 CASE 1”，将光标移动至“SWITCH”上，按下选择键，进入命令的详细编辑界面
3		将光标移动至“I000”后的下拉箭头上，按下选择键

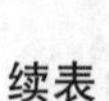

续表

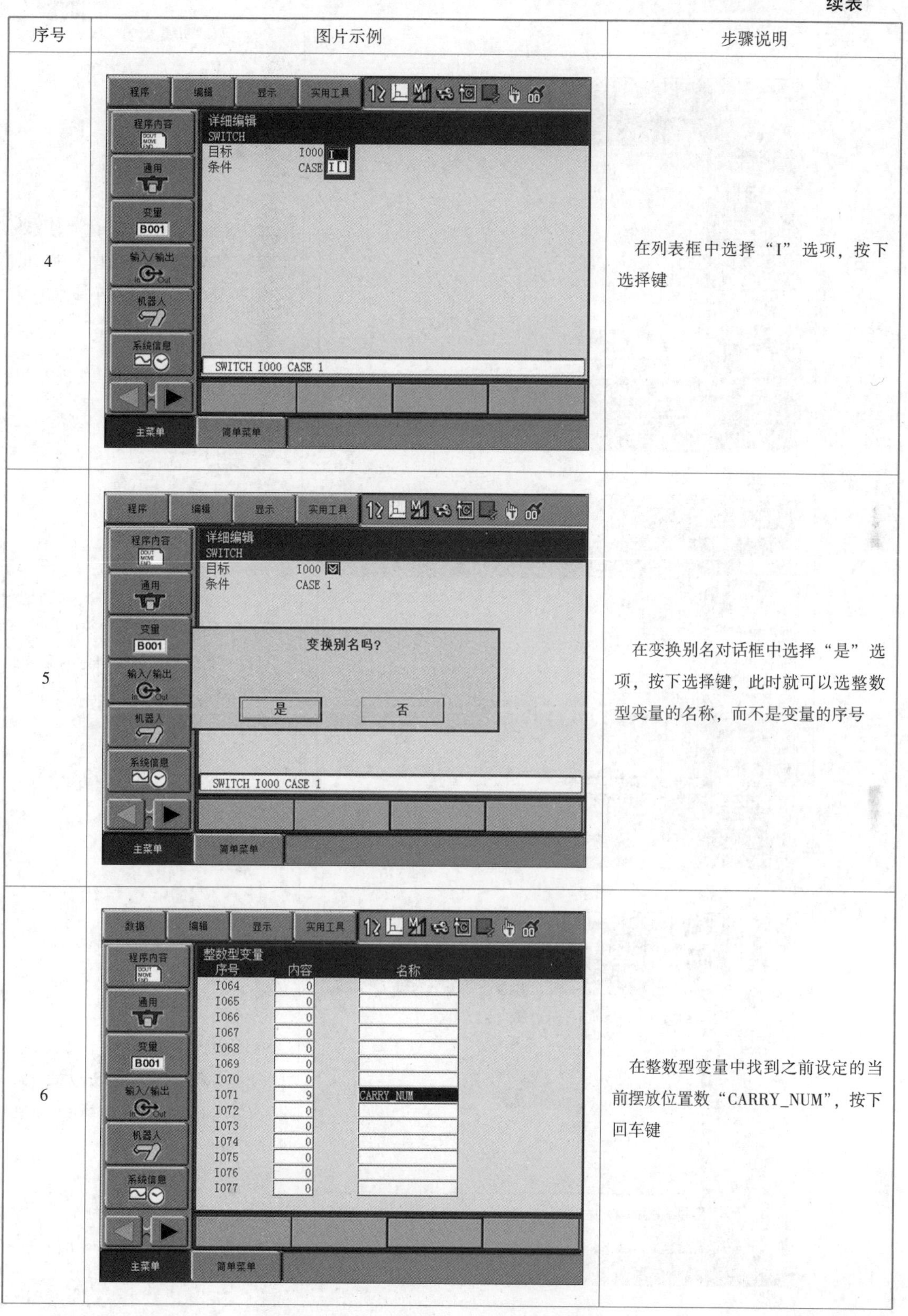

序号	图片示例	步骤说明
4		在列表框中选择“I”选项，按下选择键
5		在变换别名对话框中选择“是”选项，按下选择键，此时就可以选整数型变量的名称，而不是变量的序号
6		在整数型变量中找到之前设定的当前摆放位置数“CARRY_NUM”，按下回车键

续表

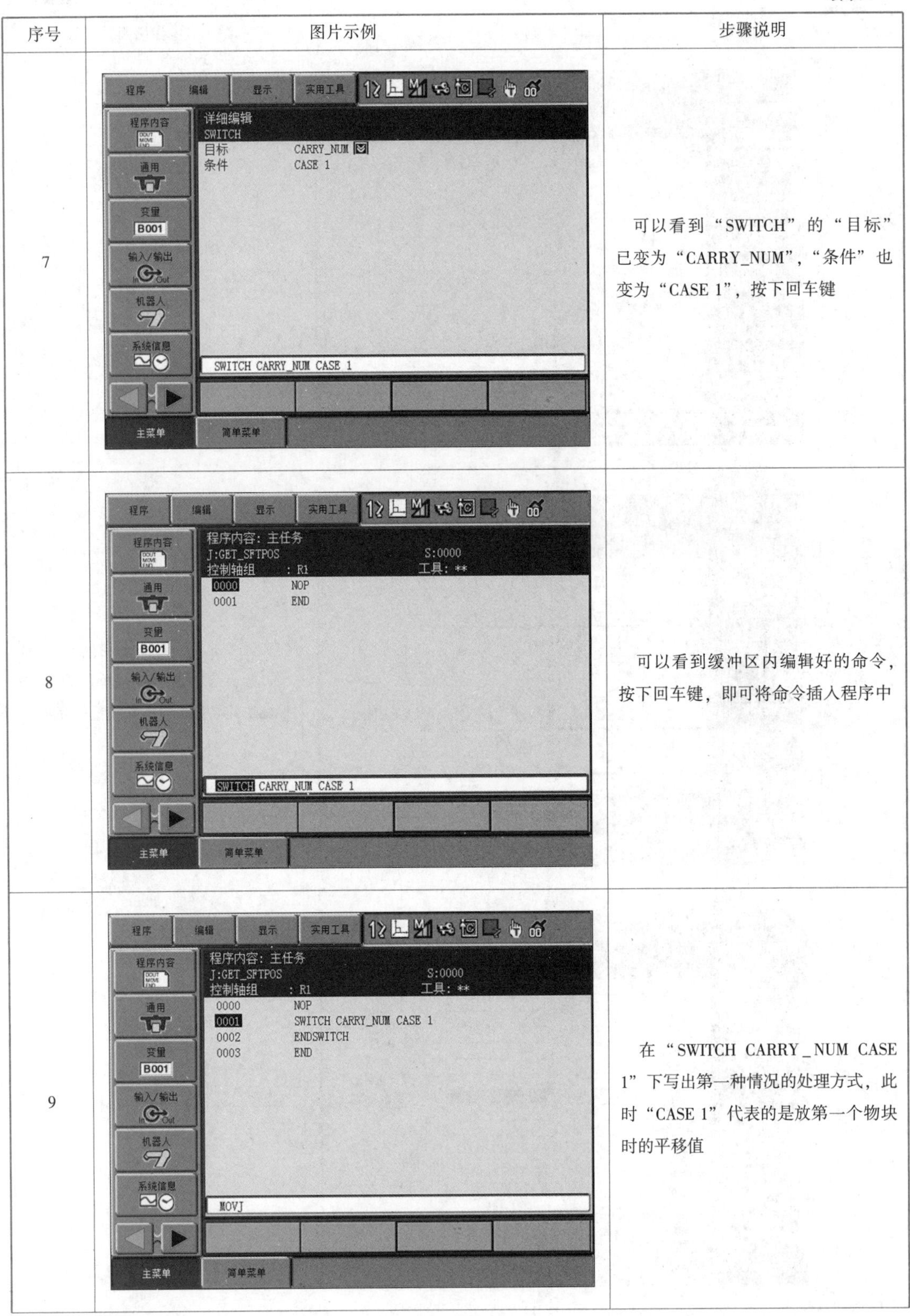

序号	图片示例	步骤说明
7		可以看到“SWITCH”的“目标”已变为“CARRY_NUM”，“条件”也变为“CASE 1”，按下回车键
8		可以看到缓冲区内编辑好的命令，按下回车键，即可将命令插入程序中
9		在“SWITCH CARRY_NUM CASE 1”下写出第一种情况的处理方式，此时“CASE 1”代表的是放第一个物块时的平移值

续表

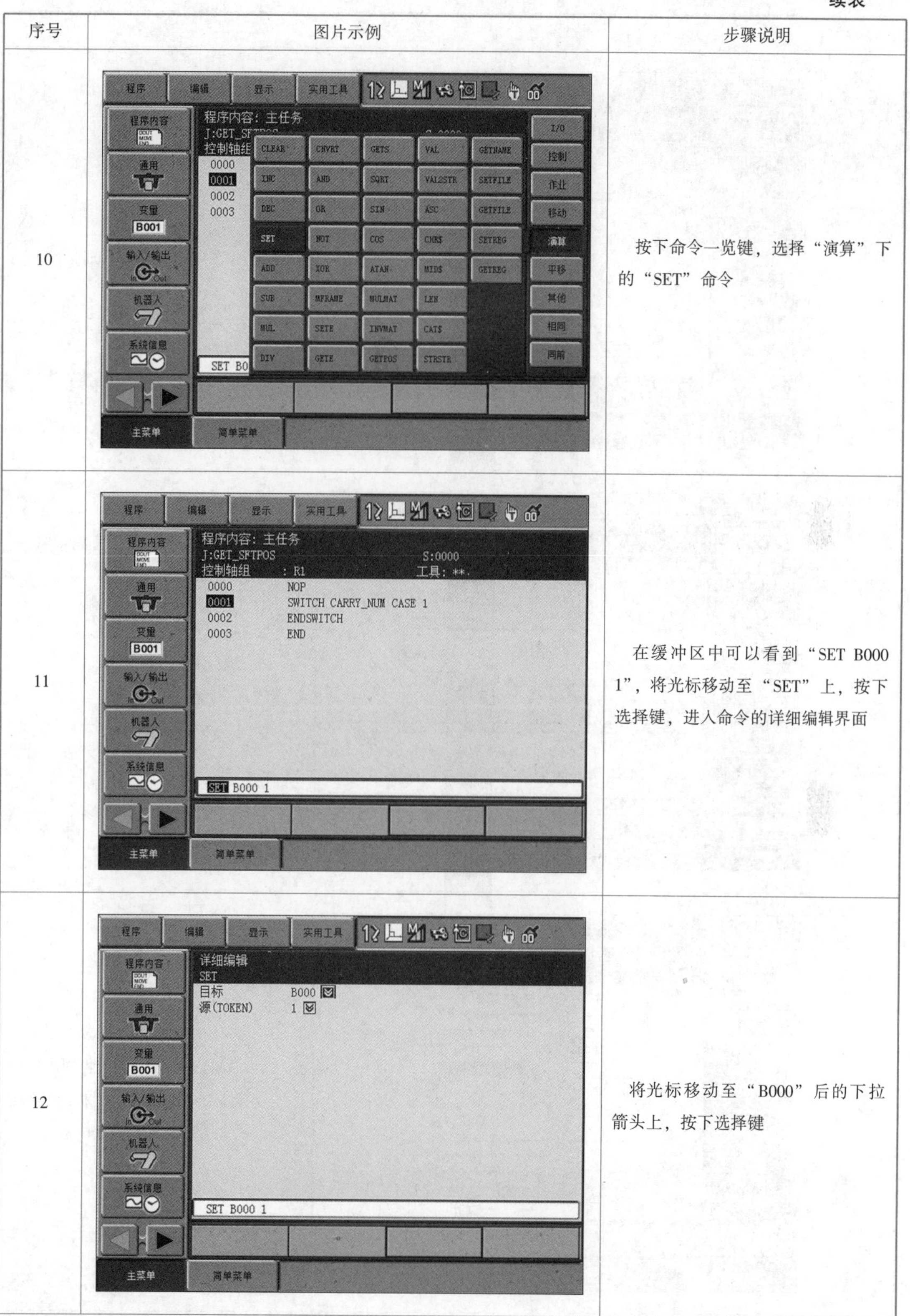

序号	图片示例	步骤说明
10		按下命令一览键，选择“演算”下的“SET”命令
11		在缓冲区中可以看到“SET B000 1”，将光标移动至“SET”上，按下选择键，进入命令的详细编辑界面
12		将光标移动至“B000”后的下拉箭头上，按下选择键

续表

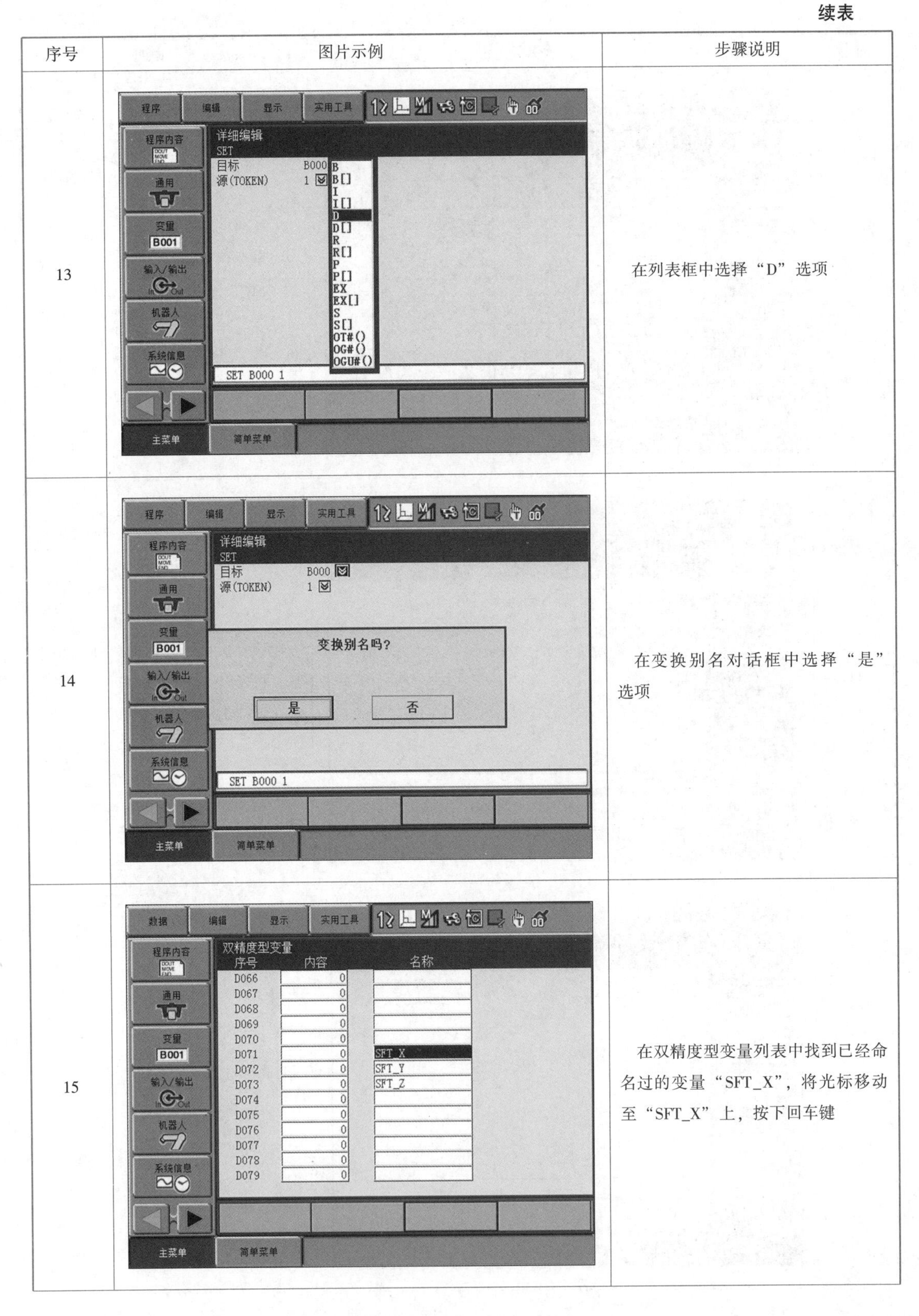

序号	图片示例	步骤说明
13		在列表框中选择“D”选项
14		在变换别名对话框中选择“是”选项
15		在双精度型变量列表中找到已经命名过的变量“SFT_X”，将光标移动至“SFT_X”上，按下回车键

续表

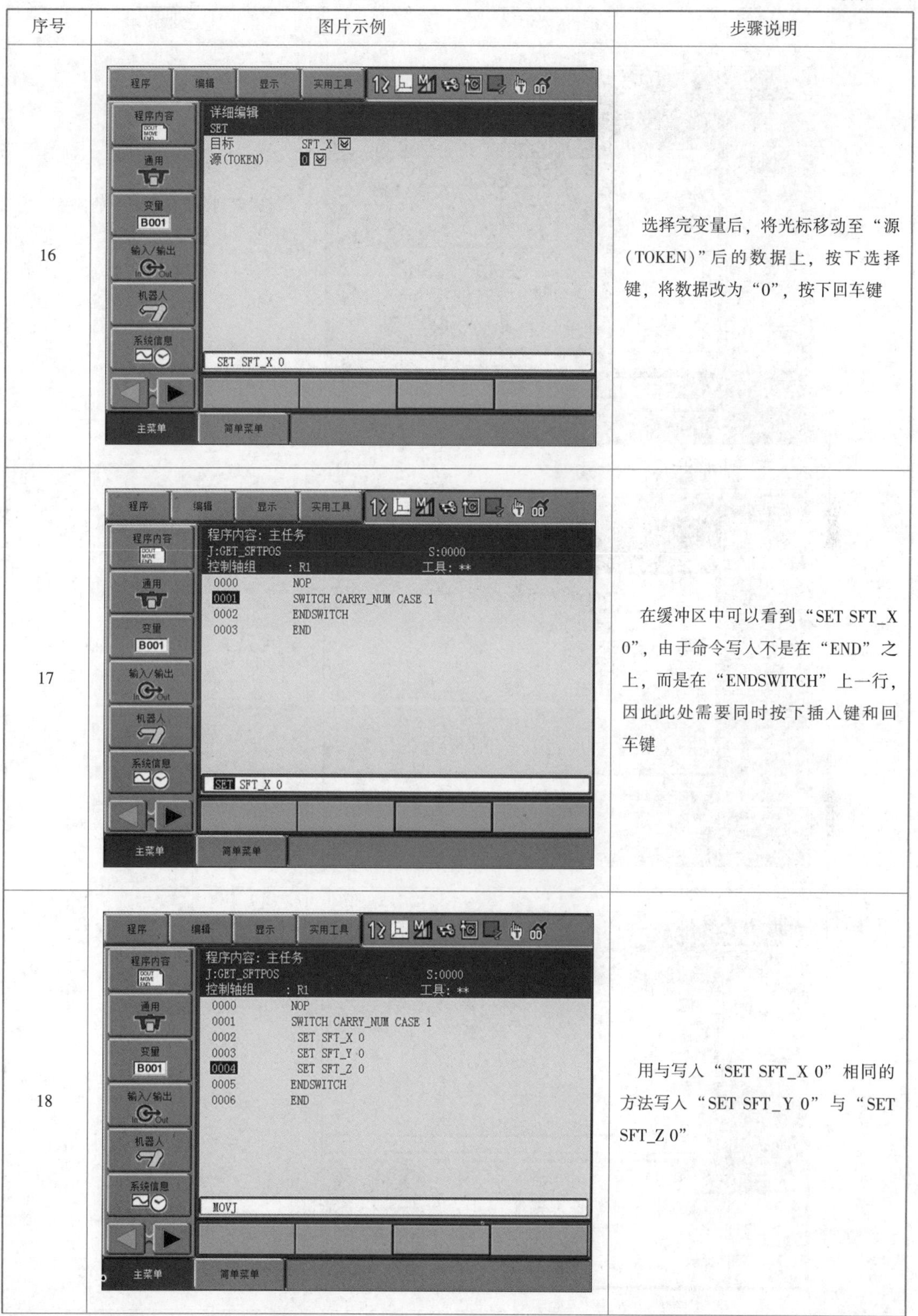

序号	图片示例	步骤说明
16		选择完变量后，将光标移动至“源(TOKEN)”后的数据上，按下选择键，将数据改为“0”，按下回车键
17		在缓冲区中可以看到“SET SFT_X 0”，由于命令写入不是在“END”之上，而是在“ENDSWITCH”上一行，因此此处需要同时按下插入键和回车键
18		用与写入“SET SFT_X 0”相同的方法写入“SET SFT_Y 0”与“SET SFT_Z 0”

续表

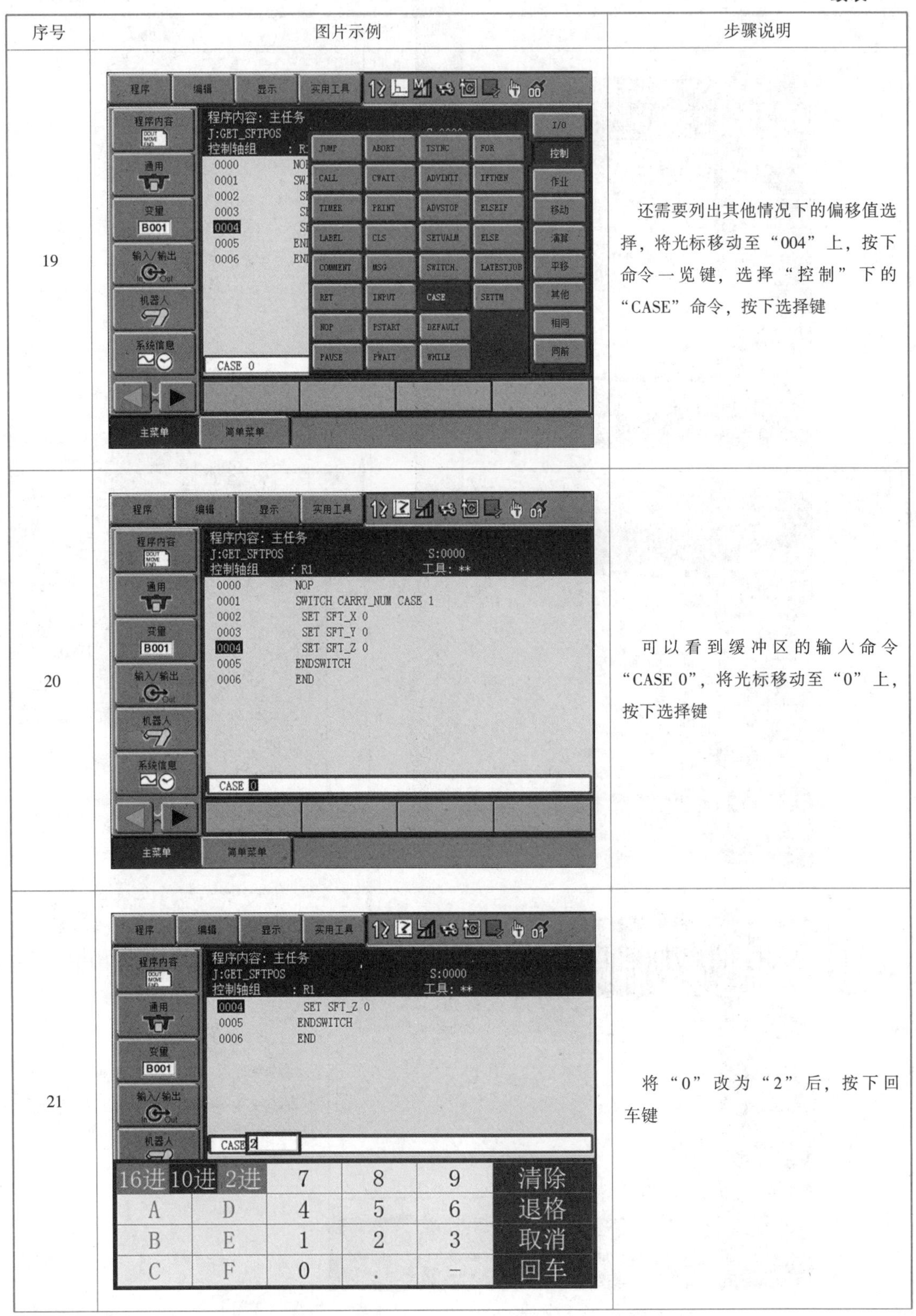

序号	图片示例	步骤说明
19		还需要列出其他情况下的偏移值选择，将光标移动至“004”上，按下命令一览键，选择“控制”下的“CASE”命令，按下选择键
20		可以看到缓冲区的输入命令“CASE 0”，将光标移动至“0”上，按下选择键
21		将“0”改为“2”后，按下回车键

续表

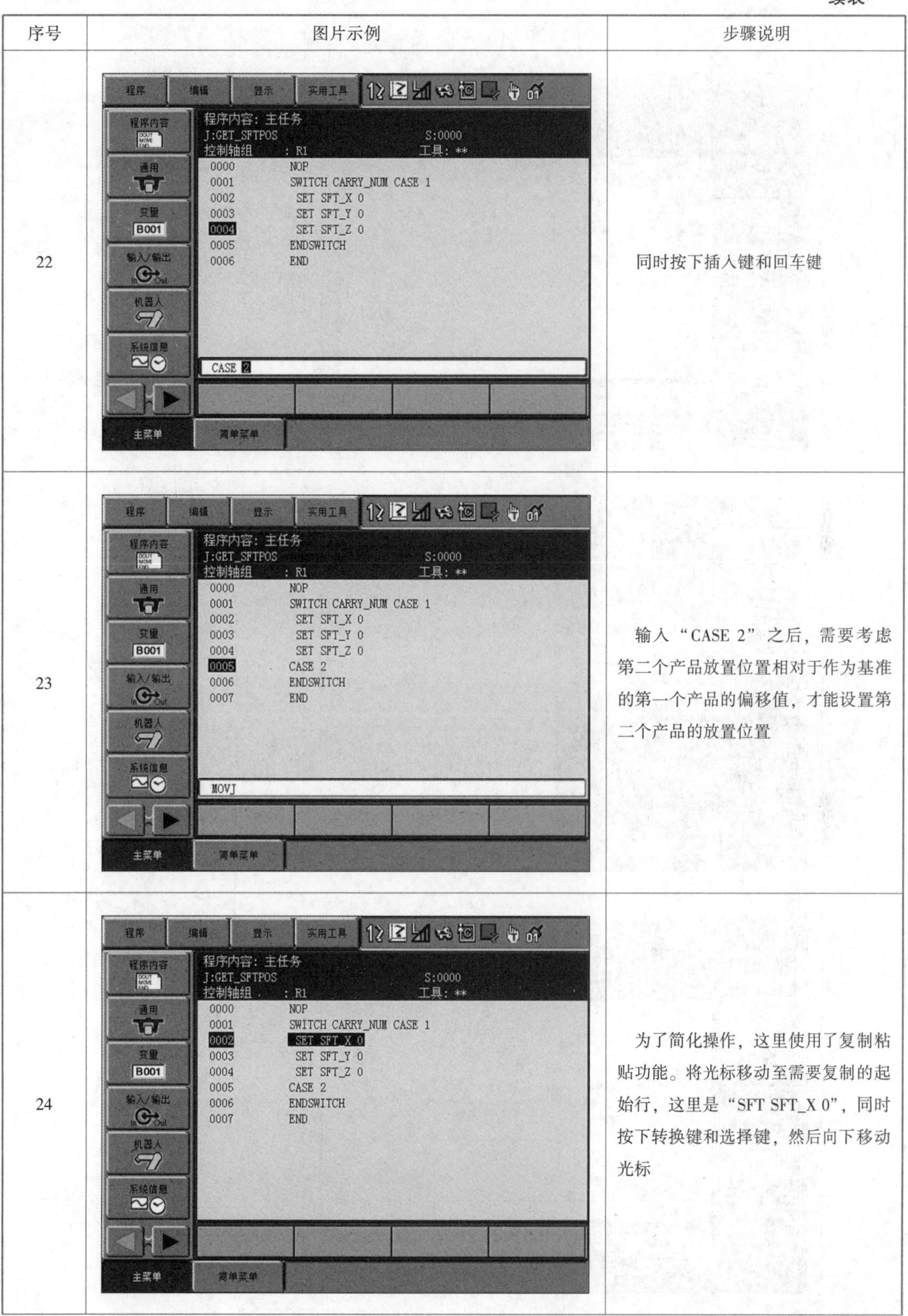

序号	图片示例	步骤说明
22		同时按下插入键和回车键
23		输入“CASE 2”之后，需要考虑第二个产品放置位置相对于作为基准的第一个产品的偏移值，才能设置第二个产品的放置位置
24		为了简化操作，这里使用了复制粘贴功能。将光标移动至需要复制的起始行，这里是“SFT SFT_X 0”，同时按下转换键和选择键，然后向下移动光标

续表

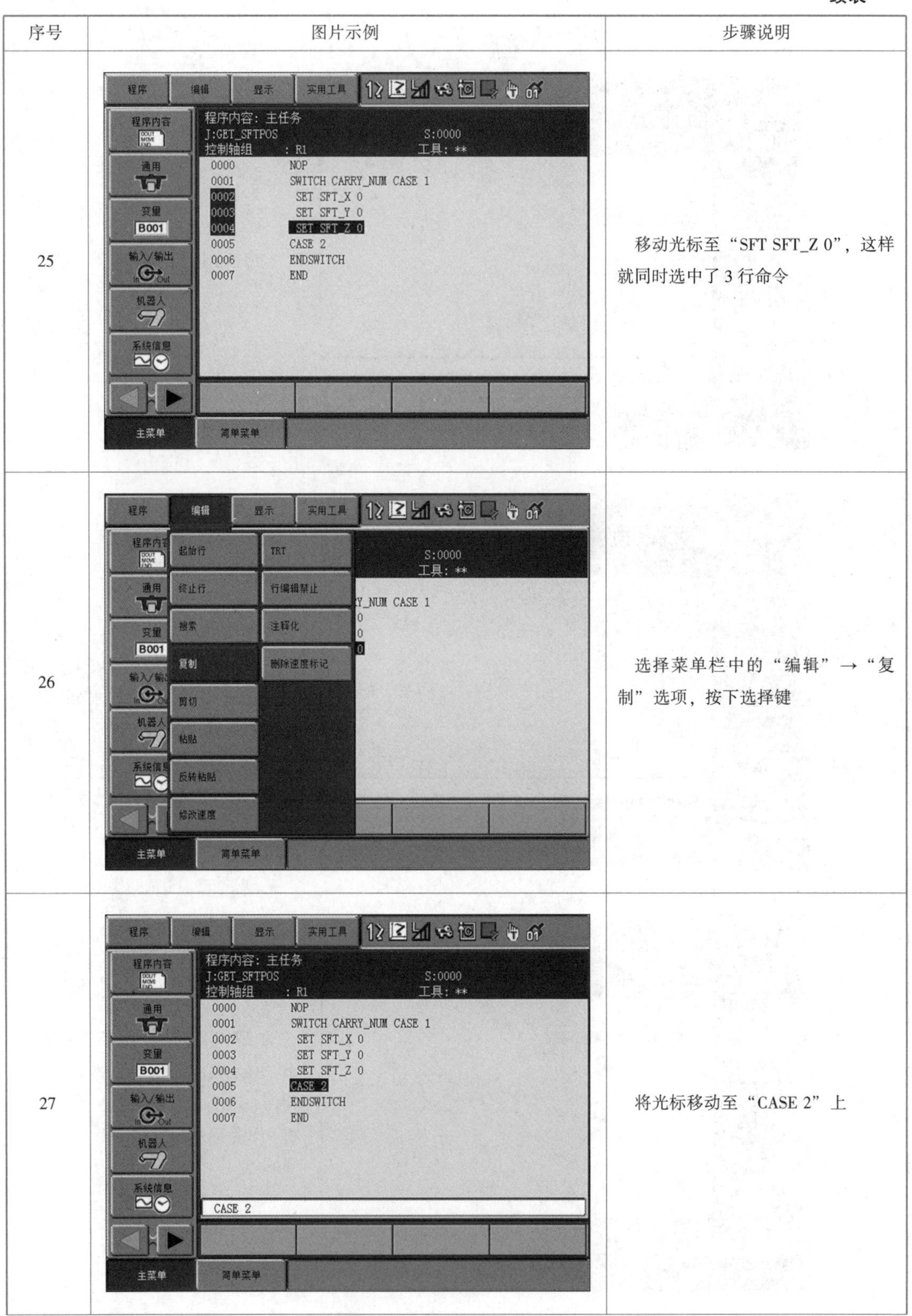

序号	图片示例	步骤说明
25		移动光标至“SFT SFT_Z 0”，这样就同时选中了3行命令
26		选择菜单栏中的“编辑”→“复制”选项，按下选择键
27		将光标移动至“CASE 2”上

续表

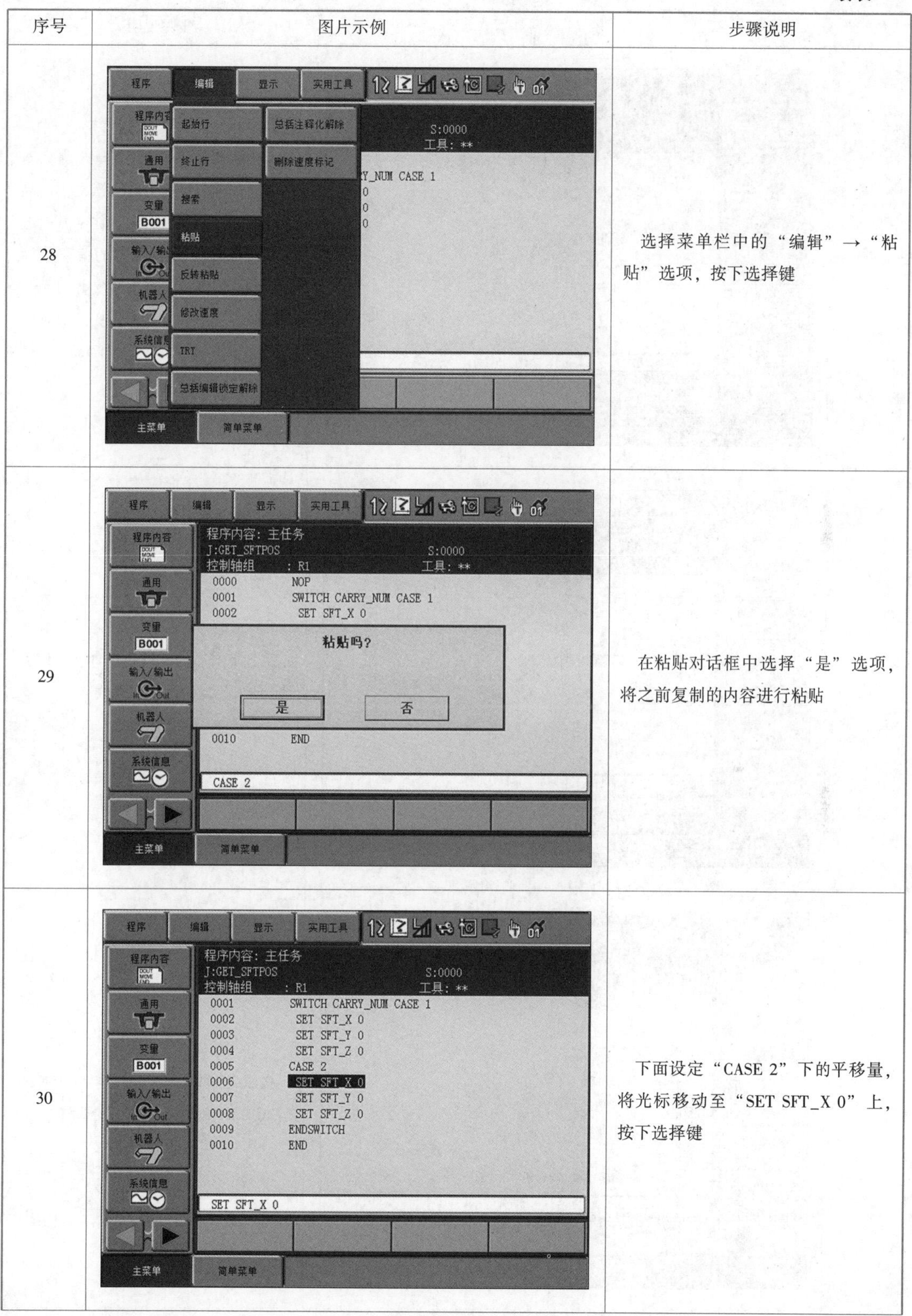

序号	图片示例	步骤说明
28		选择菜单栏中的“编辑”→“粘贴”选项，按下选择键
29		在粘贴对话框中选择“是”选项，将之前复制的内容进行粘贴
30		下面设定“CASE 2”下的平移量，将光标移动至“SET SFT_X 0”上，按下选择键

续表

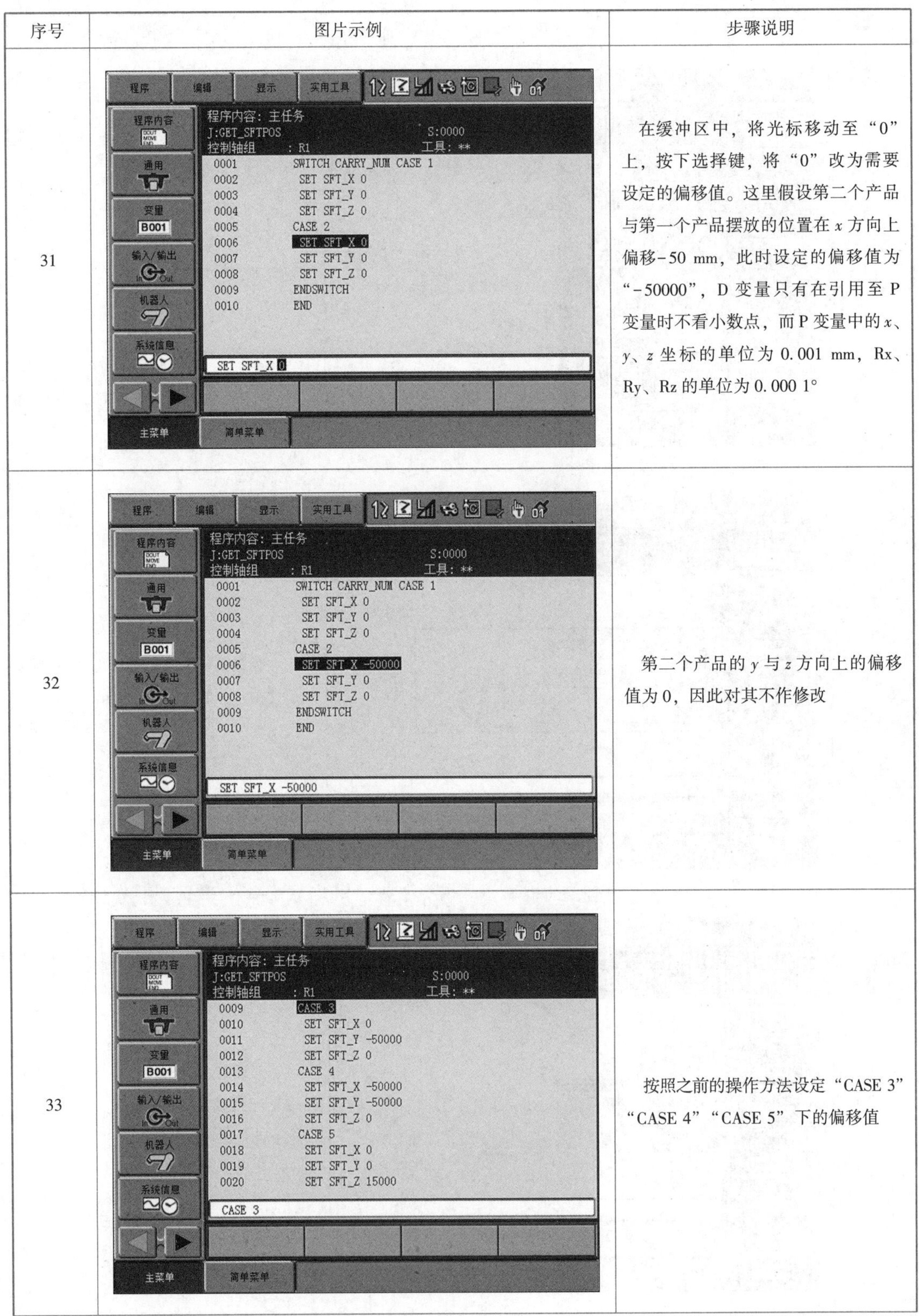

序号	图片示例	步骤说明
31		在缓冲区中，将光标移动至“0”上，按下选择键，将“0”改为需要设定的偏移值。这里假设第二个产品与第一个产品摆放的位置在 x 方向上偏移-50 mm，此时设定的偏移值为“-50000”，D 变量只有在引用至 P 变量时不看小数点，而 P 变量中的 x、y、z 坐标的单位为 0.001 mm，Rx、Ry、Rz 的单位为 0.000 1°
32		第二个产品的 y 与 z 方向上的偏移值为 0，因此对其不作修改
33		按照之前的操作方法设定“CASE 3”“CASE 4”“CASE 5”下的偏移值

续表

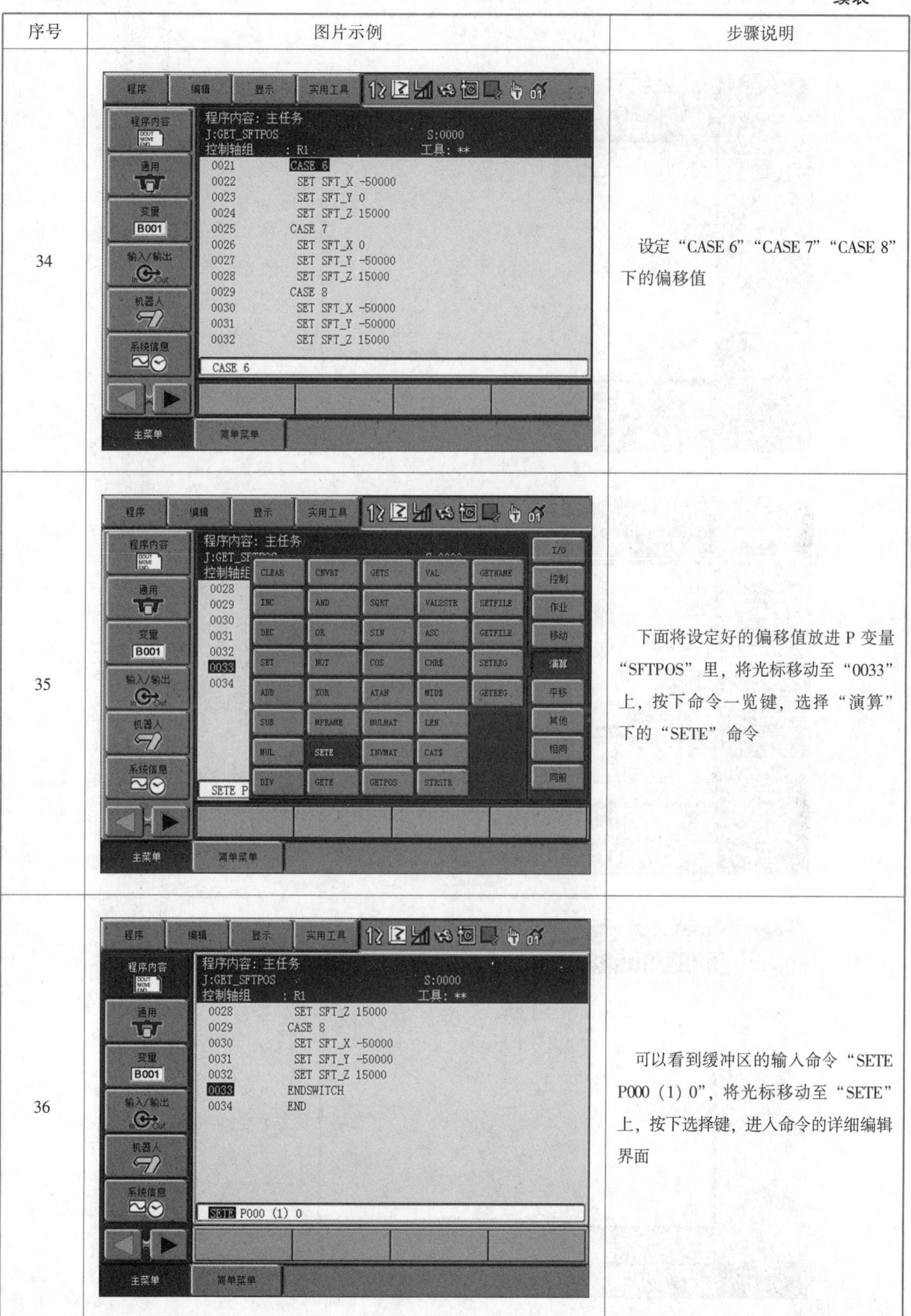

序号	图片示例	步骤说明
34		设定“CASE 6”“CASE 7”“CASE 8”下的偏移值
35		下面将设定好的偏移值放进 P 变量“SFTPOS”里，将光标移动至“0033”上，按下命令一览键，选择“演算”下的“SETE”命令
36		可以看到缓冲区的输入命令“SETE P000 (1) 0”，将光标移动至“SETE”上，按下选择键，进入命令的详细编辑界面

续表

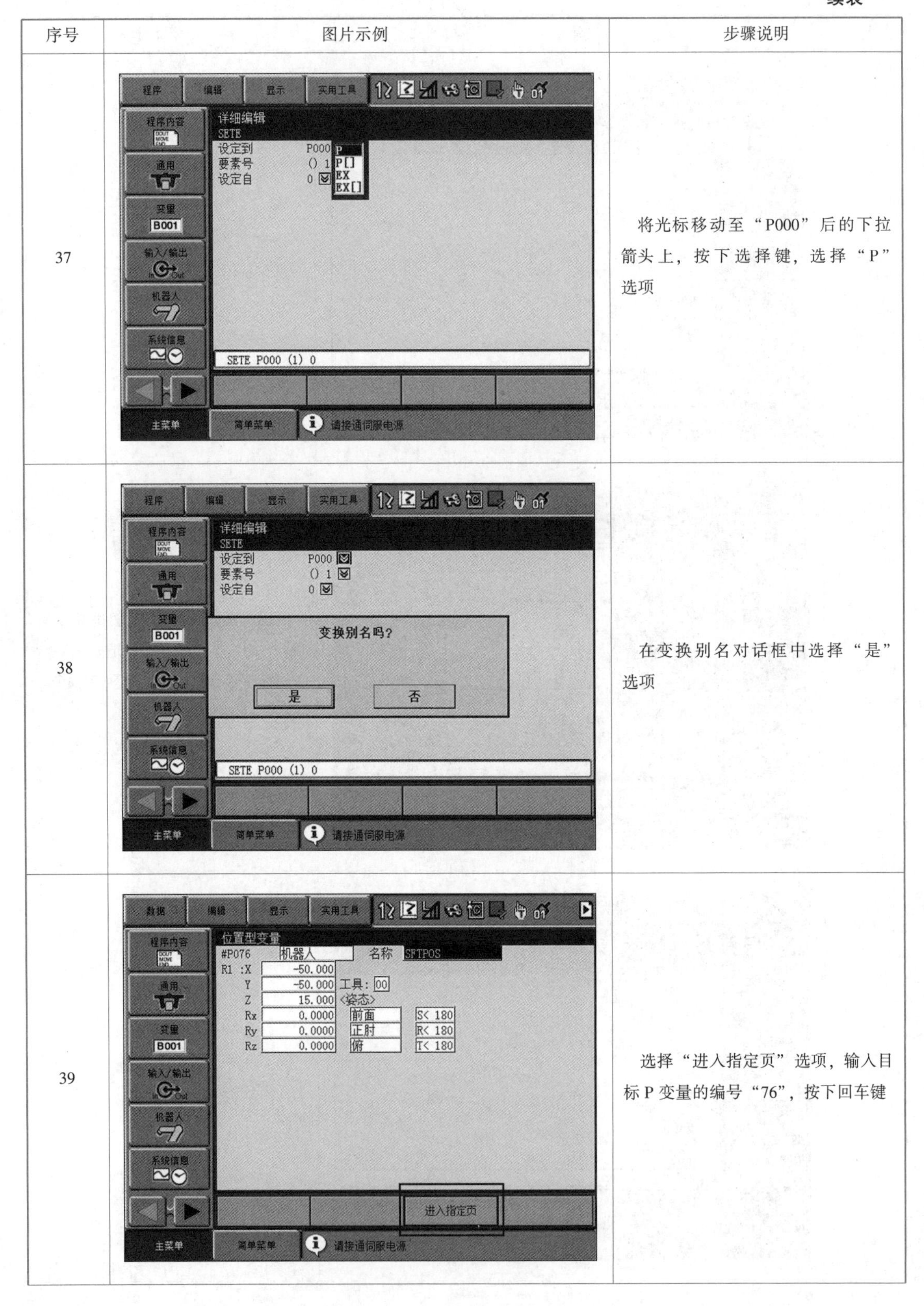

序号	图片示例	步骤说明
37		将光标移动至“P000”后的下拉箭头上，按下选择键，选择“P”选项
38		在变换别名对话框中选择“是”选项
39		选择“进入指定页”选项，输入目标P变量的编号“76”，按下回车键

续表

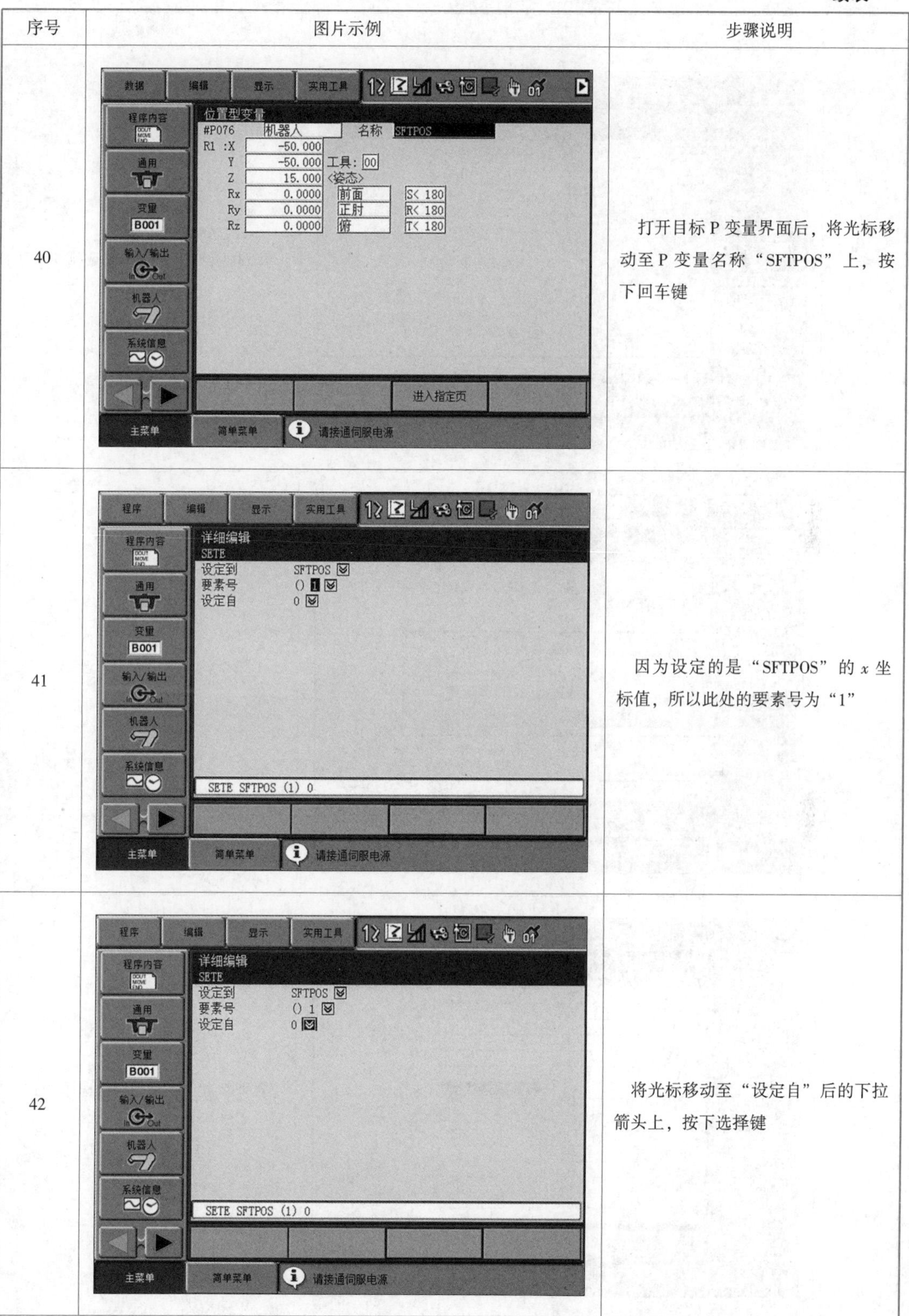

序号	图片示例	步骤说明
40		打开目标 P 变量界面后，将光标移动至 P 变量名称“SFTPOS”上，按下回车键
41		因为设定的是“SFTPOS”的 x 坐标值，所以此处的要素号为“1”
42		将光标移动至“设定自”后的下拉箭头上，按下选择键

续表

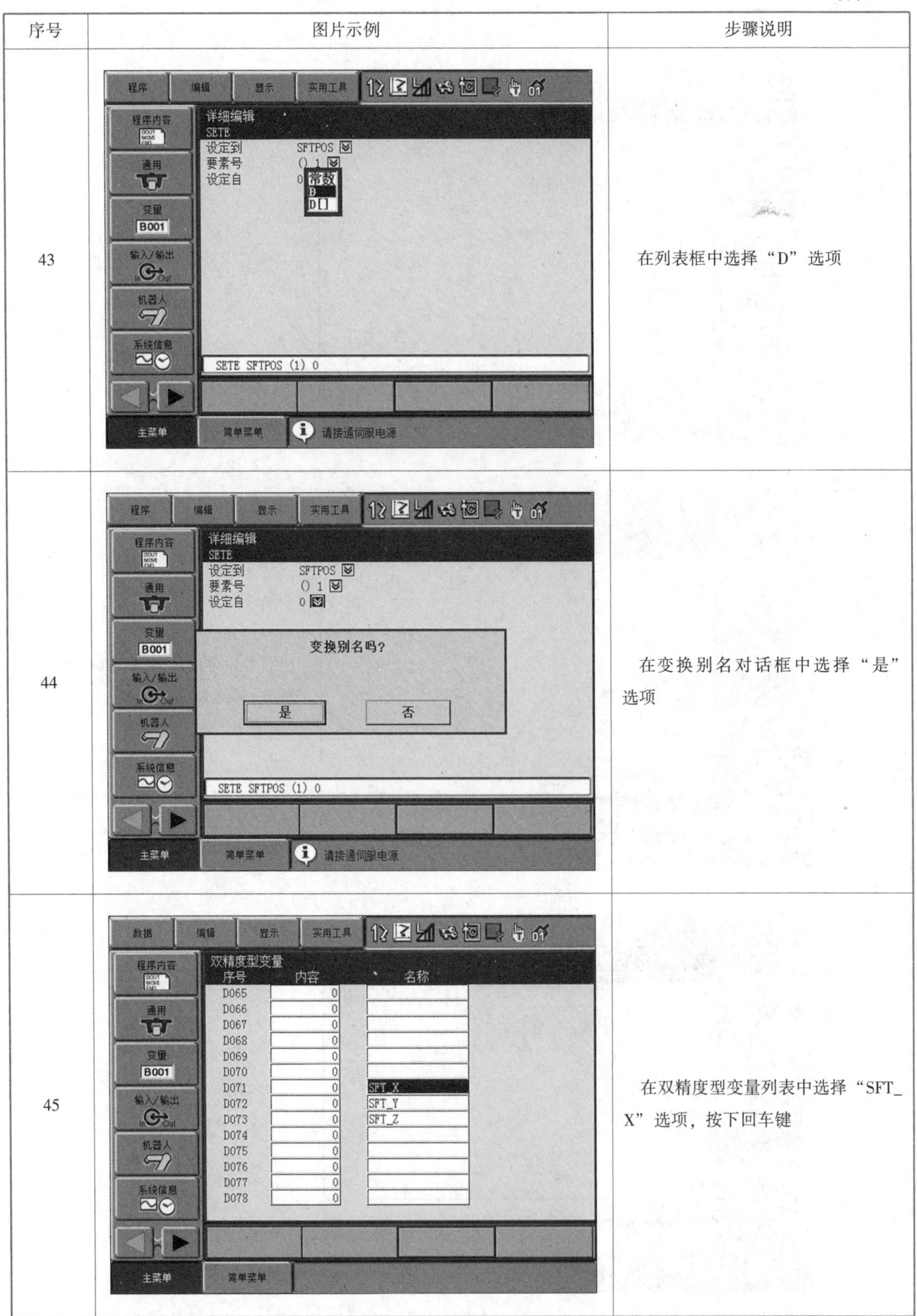

序号	图片示例	步骤说明
43		在列表框中选择“D”选项
44		在变换别名对话框中选择“是”选项
45		在双精度型变量列表中选择“SFT_X”选项，按下回车键

续表

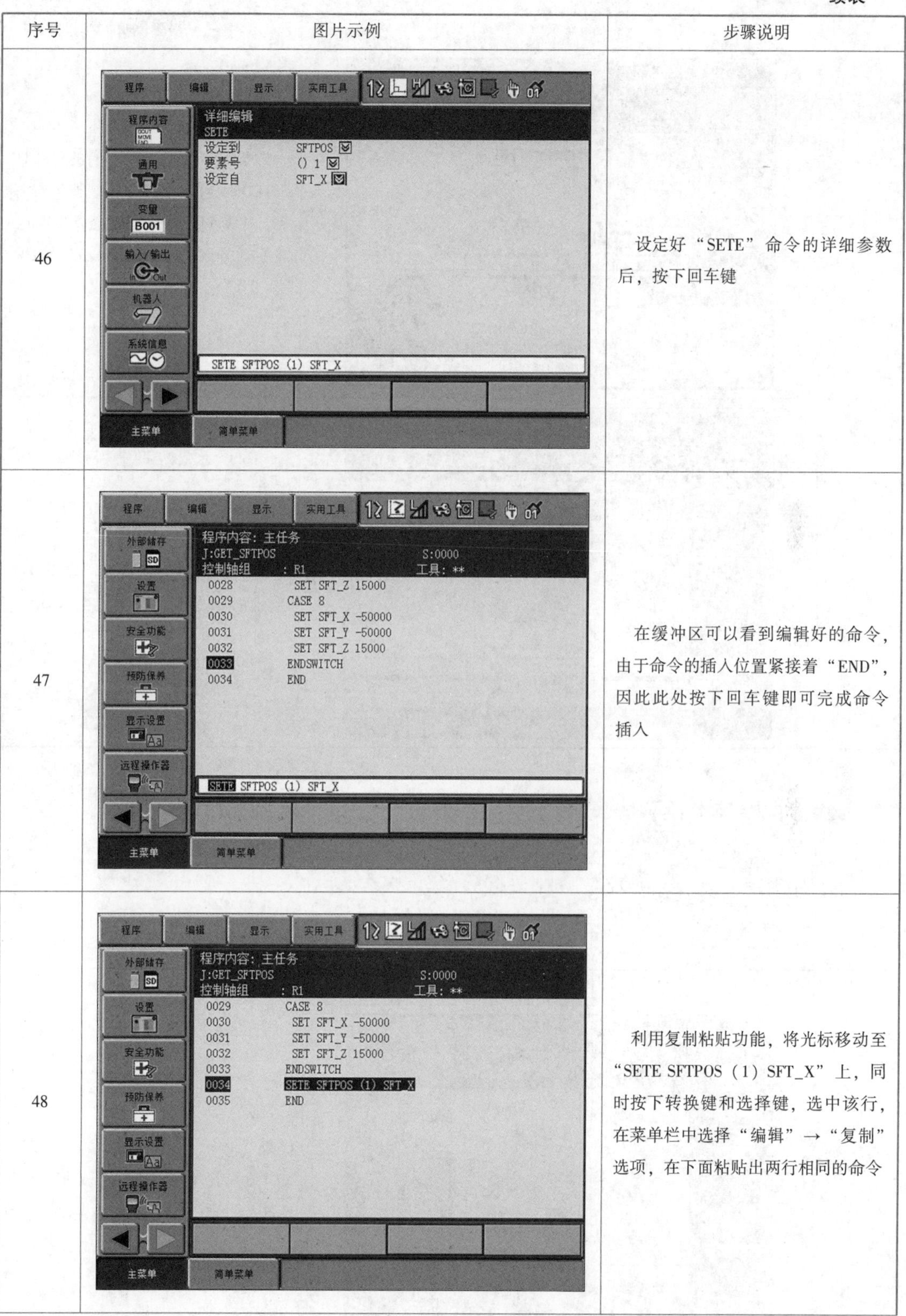

序号	图片示例	步骤说明
46		设定好“SETE”命令的详细参数后，按下回车键
47		在缓冲区可以看到编辑好的命令，由于命令的插入位置紧接着“END”，因此此处按下回车键即可完成命令插入
48		利用复制粘贴功能，将光标移动至“SETE SFTPOS（1）SFT_X”上，同时按下转换键和选择键，选中该行，在菜单栏中选择“编辑”→“复制”选项，在下面粘贴出两行相同的命令

续表

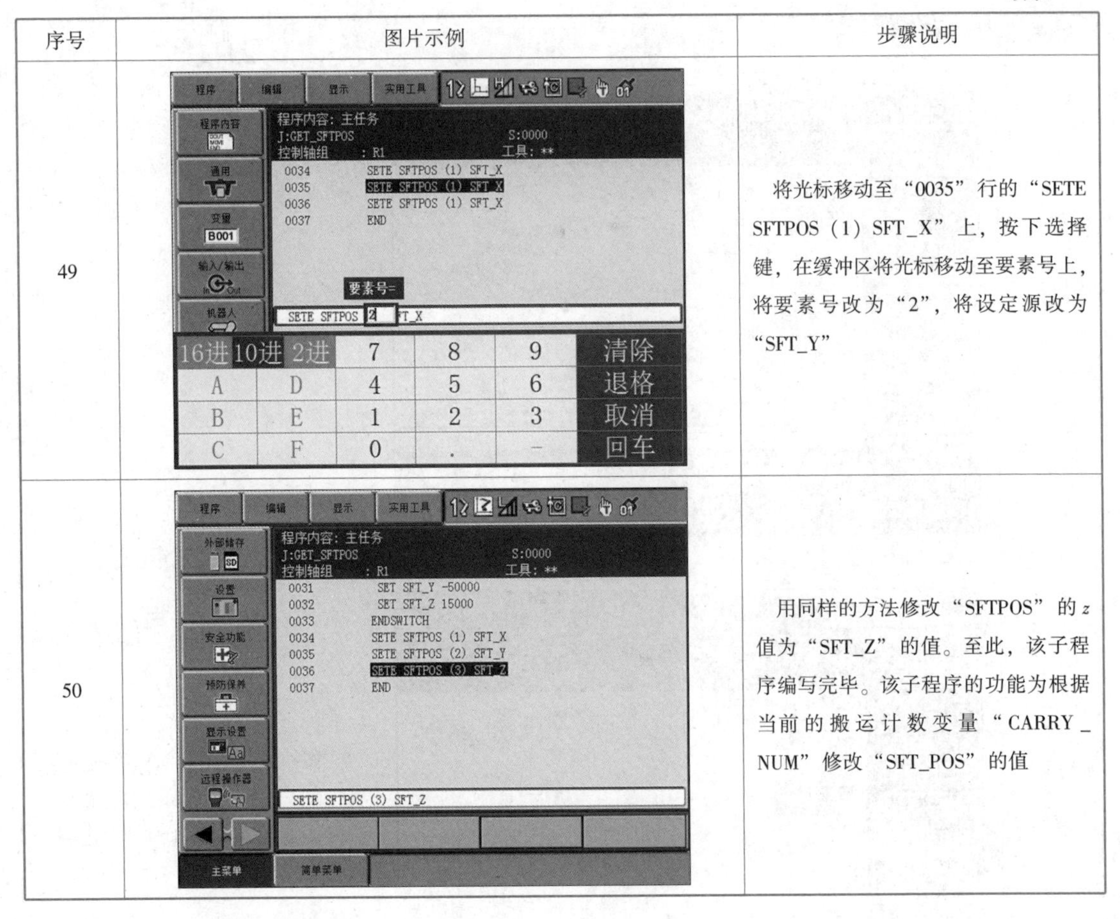

序号	图片示例	步骤说明
49		将光标移动至“0035”行的“SETE SFTPOS（1）SFT_X”上，按下选择键，在缓冲区将光标移动至要素号上，将要素号改为“2”，将设定源改为“SFT_Y”
50		用同样的方法修改“SFTPOS”的 z 值为“SFT_Z”的值。至此，该子程序编写完毕。该子程序的功能为根据当前的搬运计数变量“CARRY_NUM”修改“SFT_POS”的值

7.4.4 主程序编写

主程序编写如表 7-9 所示。

表 7-9 主程序编写

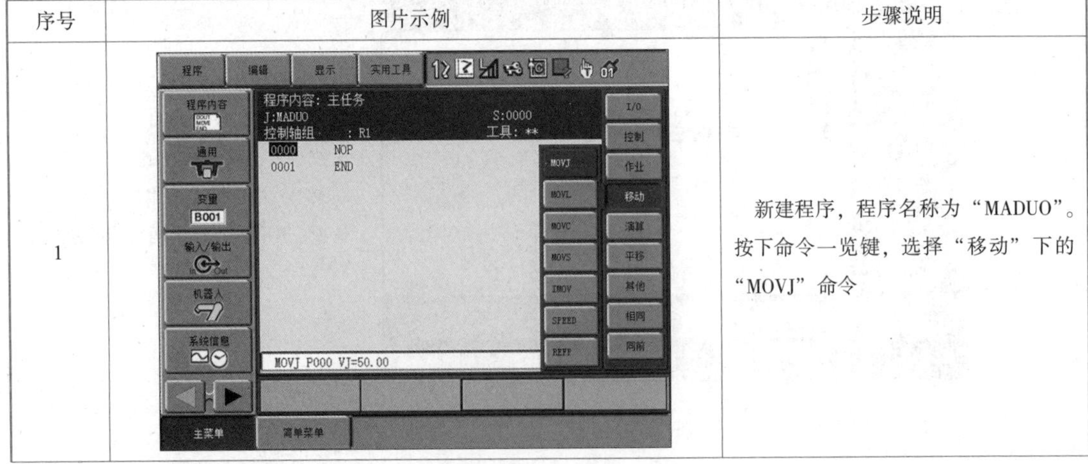

序号	图片示例	步骤说明
1		新建程序，程序名称为“MADUO”。按下命令一览键，选择“移动”下的“MOVJ”命令

续表

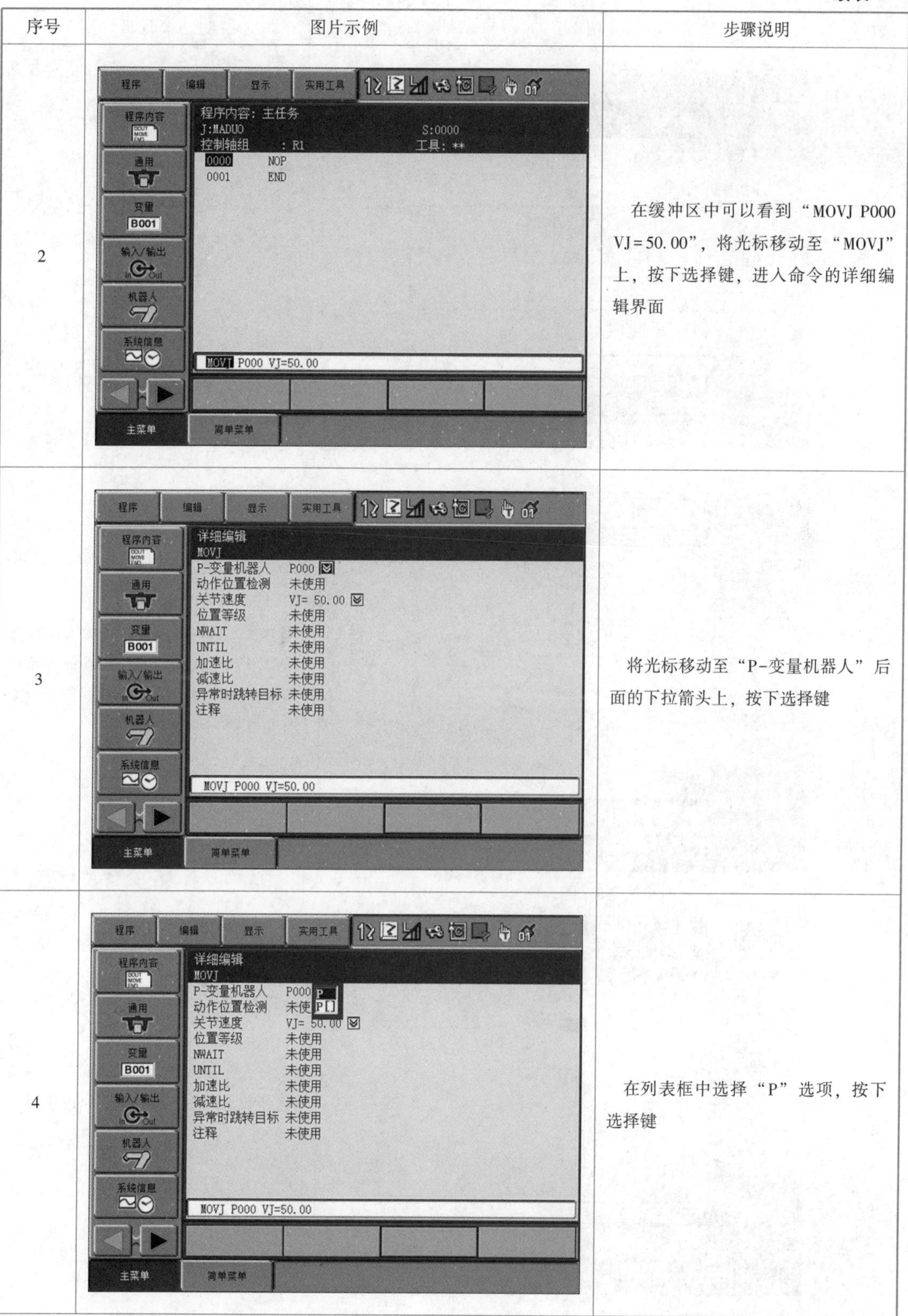

序号	图片示例	步骤说明
2		在缓冲区中可以看到“MOVJ P000 VJ=50.00”，将光标移动至“MOVJ”上，按下选择键，进入命令的详细编辑界面
3		将光标移动至“P-变量机器人”后面的下拉箭头上，按下选择键
4		在列表框中选择“P”选项，按下选择键

续表

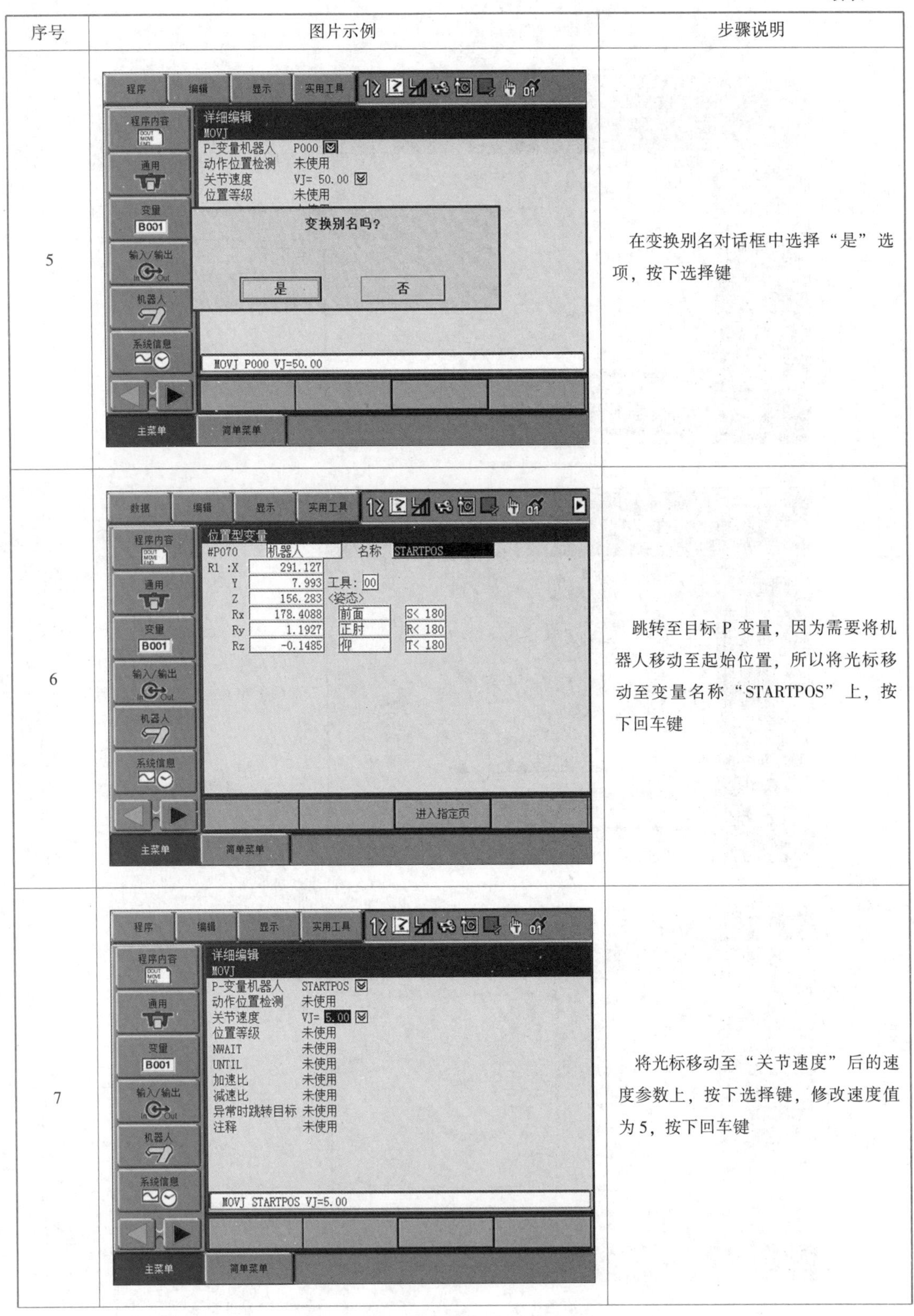

序号	图片示例	步骤说明
5		在变换别名对话框中选择“是”选项，按下选择键
6		跳转至目标 P 变量，因为需要将机器人移动至起始位置，所以将光标移动至变量名称“STARTPOS”上，按下回车键
7		将光标移动至“关节速度”后的速度参数上，按下选择键，修改速度值为 5，按下回车键

续表

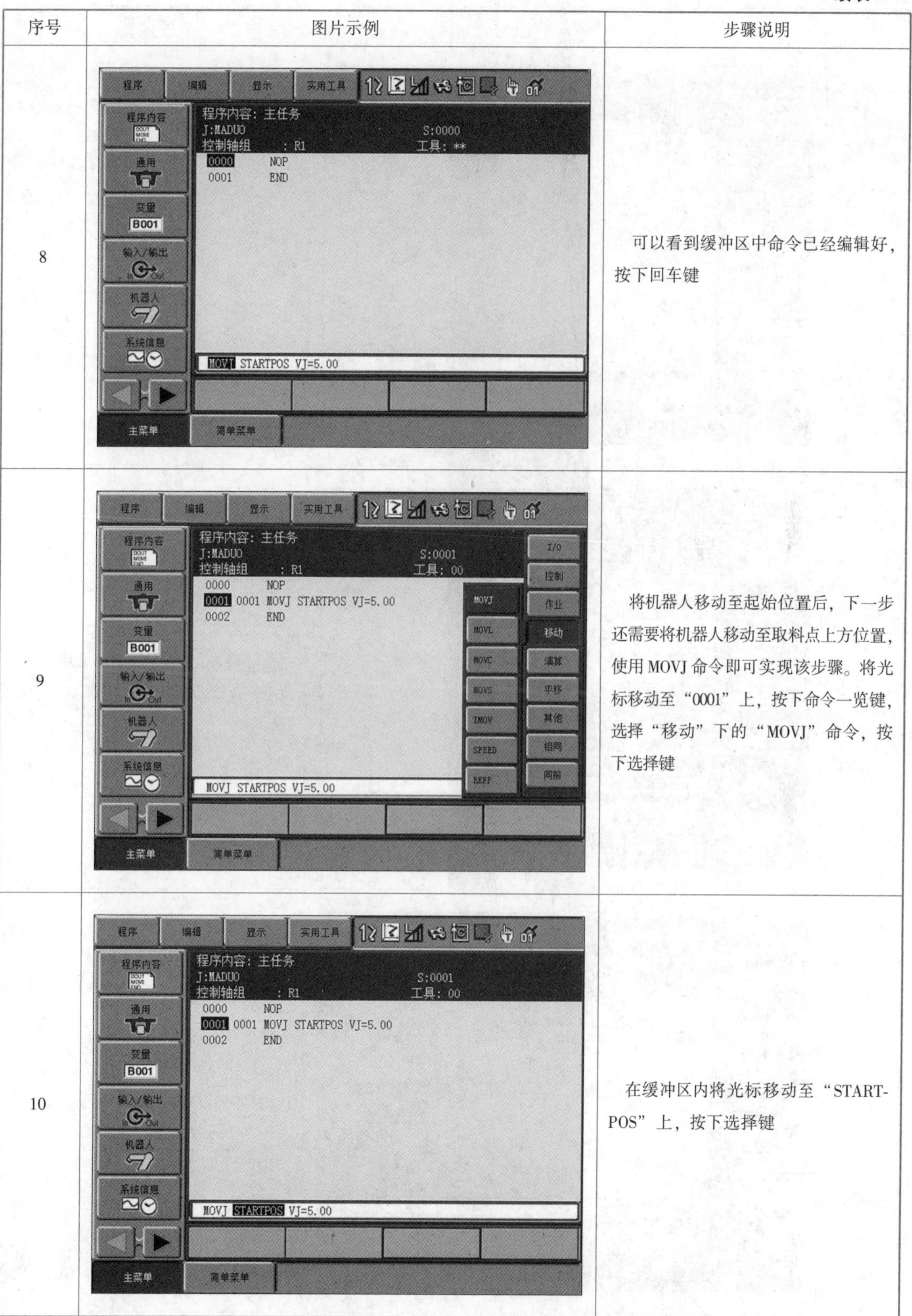

序号	图片示例	步骤说明
8		可以看到缓冲区中命令已经编辑好，按下回车键
9		将机器人移动至起始位置后，下一步还需要将机器人移动至取料点上方位置，使用 MOVJ 命令即可实现该步骤。将光标移动至“0001”上，按下命令一览键，选择“移动”下的“MOVJ”命令，按下选择键
10		在缓冲区内将光标移动至“START-POS”上，按下选择键

续表

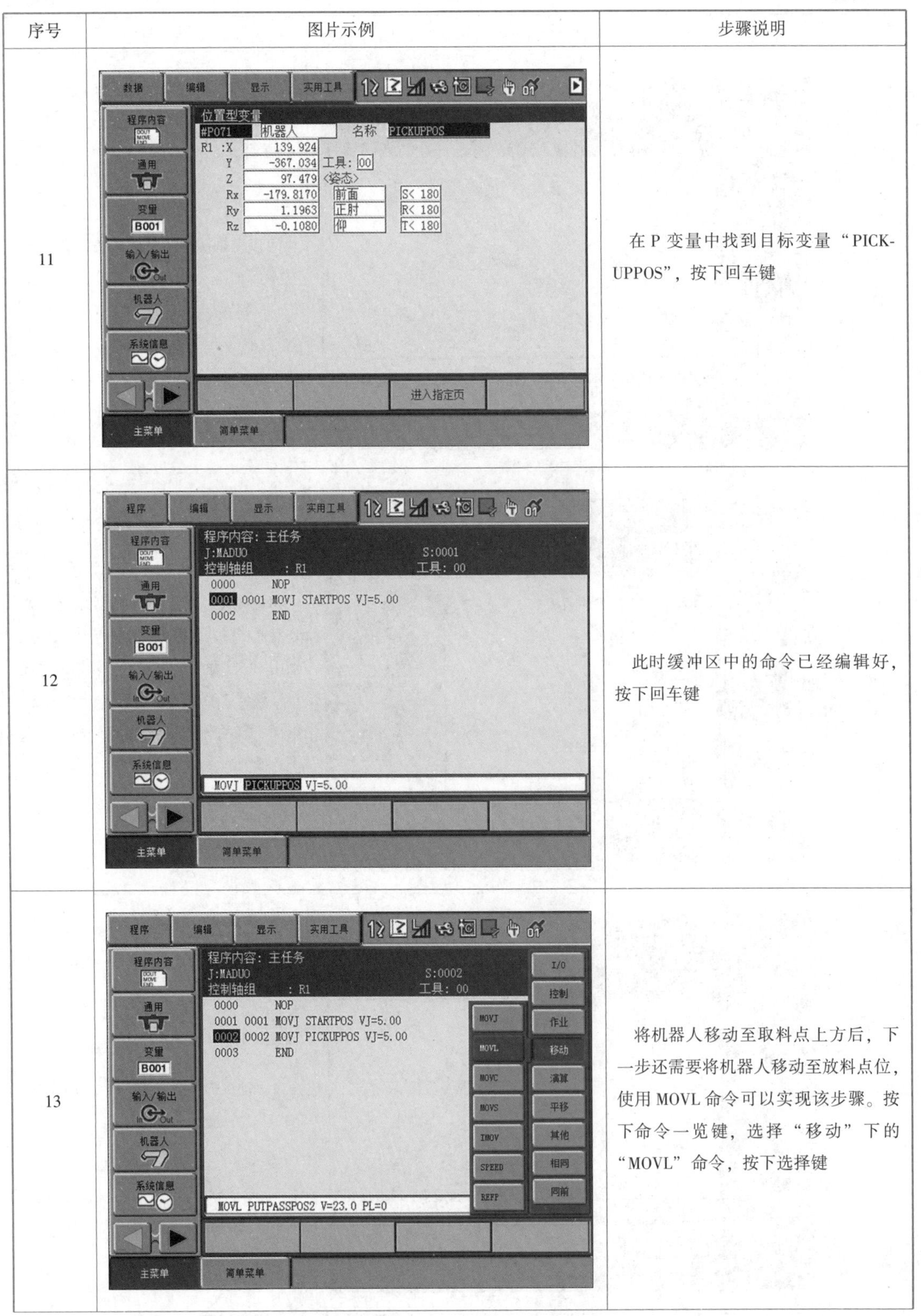

序号	图片示例	步骤说明
11		在 P 变量中找到目标变量“PICKUPPOS”，按下回车键
12		此时缓冲区中的命令已经编辑好，按下回车键
13		将机器人移动至取料点上方后，下一步还需要将机器人移动至放料点位，使用 MOVL 命令可以实现该步骤。按下命令一览键，选择“移动”下的“MOVL”命令，按下选择键

续表

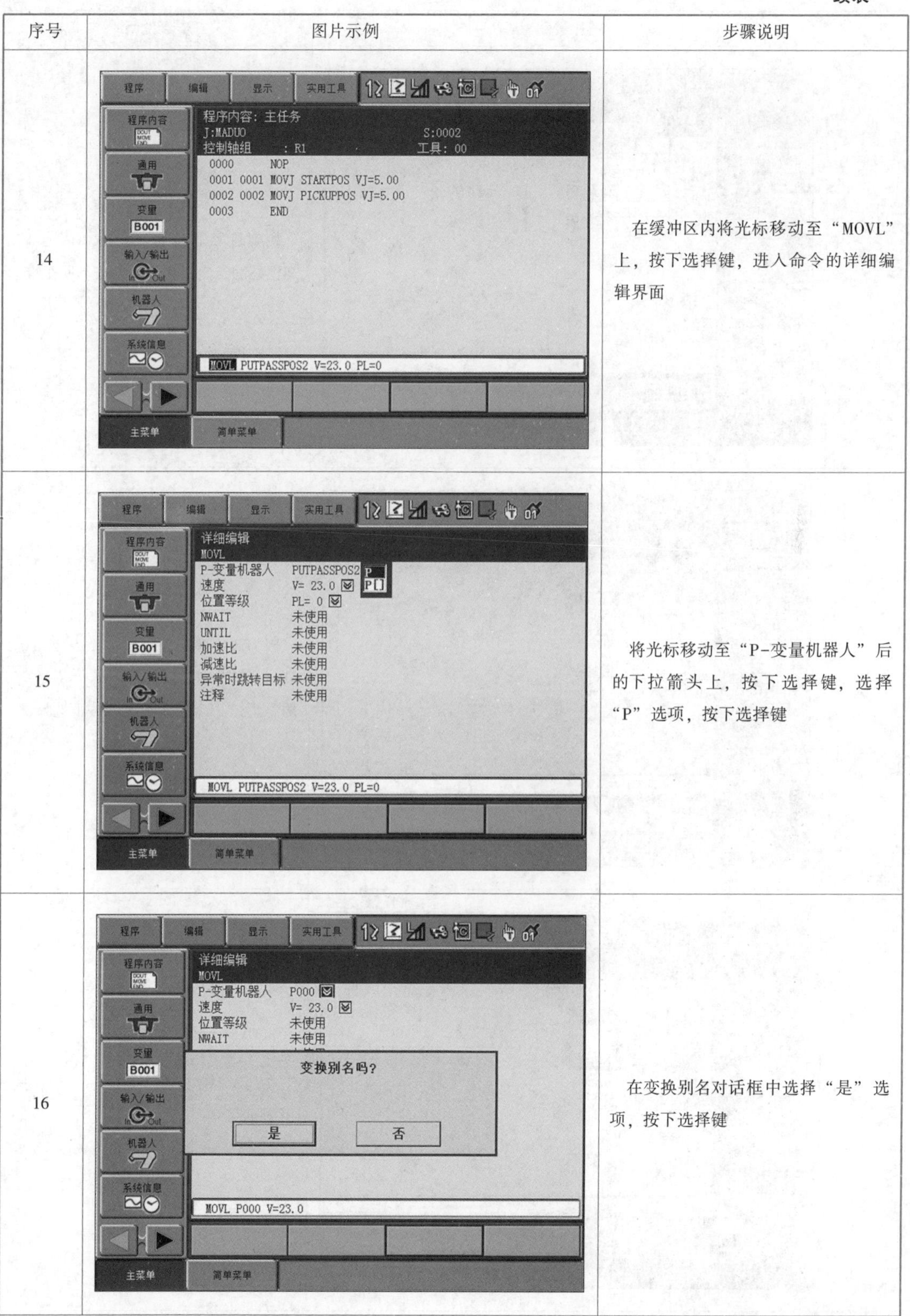

序号	图片示例	步骤说明
14		在缓冲区内将光标移动至“MOVL”上，按下选择键，进入命令的详细编辑界面
15		将光标移动至“P-变量机器人”后的下拉箭头上，按下选择键，选择“P”选项，按下选择键
16		在变换别名对话框中选择“是”选项，按下选择键

续表

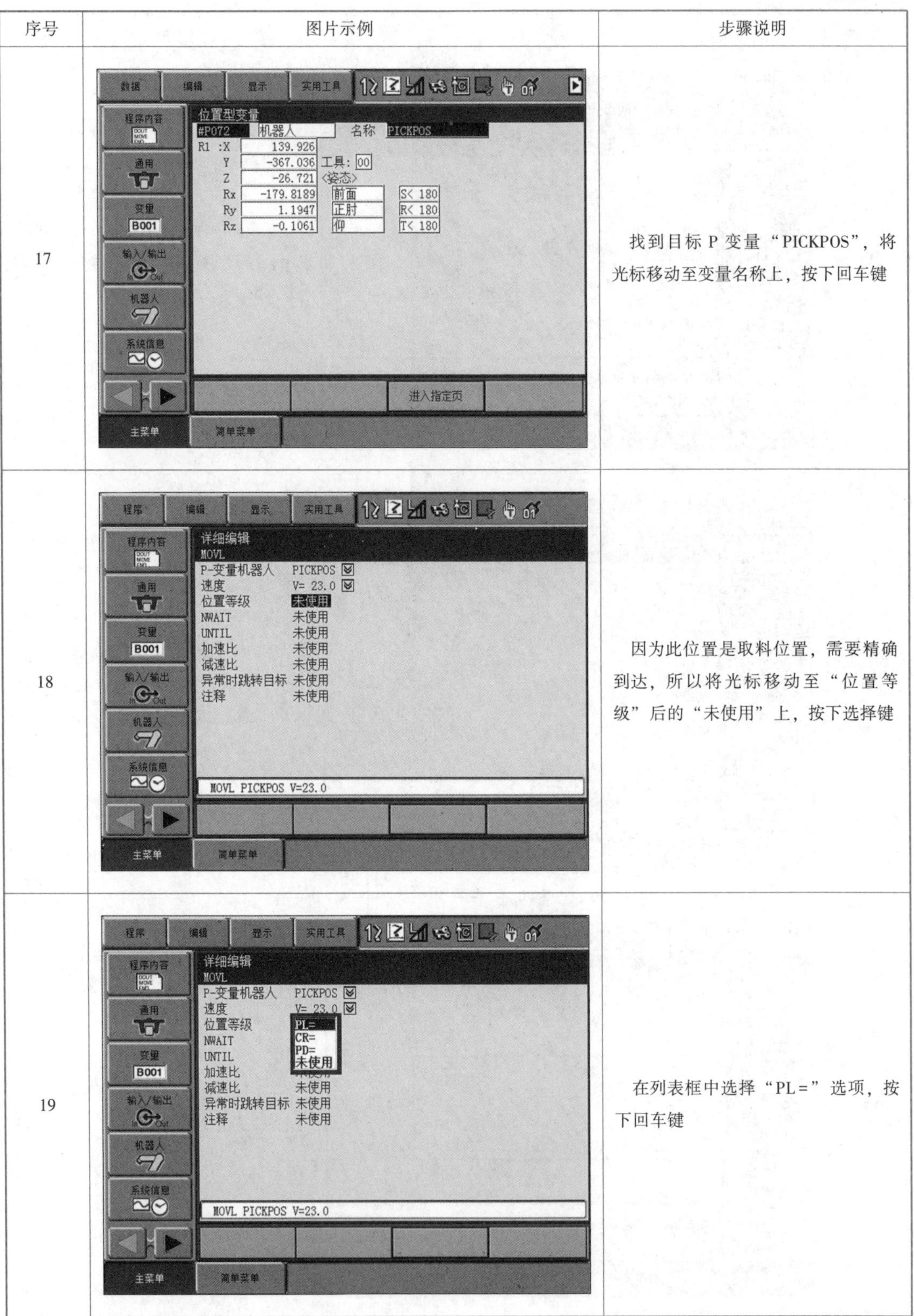

序号	图片示例	步骤说明
17		找到目标 P 变量“PICKPOS”，将光标移动至变量名称上，按下回车键
18		因为此位置是取料位置，需要精确到达，所以将光标移动至“位置等级”后的“未使用”上，按下选择键
19		在列表框中选择“PL=”选项，按下回车键

续表

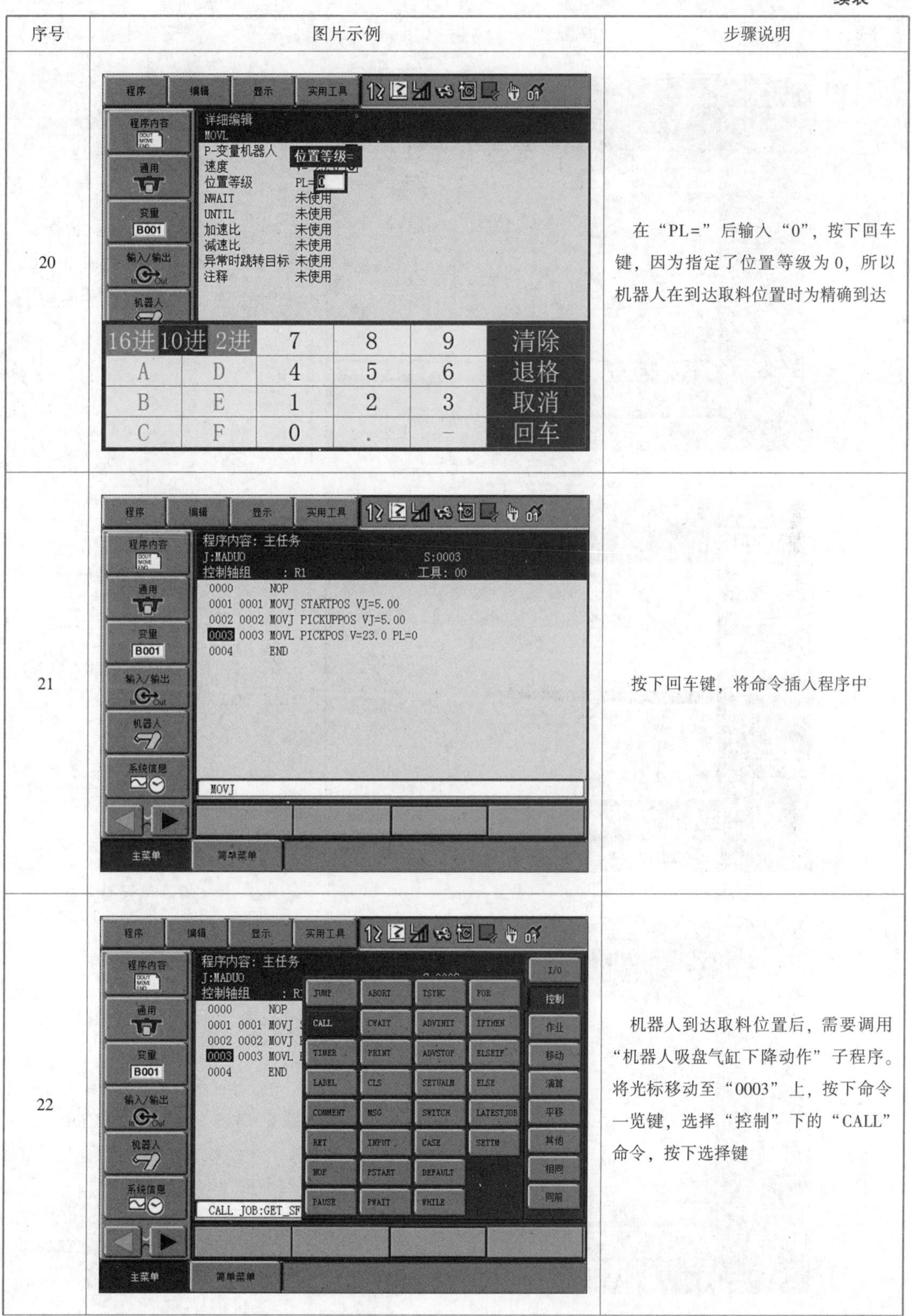

序号	图片示例	步骤说明
20		在“PL=”后输入“0”，按下回车键，因为指定了位置等级为 0，所以机器人在到达取料位置时为精确到达
21		按下回车键，将命令插入程序中
22		机器人到达取料位置后，需要调用“机器人吸盘气缸下降动作”子程序。将光标移动至“0003”上，按下命令一览键，选择“控制”下的“CALL”命令，按下选择键

续表

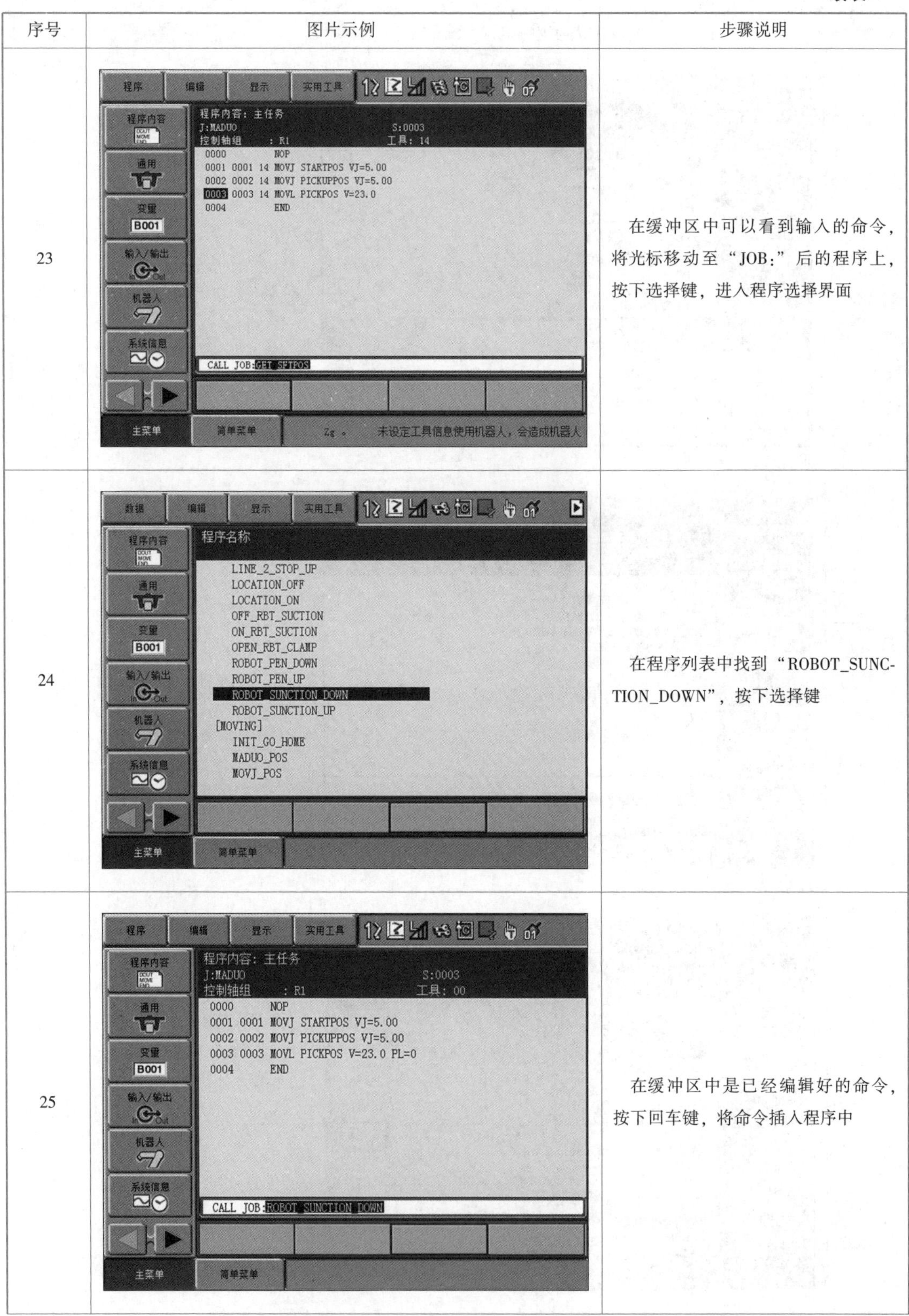

序号	图片示例	步骤说明
23		在缓冲区中可以看到输入的命令，将光标移动至“JOB:”后的程序上，按下选择键，进入程序选择界面
24		在程序列表中找到“ROBOT_SUNCTION_DOWN”，按下选择键
25		在缓冲区中是已经编辑好的命令，按下回车键，将命令插入程序中

续表

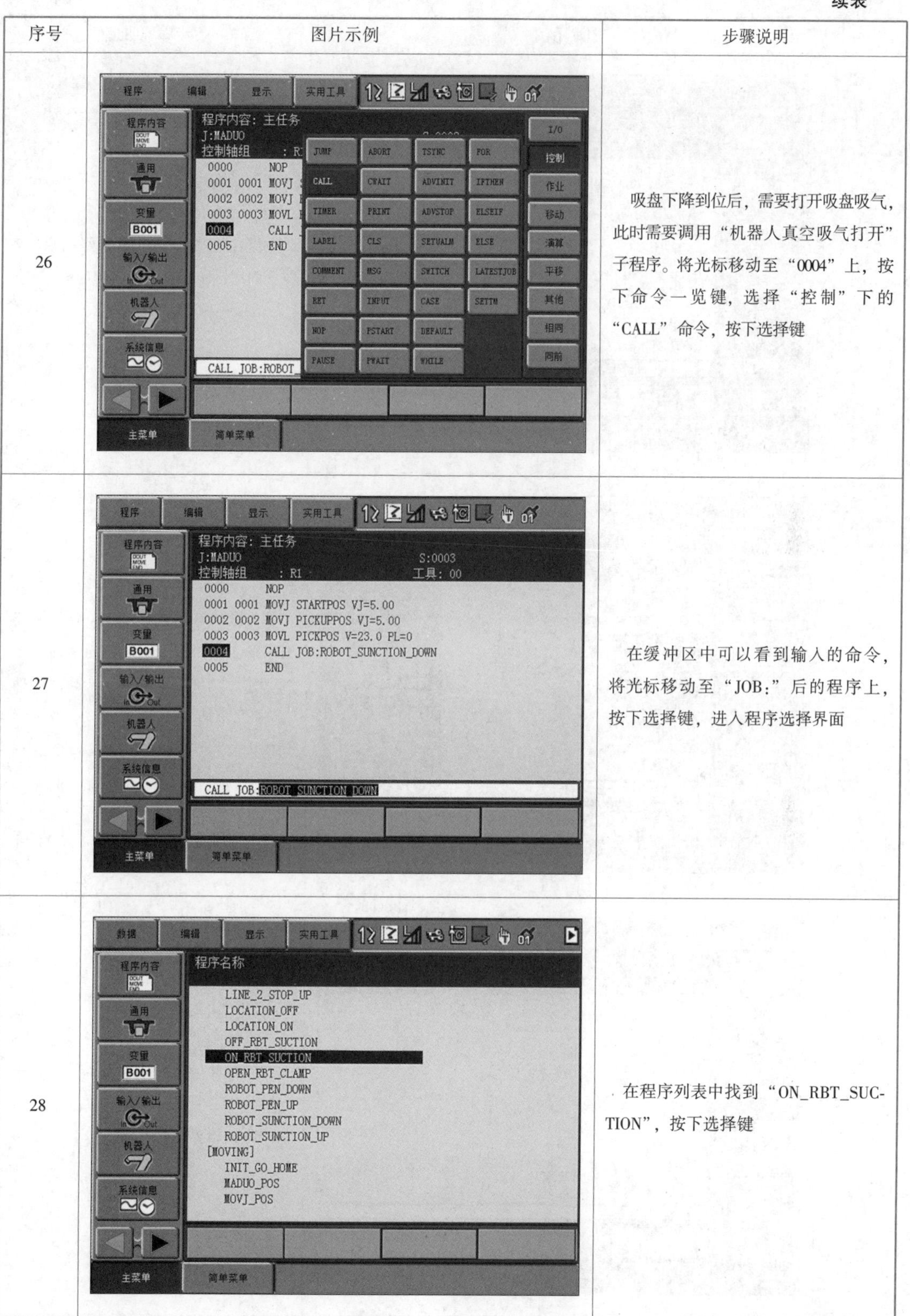

序号	图片示例	步骤说明
26		吸盘下降到位后，需要打开吸盘吸气，此时需要调用“机器人真空吸气打开”子程序。将光标移动至“0004”上，按下命令一览键，选择“控制”下的“CALL”命令，按下选择键
27		在缓冲区中可以看到输入的命令，将光标移动至“JOB:”后的程序上，按下选择键，进入程序选择界面
28		在程序列表中找到“ON_RBT_SUCTION”，按下选择键

续表

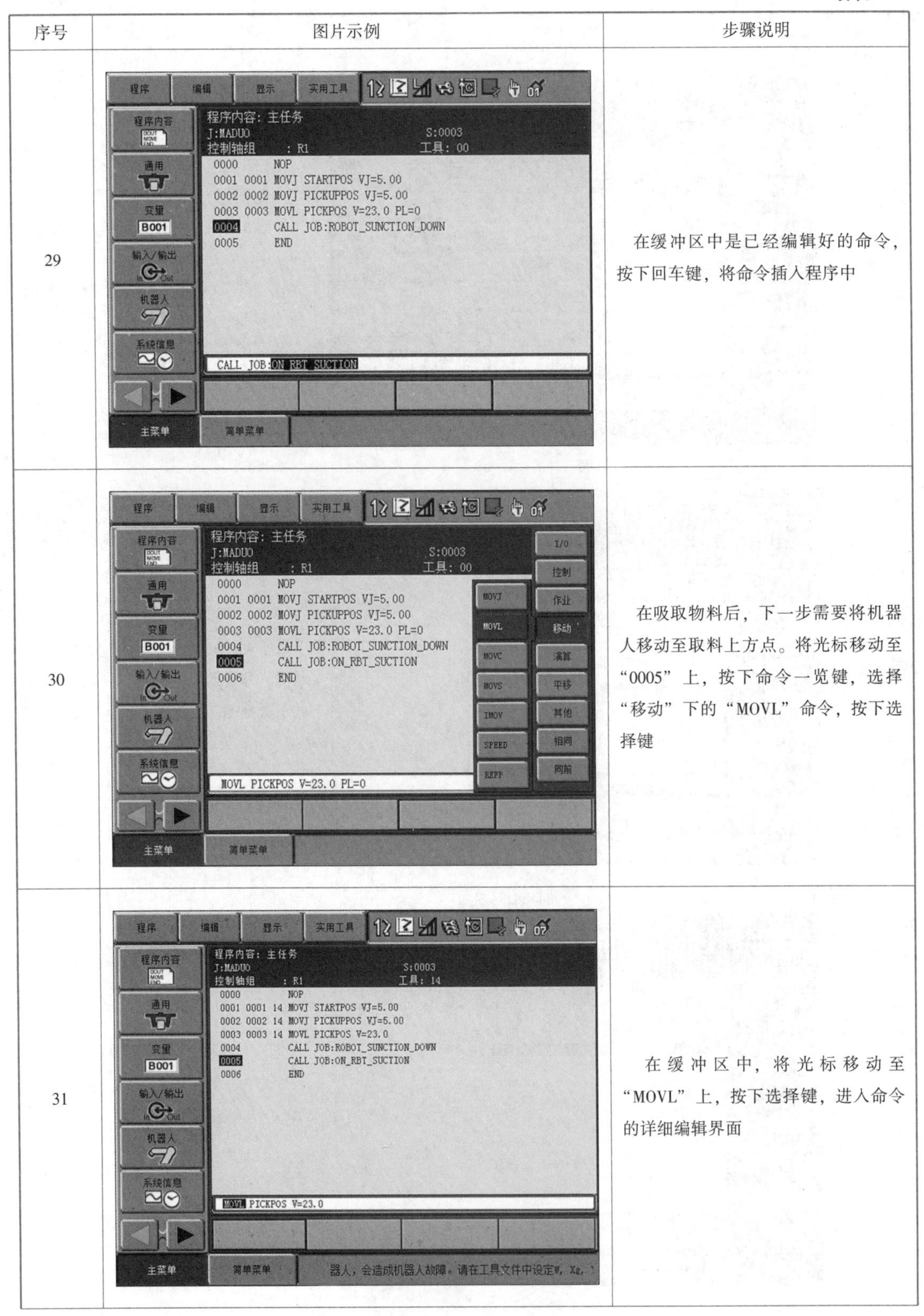

序号	图片示例	步骤说明
29		在缓冲区中是已经编辑好的命令，按下回车键，将命令插入程序中
30		在吸取物料后，下一步需要将机器人移动至取料上方点。将光标移动至“0005”上，按下命令一览键，选择“移动”下的“MOVL”命令，按下选择键
31		在缓冲区中，将光标移动至“MOVL”上，按下选择键，进入命令的详细编辑界面

续表

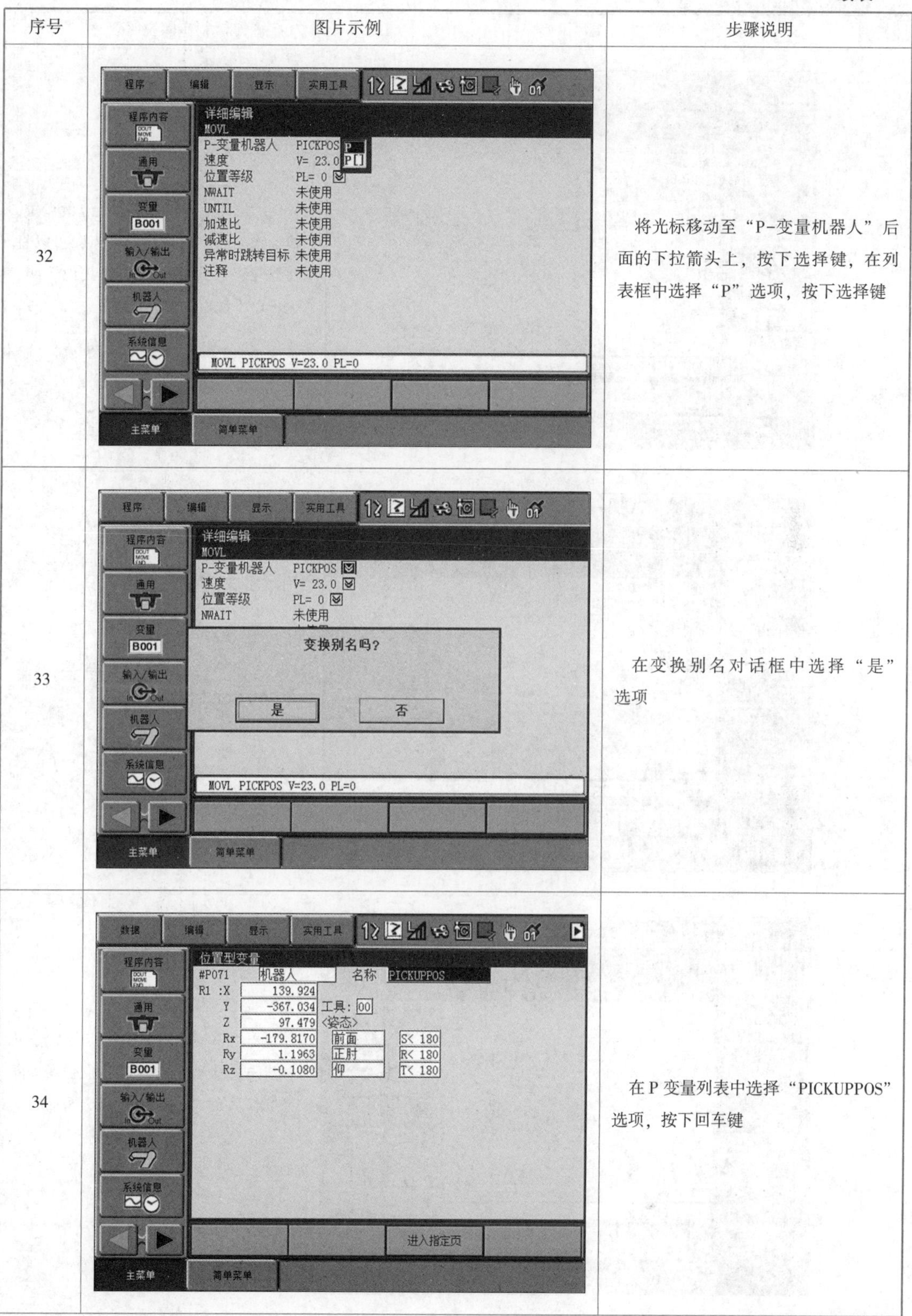

序号	图片示例	步骤说明
32		将光标移动至“P-变量机器人”后面的下拉箭头上，按下选择键，在列表框中选择“P”选项，按下选择键
33		在变换别名对话框中选择“是”选项
34		在 P 变量列表中选择“PICKUPPOS”选项，按下回车键

续表

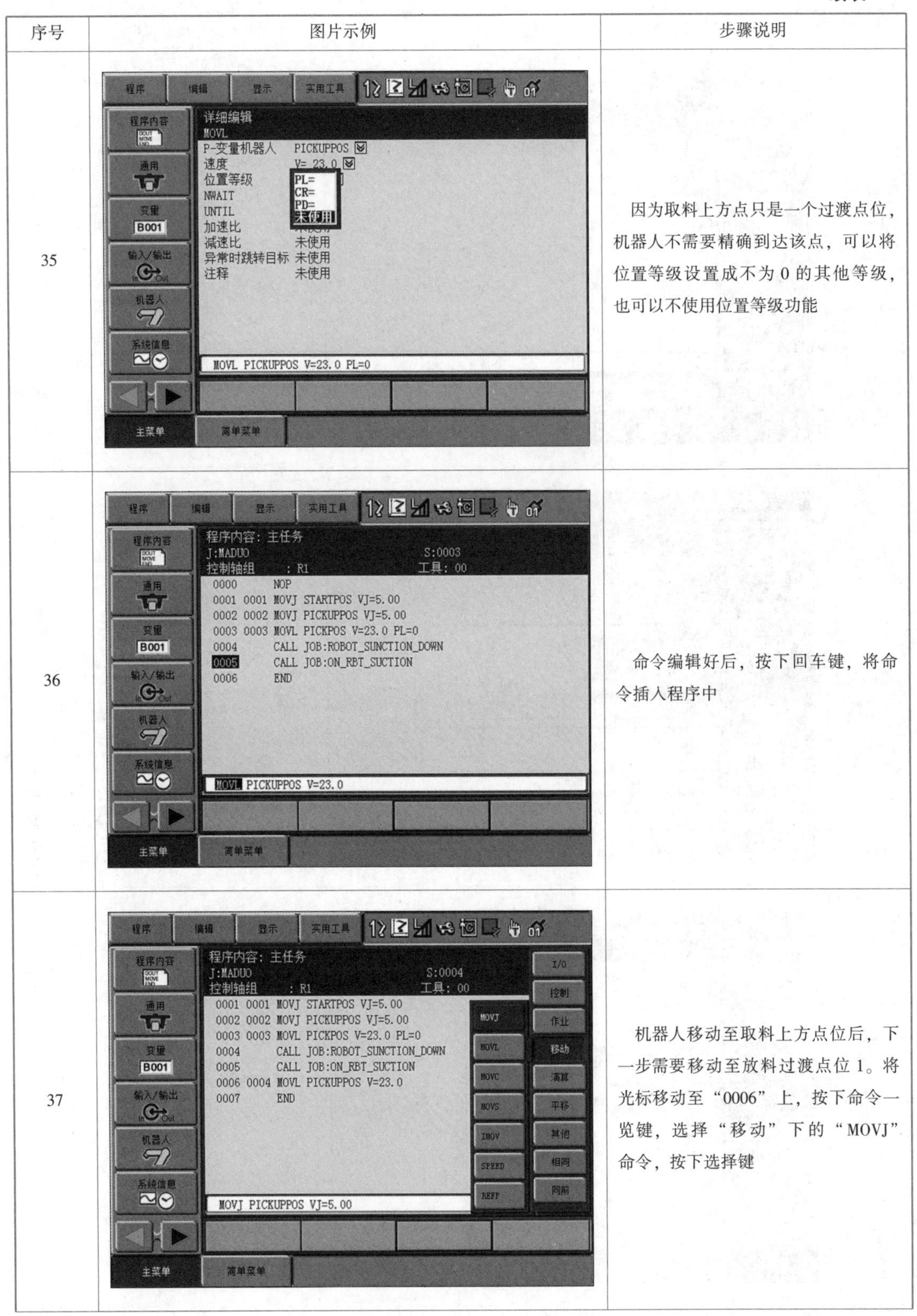

序号	图片示例	步骤说明
35		因为取料上方点只是一个过渡点位，机器人不需要精确到达该点，可以将位置等级设置成不为0的其他等级，也可以不使用位置等级功能
36		命令编辑好后，按下回车键，将命令插入程序中
37		机器人移动至取料上方点位后，下一步需要移动至放料过渡点位1。将光标移动至“0006”上，按下命令一览键，选择“移动”下的“MOVJ”命令，按下选择键

续表

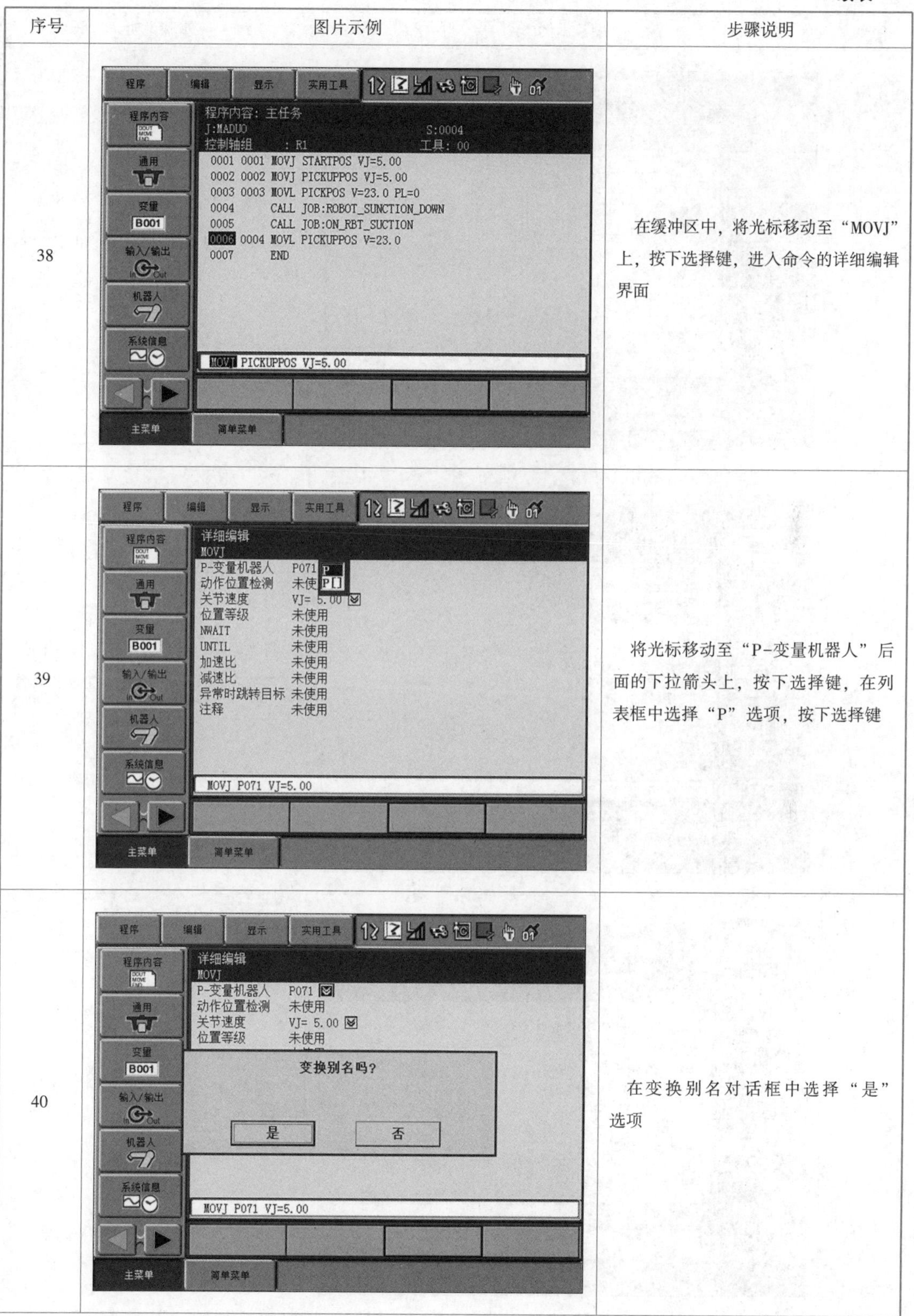

序号	图片示例	步骤说明
38		在缓冲区中，将光标移动至“MOVJ”上，按下选择键，进入命令的详细编辑界面
39		将光标移动至“P-变量机器人”后面的下拉箭头上，按下选择键，在列表框中选择“P”选项，按下选择键
40		在变换别名对话框中选择“是”选项

续表

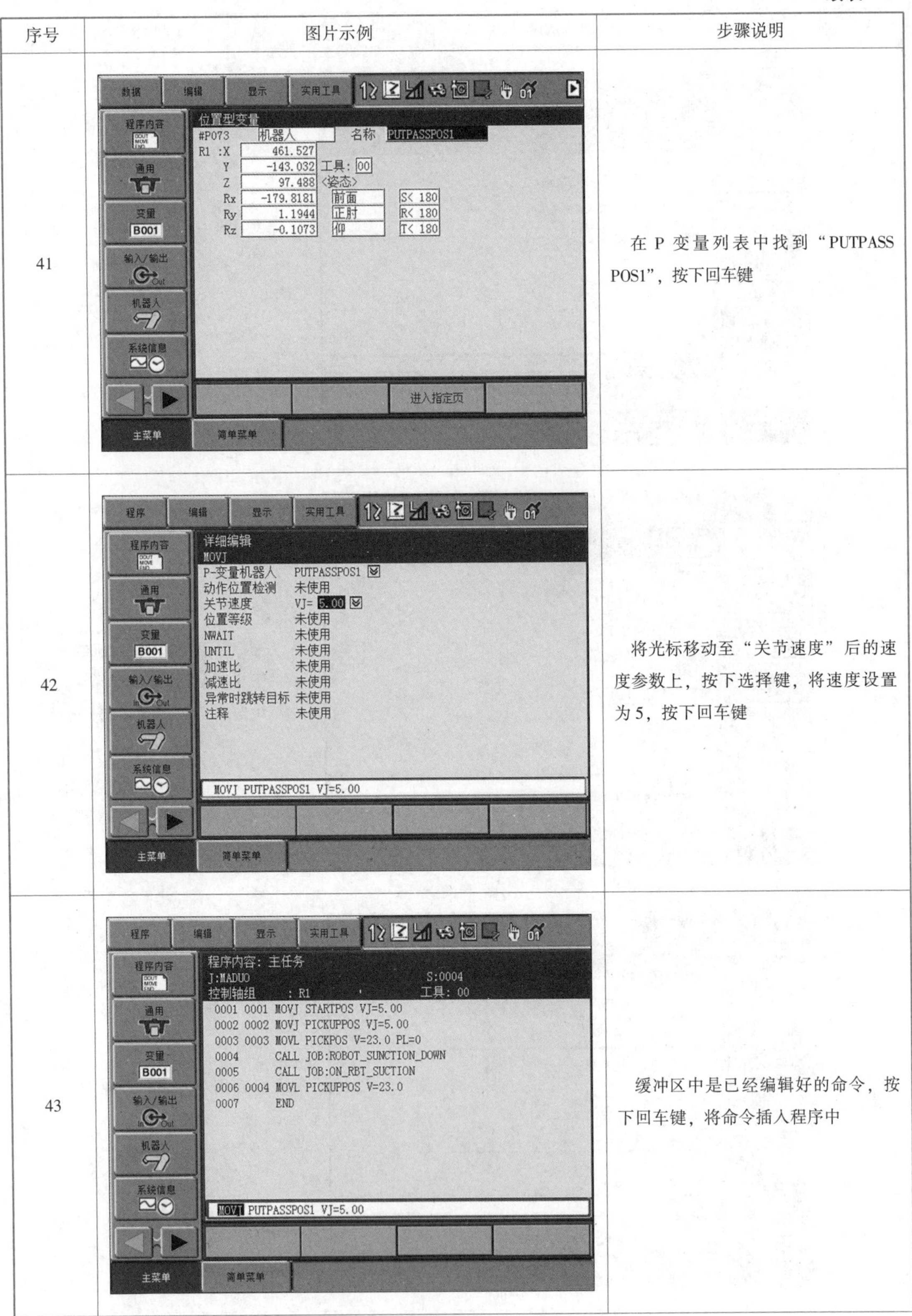

序号	图片示例	步骤说明
41		在 P 变量列表中找到“PUTPASS POS1”，按下回车键
42		将光标移动至“关节速度”后的速度参数上，按下选择键，将速度设置为 5，按下回车键
43		缓冲区中是已经编辑好的命令，按下回车键，将命令插入程序中

续表

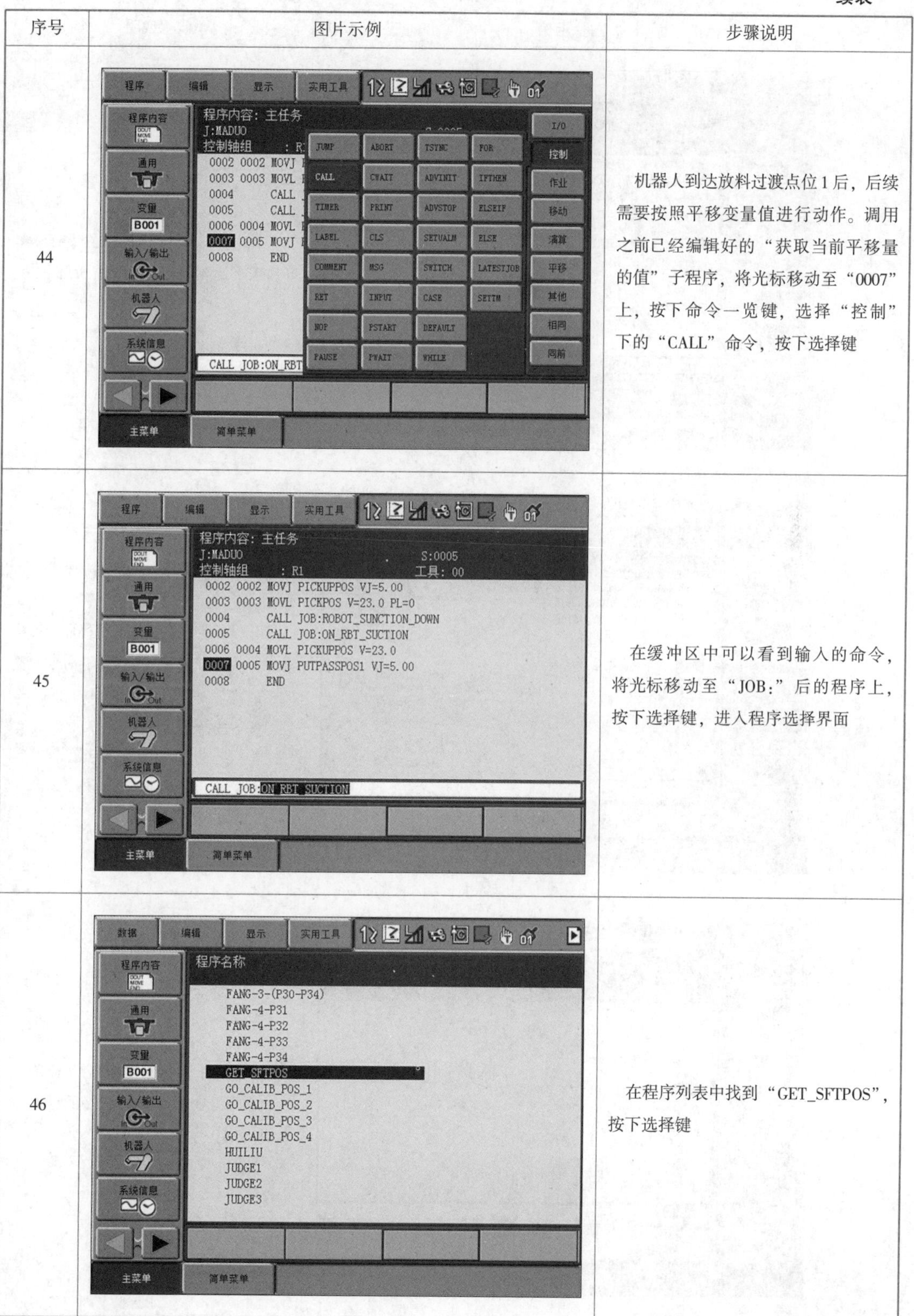

序号	图片示例	步骤说明
44		机器人到达放料过渡点位 1 后，后续需要按照平移变量值进行动作。调用之前已经编辑好的“获取当前平移量的值”子程序，将光标移动至“0007”上，按下命令一览键，选择“控制”下的“CALL”命令，按下选择键
45		在缓冲区中可以看到输入的命令，将光标移动至“JOB:”后的程序上，按下选择键，进入程序选择界面
46		在程序列表中找到“GET_SFTPOS”，按下选择键

续表

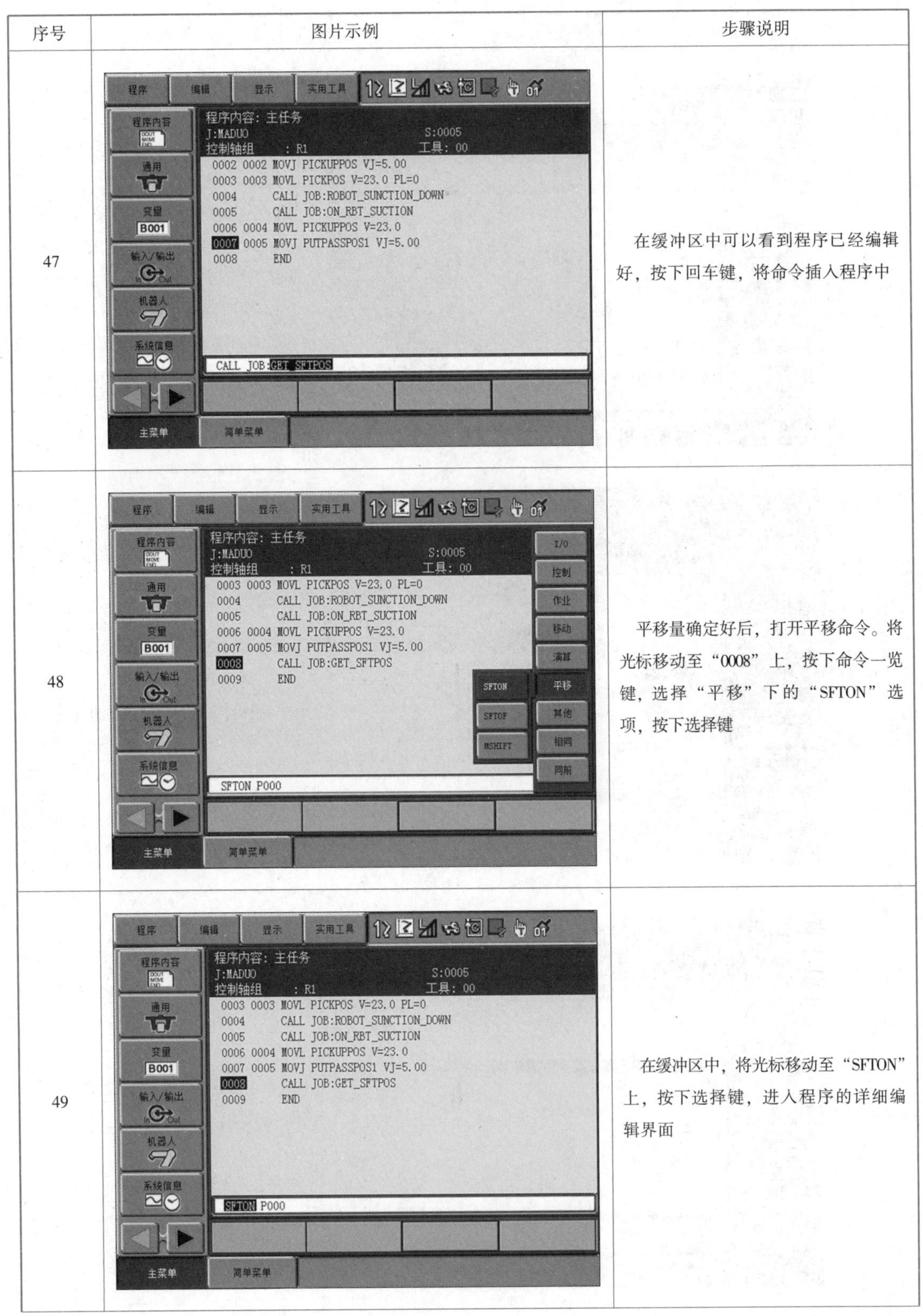

序号	图片示例	步骤说明
47		在缓冲区中可以看到程序已经编辑好，按下回车键，将命令插入程序中
48		平移量确定好后，打开平移命令。将光标移动至“0008”上，按下命令一览键，选择“平移”下的“SFTON”选项，按下选择键
49		在缓冲区中，将光标移动至“SFTON”上，按下选择键，进入程序的详细编辑界面

续表

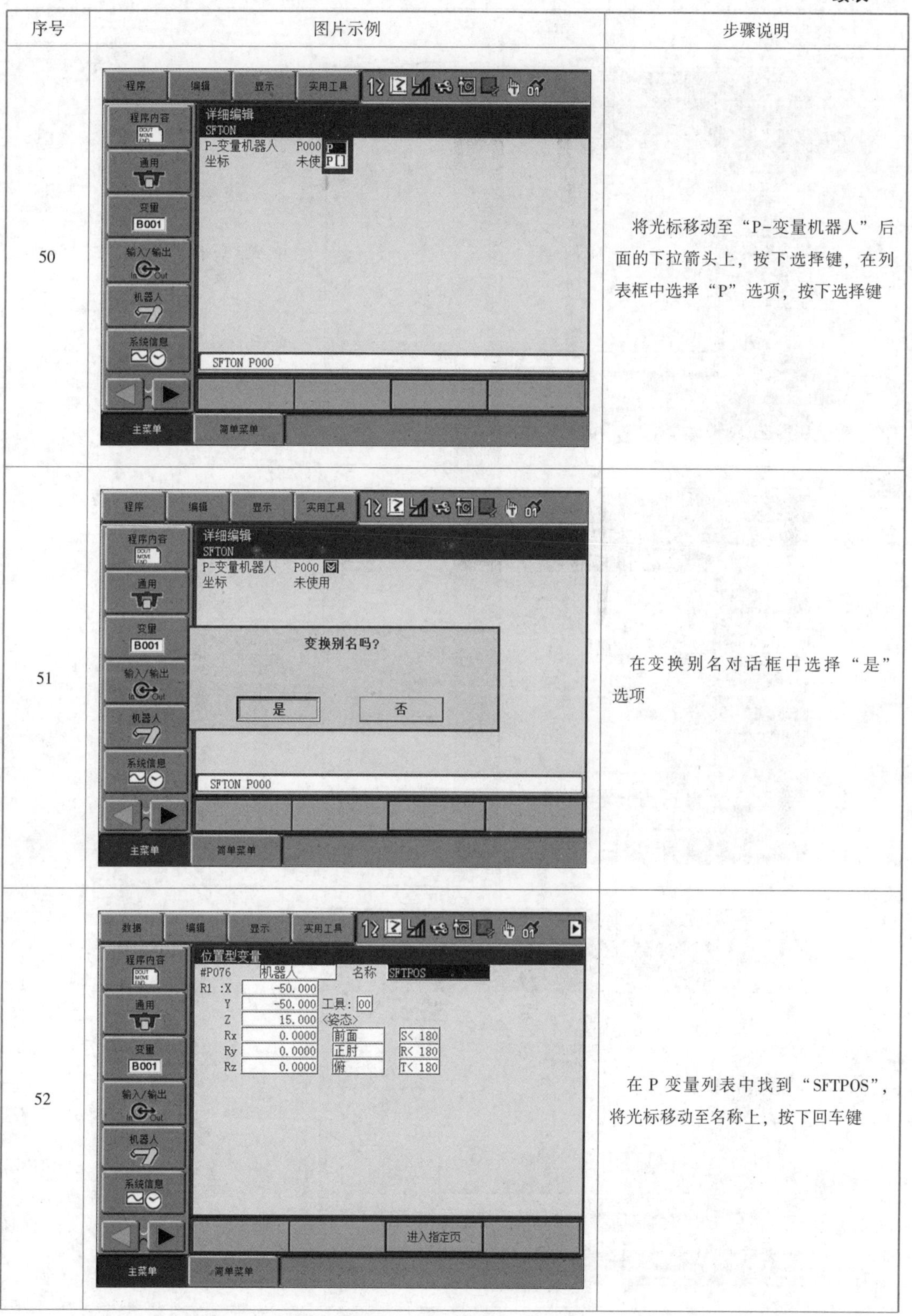

序号	图片示例	步骤说明
50		将光标移动至“P-变量机器人”后面的下拉箭头上，按下选择键，在列表框中选择“P”选项，按下选择键
51		在变换别名对话框中选择“是”选项
52		在 P 变量列表中找到“SFTPOS”，将光标移动至名称上，按下回车键

续表

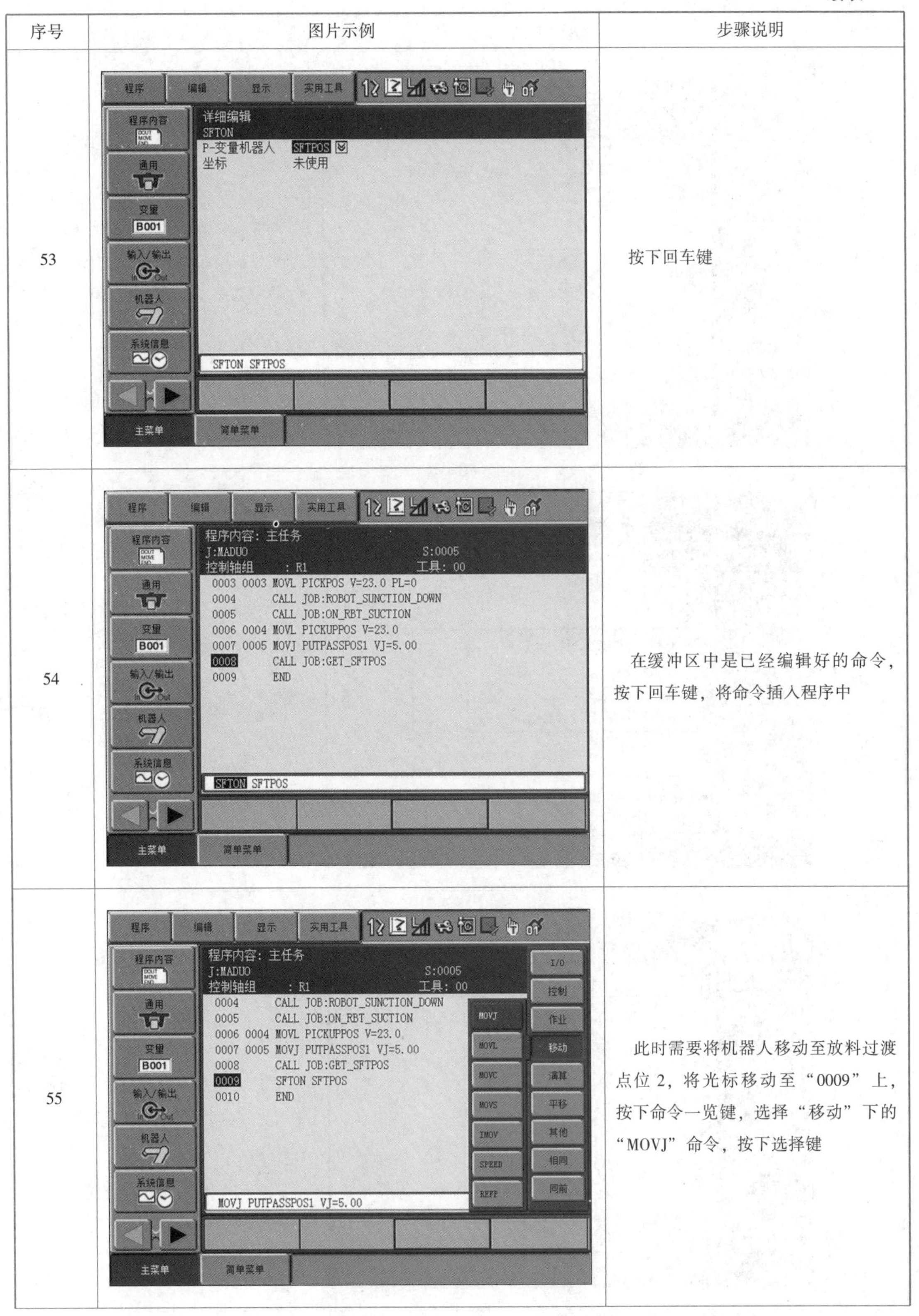

序号	图片示例	步骤说明
53		按下回车键
54		在缓冲区中是已经编辑好的命令，按下回车键，将命令插入程序中
55		此时需要将机器人移动至放料过渡点位 2，将光标移动至“0009”上，按下命令一览键，选择“移动”下的“MOVJ”命令，按下选择键

续表

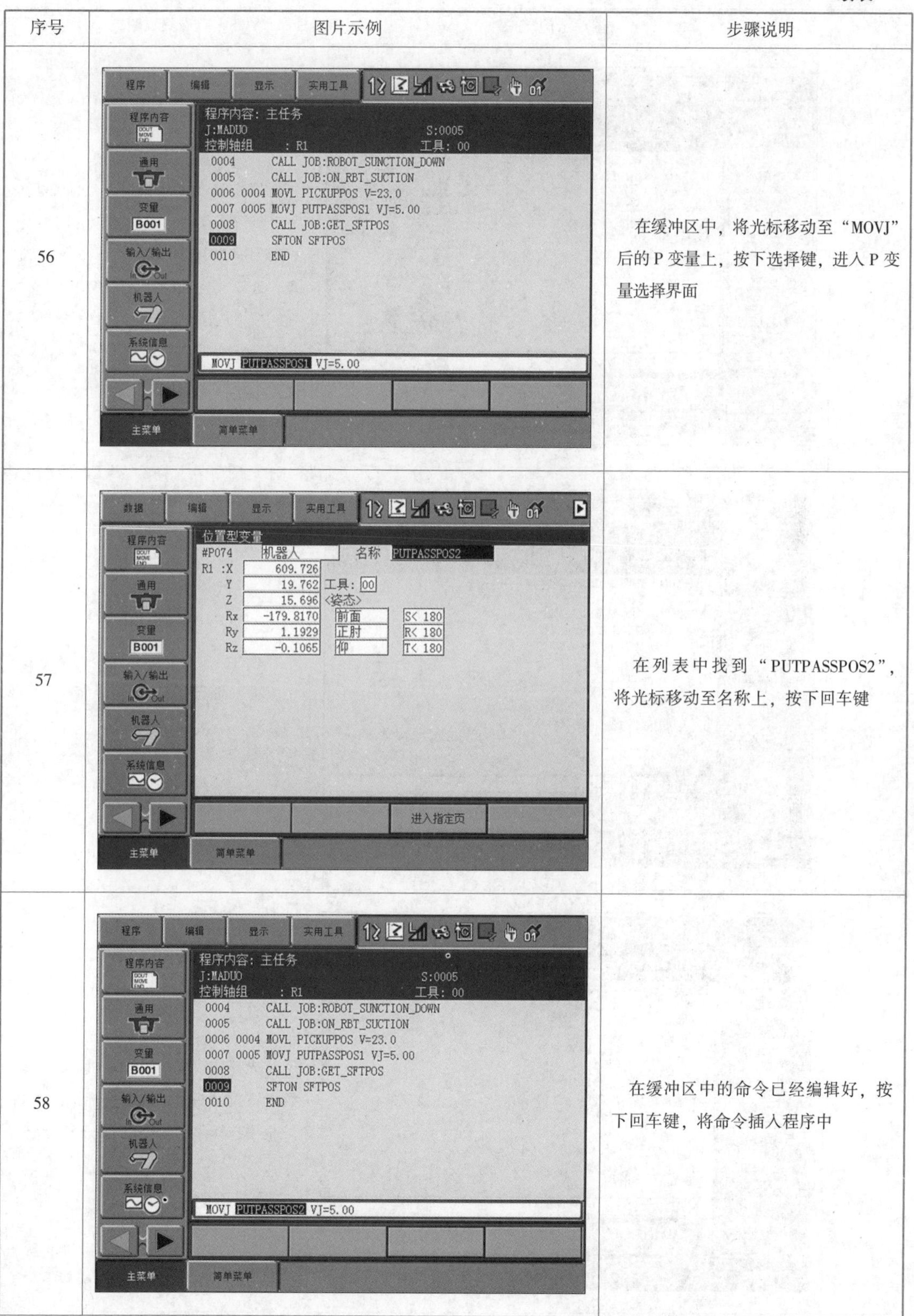

序号	图片示例	步骤说明
56	程序内容：主任务 J:MADUO　S:0005 控制轴组　: R1　工具: 00 0004　CALL JOB:ROBOT_SUNCTION_DOWN 0005　CALL JOB:ON_RBT_SUCTION 0006 0004 MOVL PICKUPPOS V=23.0 0007 0005 MOVJ PUTPASSPOS1 VJ=5.00 0008　CALL JOB:GET_SFTPOS 0009　SFTON SFTPOS 0010　END MOVJ PUTPASSPOS1 VJ=5.00	在缓冲区中，将光标移动至“MOVJ”后的P变量上，按下选择键，进入P变量选择界面
57	位置型变量 #P074　机器人　名称　PUTPASSPOS2 R1 :X 609.726 Y 19.762　工具: 00 Z 15.696　<姿态> Rx -179.8170　前面　S< 180 Ry 1.1929　正肘　R< 180 Rz -0.1065　仰　T< 180 进入指定页	在列表中找到“PUTPASSPOS2”，将光标移动至名称上，按下回车键
58	程序内容：主任务 J:MADUO　S:0005 控制轴组　: R1　工具: 00 0004　CALL JOB:ROBOT_SUNCTION_DOWN 0005　CALL JOB:ON_RBT_SUCTION 0006 0004 MOVL PICKUPPOS V=23.0 0007 0005 MOVJ PUTPASSPOS1 VJ=5.00 0008　CALL JOB:GET_SFTPOS 0009　SFTON SFTPOS 0010　END MOVJ PUTPASSPOS2 VJ=5.00	在缓冲区中的命令已经编辑好，按下回车键，将命令插入程序中

续表

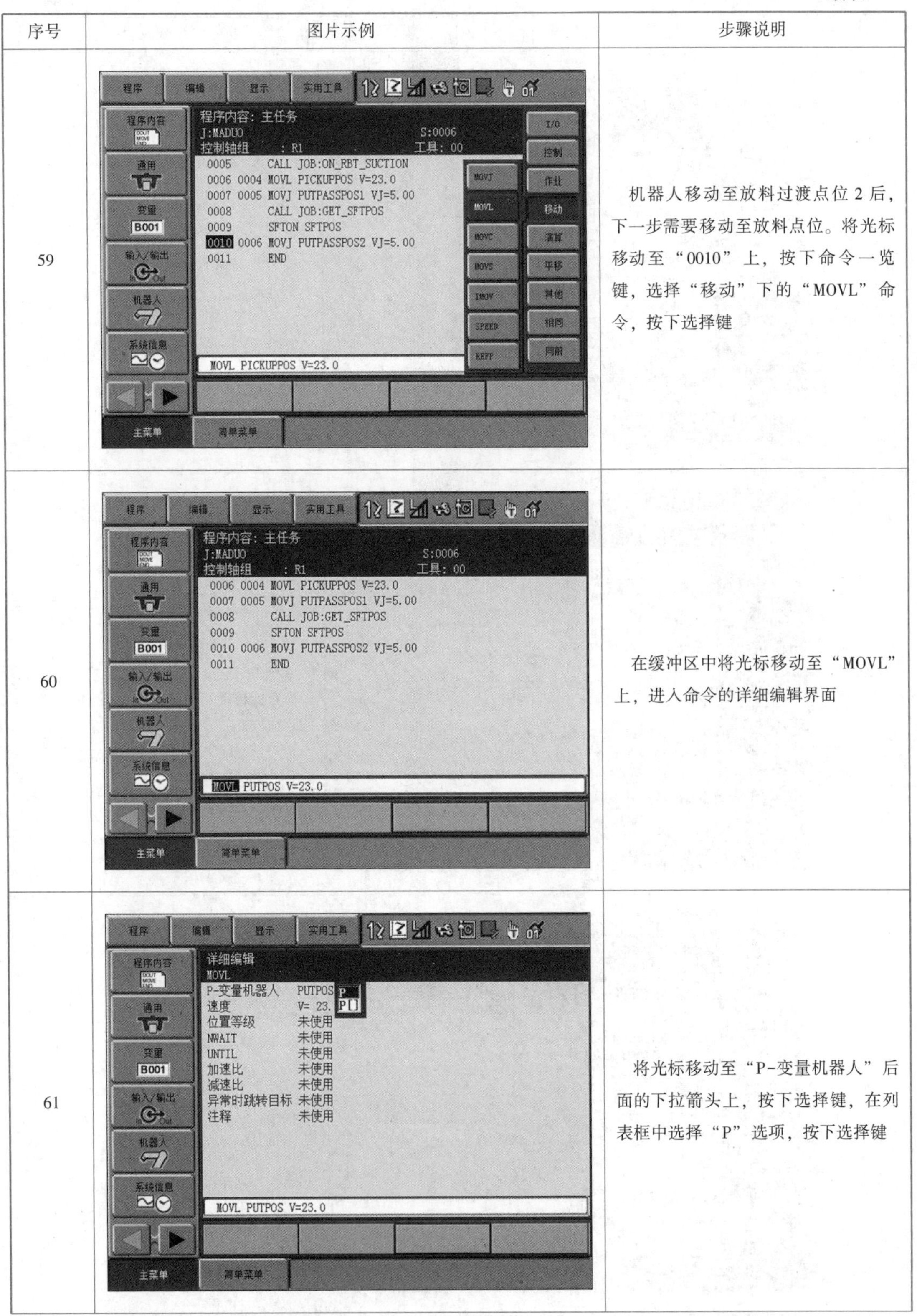

序号	图片示例	步骤说明
59		机器人移动至放料过渡点位 2 后，下一步需要移动至放料点位。将光标移动至“0010”上，按下命令一览键，选择“移动”下的“MOVL”命令，按下选择键
60		在缓冲区中将光标移动至“MOVL”上，进入命令的详细编辑界面
61		将光标移动至“P-变量机器人”后面的下拉箭头上，按下选择键，在列表框中选择“P”选项，按下选择键

续表

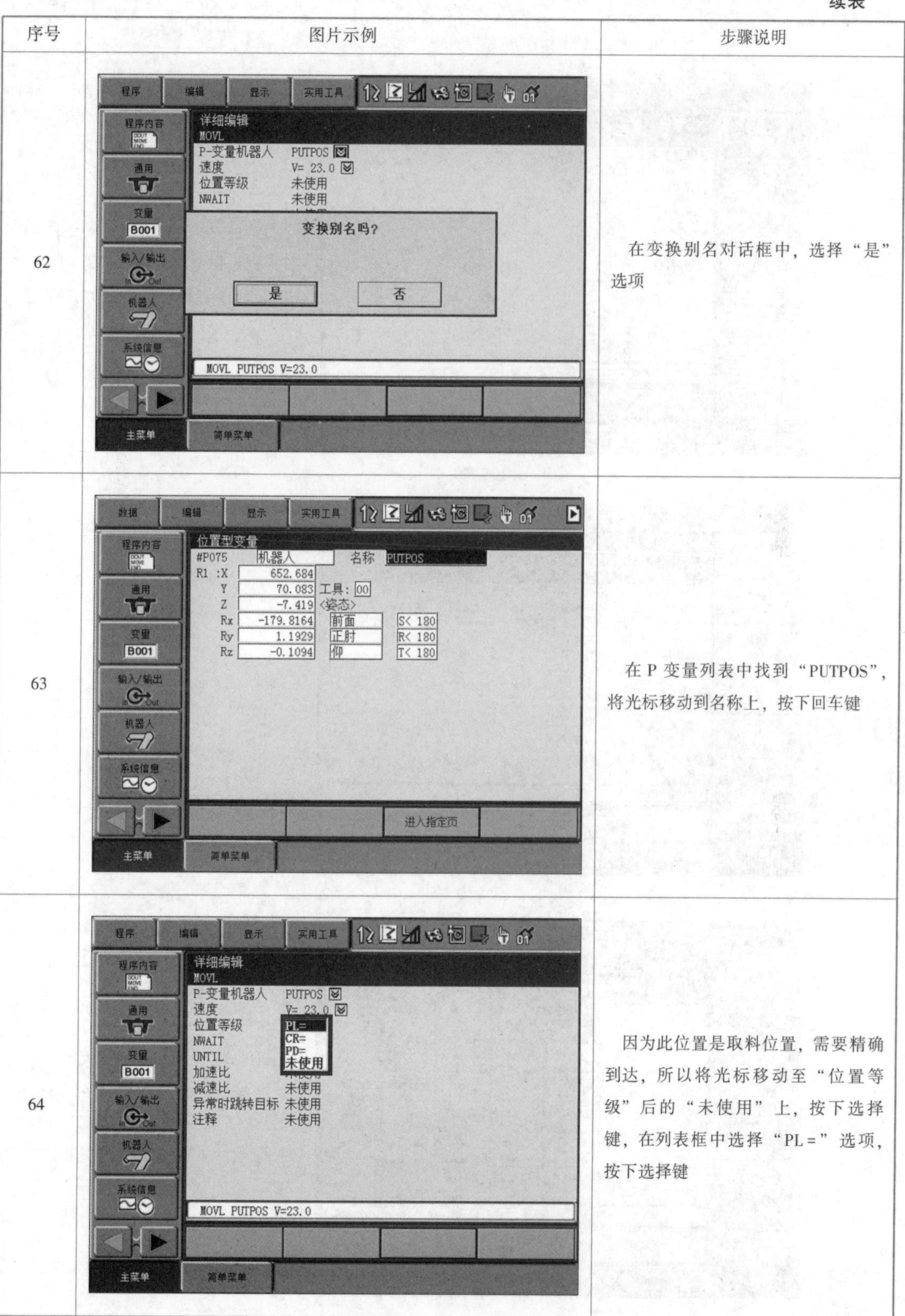

序号	图片示例	步骤说明
62		在变换别名对话框中，选择“是”选项
63		在 P 变量列表中找到“PUTPOS”，将光标移动到名称上，按下回车键
64		因为此位置是取料位置，需要精确到达，所以将光标移动至“位置等级”后的“未使用”上，按下选择键，在列表框中选择“PL =”选项，按下选择键

续表

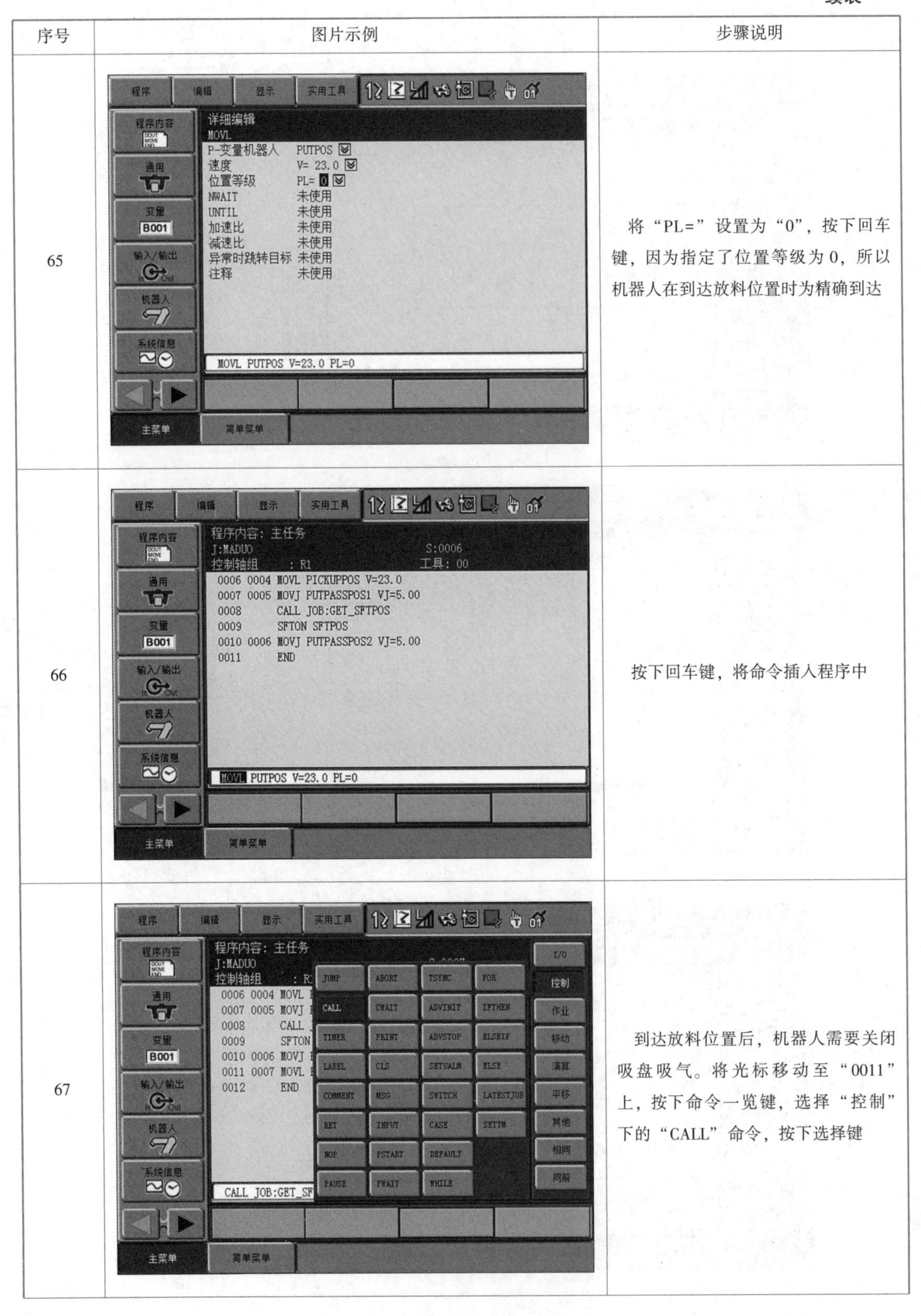

序号	图片示例	步骤说明
65		将“PL=”设置为“0”，按下回车键，因为指定了位置等级为 0，所以机器人在到达放料位置时为精确到达
66		按下回车键，将命令插入程序中
67		到达放料位置后，机器人需要关闭吸盘吸气。将光标移动至“0011”上，按下命令一览键，选择“控制”下的“CALL”命令，按下选择键

续表

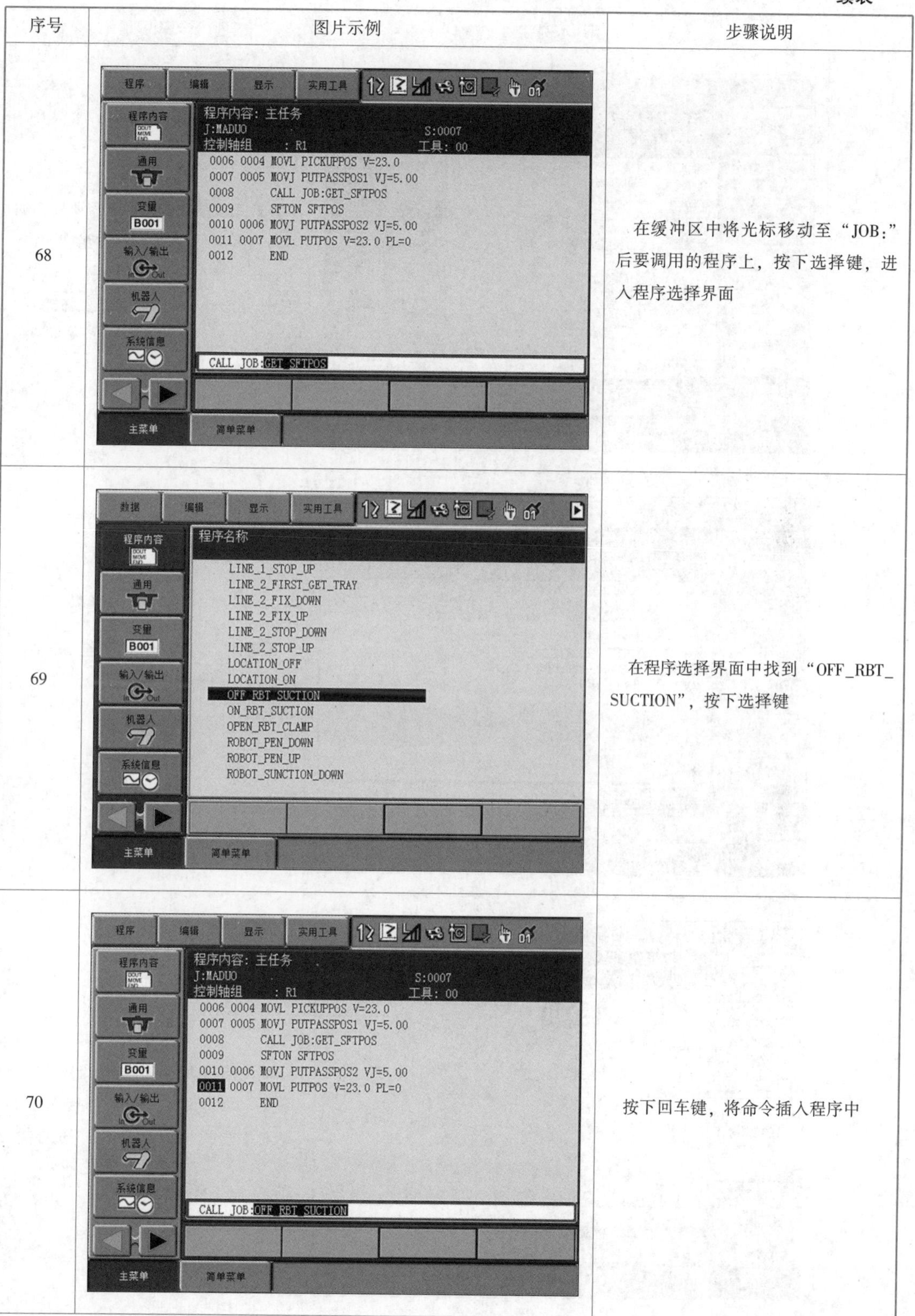

序号	图片示例	步骤说明
68		在缓冲区中将光标移动至“JOB:”后要调用的程序上，按下选择键，进入程序选择界面
69		在程序选择界面中找到“OFF_RBT_SUCTION”，按下选择键
70		按下回车键，将命令插入程序中

续表

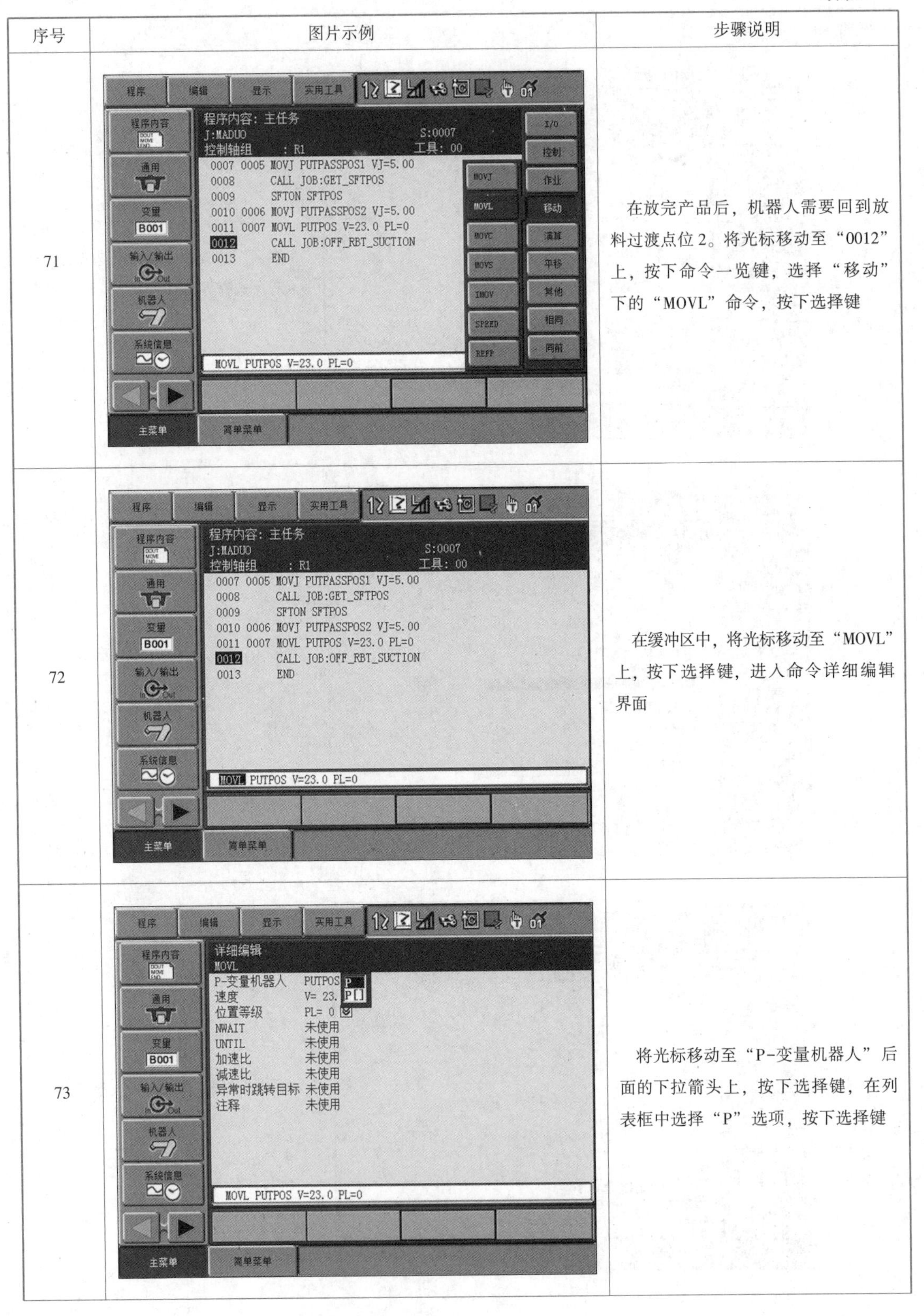

序号	图片示例	步骤说明
71		在放完产品后，机器人需要回到放料过渡点位 2。将光标移动至“0012”上，按下命令一览键，选择“移动”下的“MOVL”命令，按下选择键
72		在缓冲区中，将光标移动至“MOVL”上，按下选择键，进入命令详细编辑界面
73		将光标移动至“P-变量机器人”后面的下拉箭头上，按下选择键，在列表框中选择“P”选项，按下选择键

续表

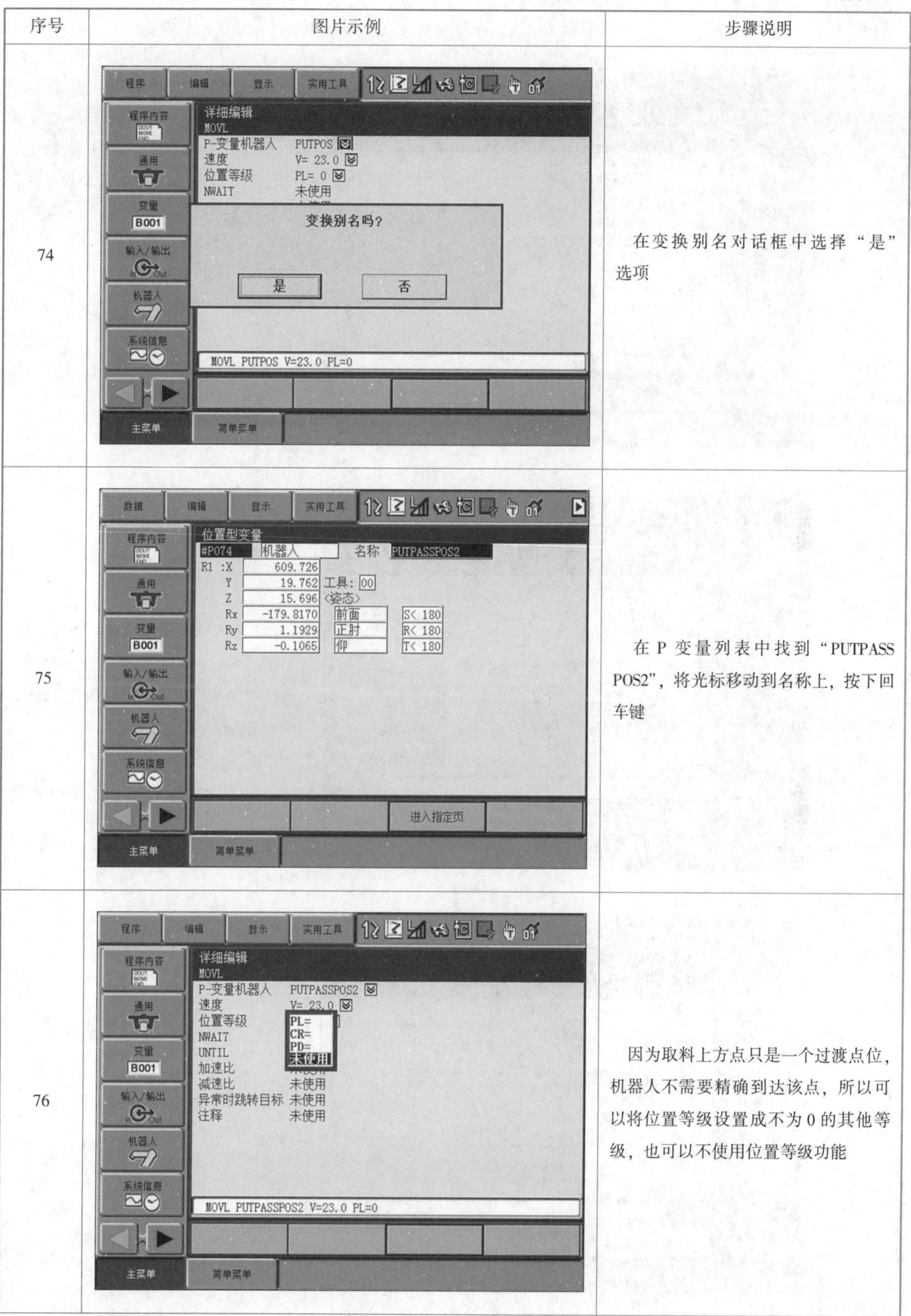

序号	图片示例	步骤说明
74		在变换别名对话框中选择“是”选项
75		在 P 变量列表中找到“PUTPASSPOS2”，将光标移动到名称上，按下回车键
76		因为取料上方点只是一个过渡点位，机器人不需要精确到达该点，所以可以将位置等级设置成不为 0 的其他等级，也可以不使用位置等级功能

续表

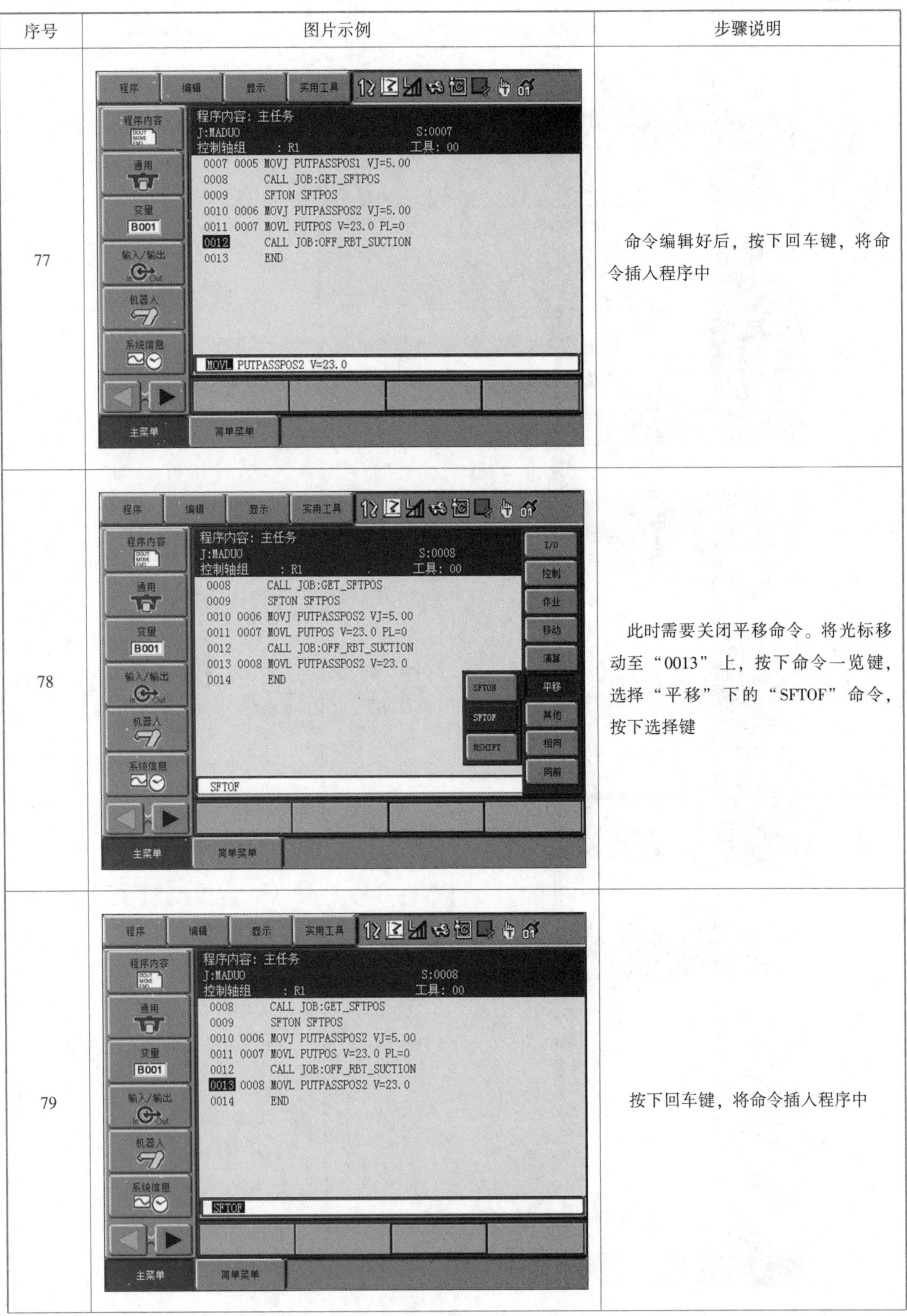

序号	图片示例	步骤说明
77		命令编辑好后，按下回车键，将命令插入程序中
78		此时需要关闭平移命令。将光标移动至“0013”上，按下命令一览键，选择“平移”下的“SFTOF”命令，按下选择键
79		按下回车键，将命令插入程序中

续表

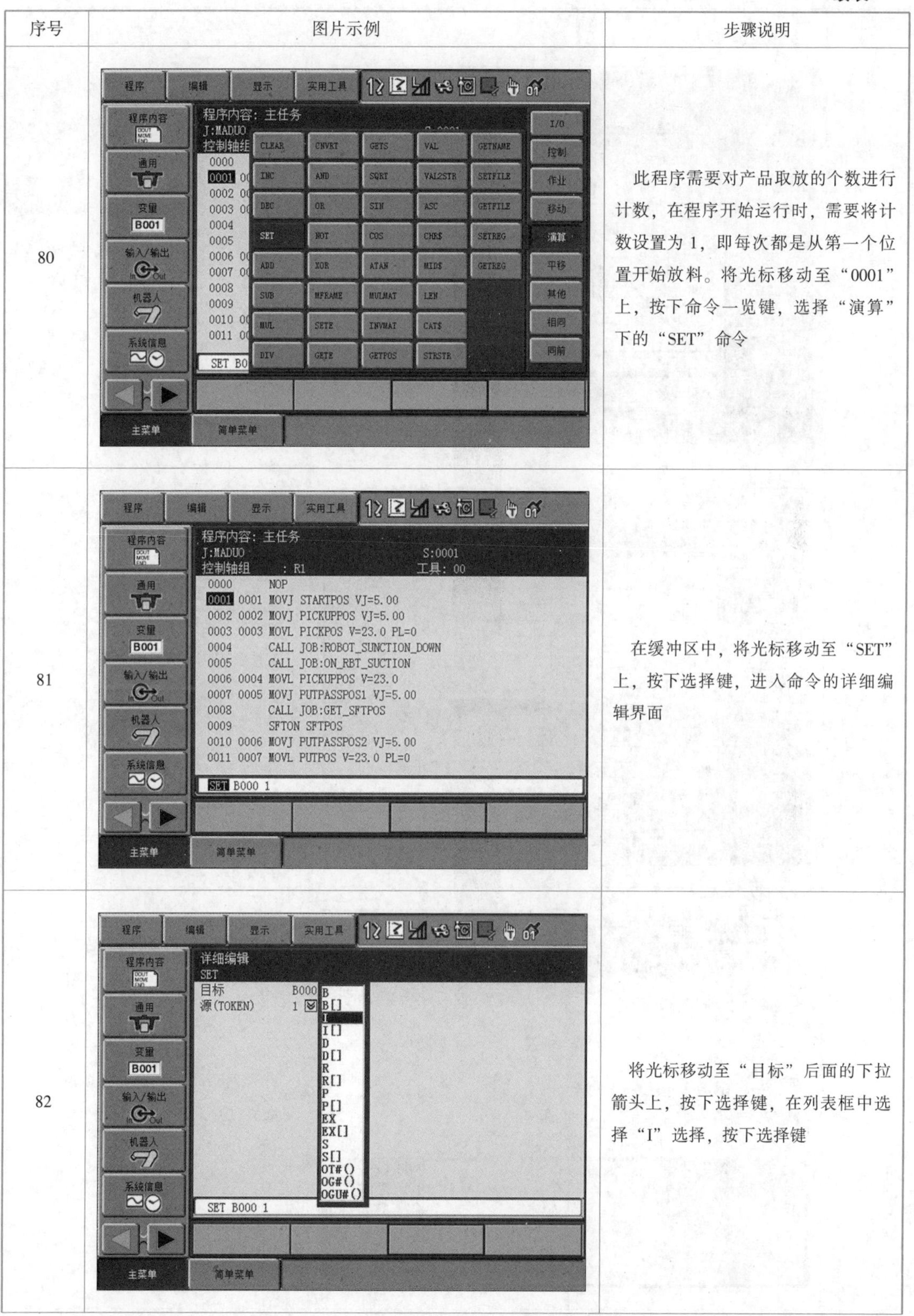

序号	图片示例	步骤说明
80		此程序需要对产品取放的个数进行计数，在程序开始运行时，需要将计数设置为 1，即每次都是从第一个位置开始放料。将光标移动至“0001”上，按下命令一览键，选择“演算”下的“SET”命令
81		在缓冲区中，将光标移动至“SET”上，按下选择键，进入命令的详细编辑界面
82		将光标移动至“目标”后面的下拉箭头上，按下选择键，在列表框中选择“I”选择，按下选择键

续表

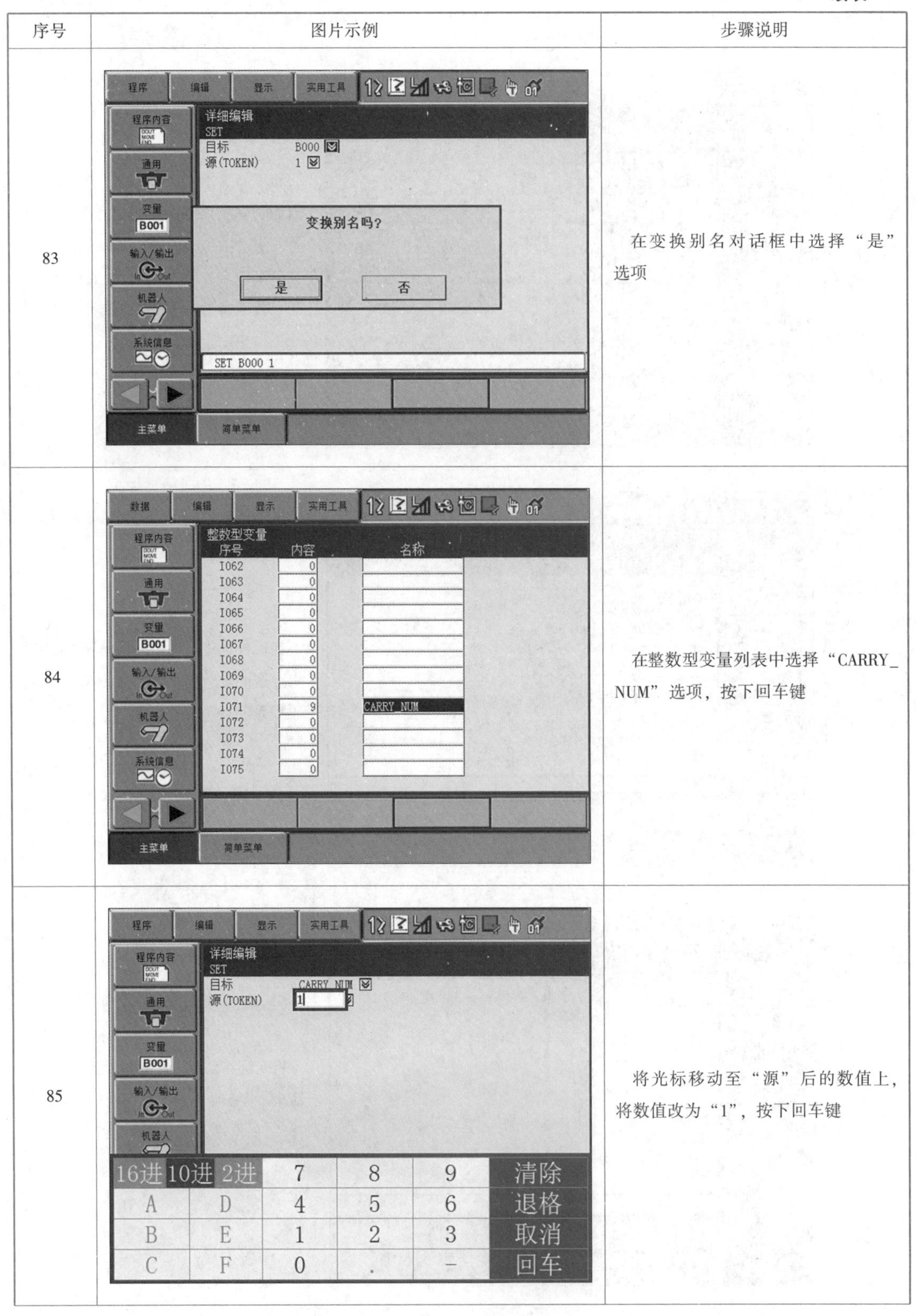

序号	图片示例	步骤说明
83		在变换别名对话框中选择“是”选项
84		在整数型变量列表中选择“CARRY_NUM”选项，按下回车键
85		将光标移动至“源”后的数值上，将数值改为“1”，按下回车键

续表

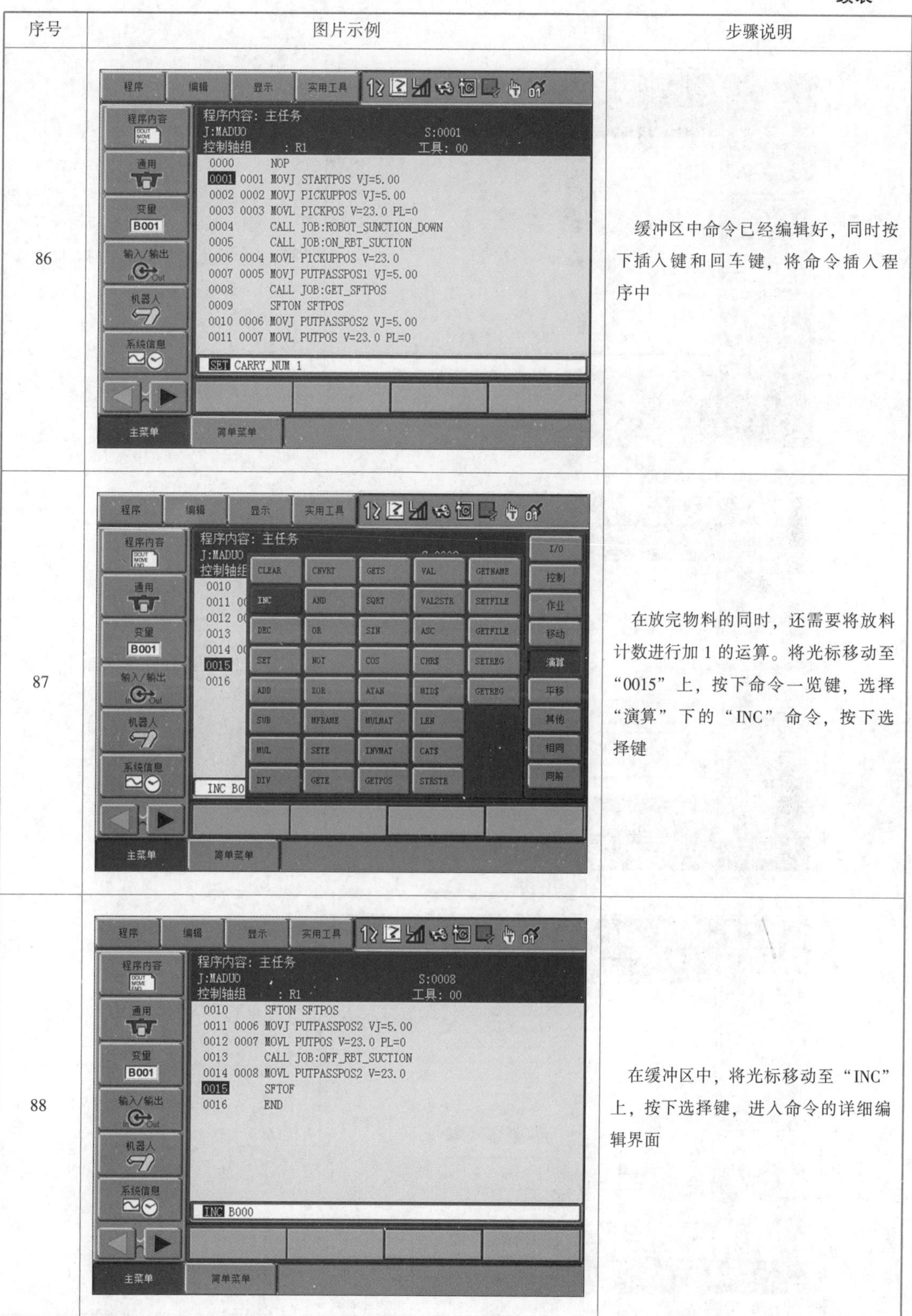

序号	图片示例	步骤说明
86		缓冲区中命令已经编辑好，同时按下插入键和回车键，将命令插入程序中
87		在放完物料的同时，还需要将放料计数进行加 1 的运算。将光标移动至“0015”上，按下命令一览键，选择“演算”下的“INC”命令，按下选择键
88		在缓冲区中，将光标移动至“INC”上，按下选择键，进入命令的详细编辑界面

续表

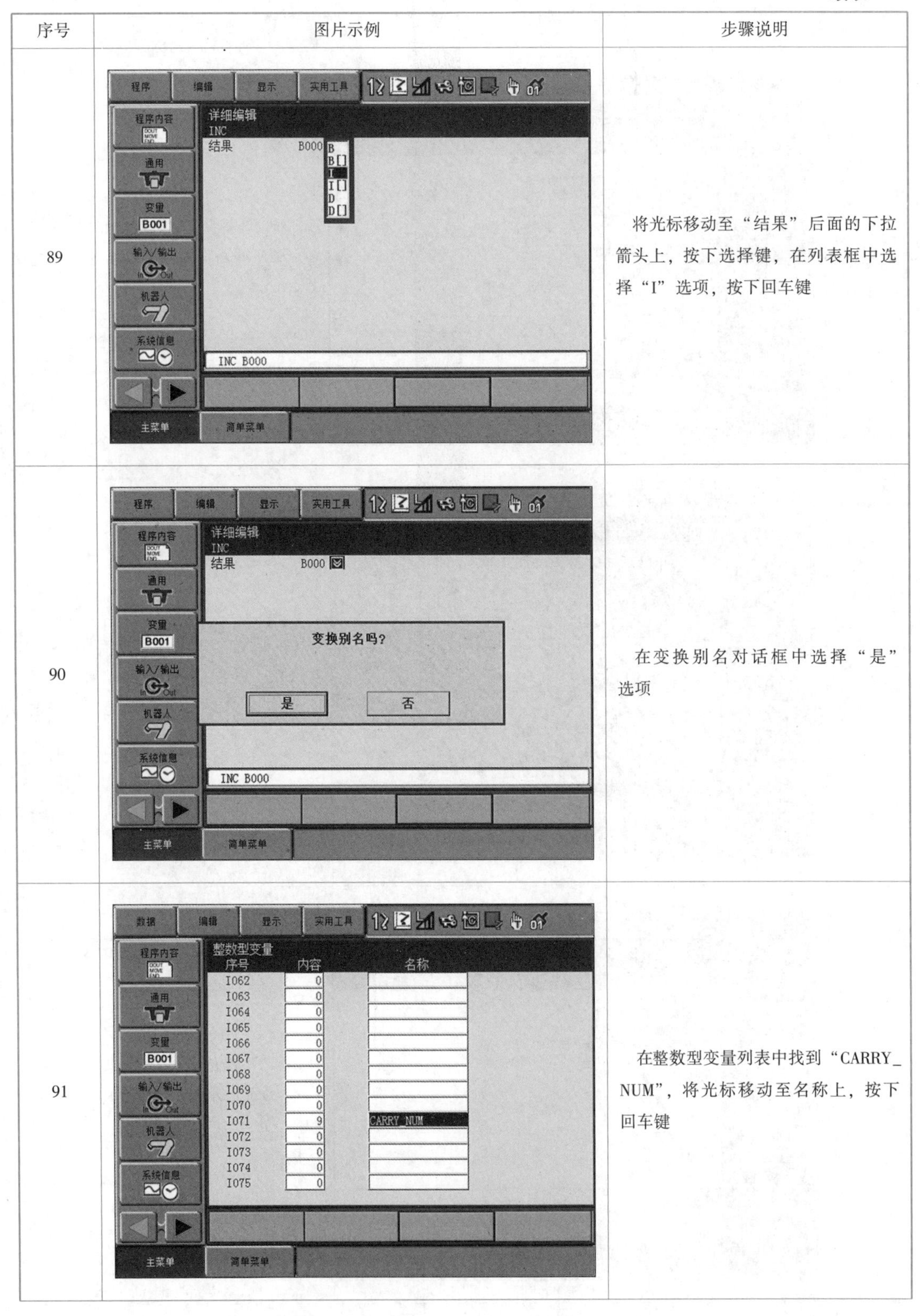

序号	图片示例	步骤说明
89		将光标移动至“结果”后面的下拉箭头上，按下选择键，在列表框中选择“I”选项，按下回车键
90		在变换别名对话框中选择“是”选项
91		在整数型变量列表中找到“CARRY_NUM”，将光标移动至名称上，按下回车键

续表

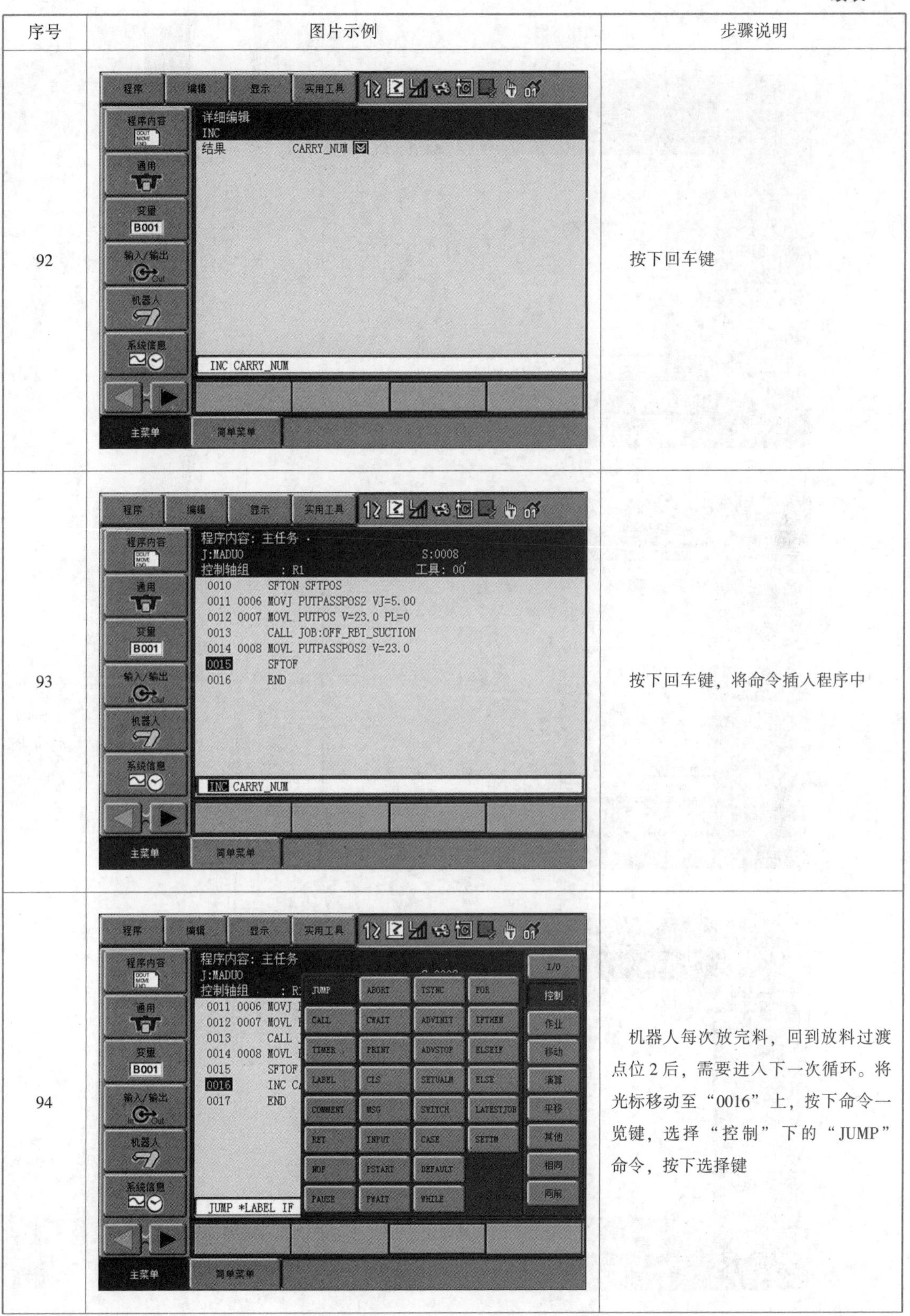

序号	图片示例	步骤说明
92		按下回车键
93		按下回车键，将命令插入程序中
94		机器人每次放完料，回到放料过渡点位 2 后，需要进入下一次循环。将光标移动至“0016”上，按下命令一览键，选择“控制”下的“JUMP”命令，按下选择键

续表

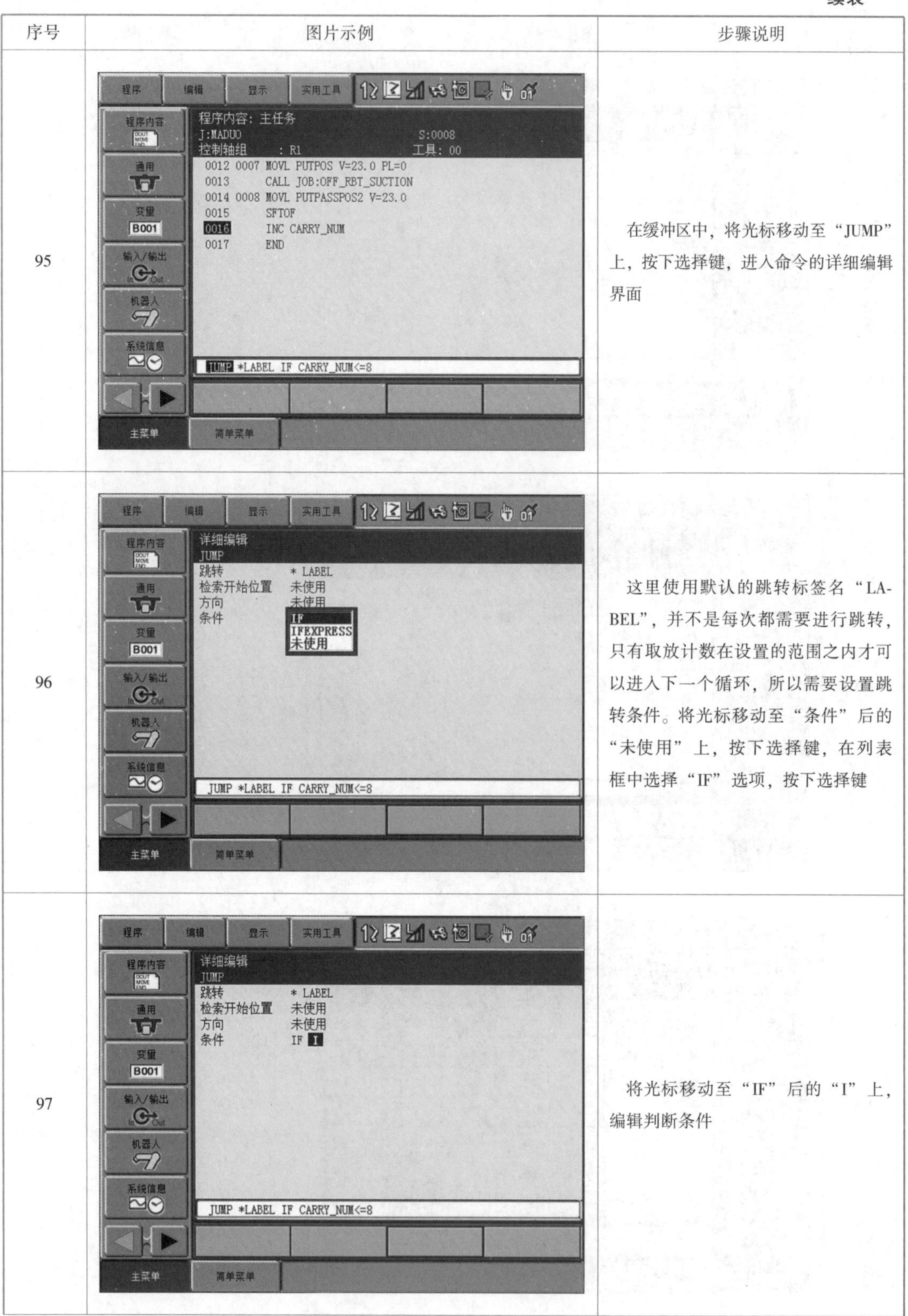

序号	图片示例	步骤说明
95		在缓冲区中，将光标移动至“JUMP”上，按下选择键，进入命令的详细编辑界面
96		这里使用默认的跳转标签名“LABEL”，并不是每次都需要进行跳转，只有取放计数在设置的范围之内才可以进入下一个循环，所以需要设置跳转条件。将光标移动至“条件”后的“未使用”上，按下选择键，在列表框中选择“IF”选项，按下选择键
97		将光标移动至“IF”后的“I”上，编辑判断条件

续表

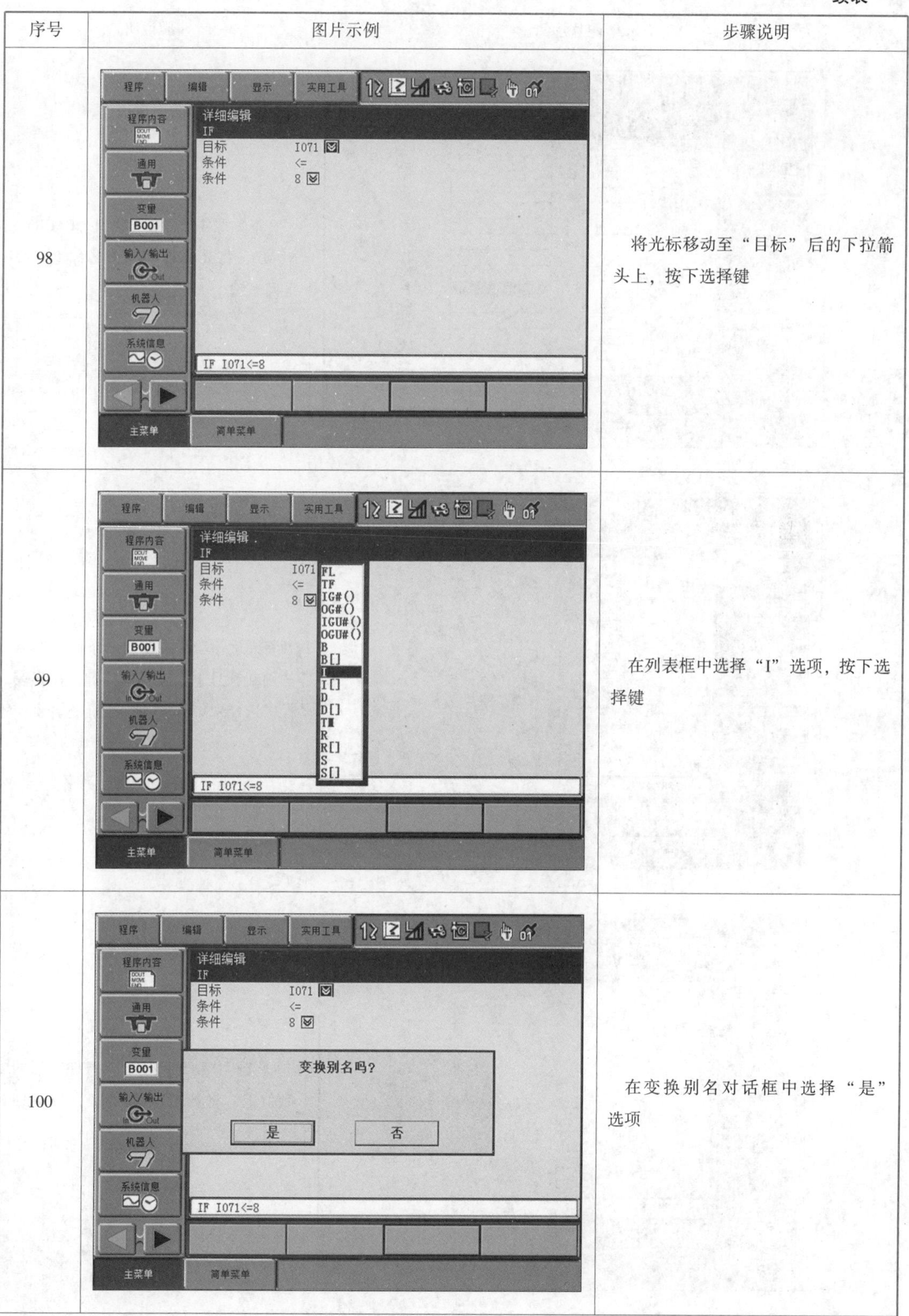

序号	图片示例	步骤说明
98		将光标移动至“目标”后的下拉箭头上，按下选择键
99		在列表框中选择“I”选项，按下选择键
100		在变换别名对话框中选择“是”选项

续表

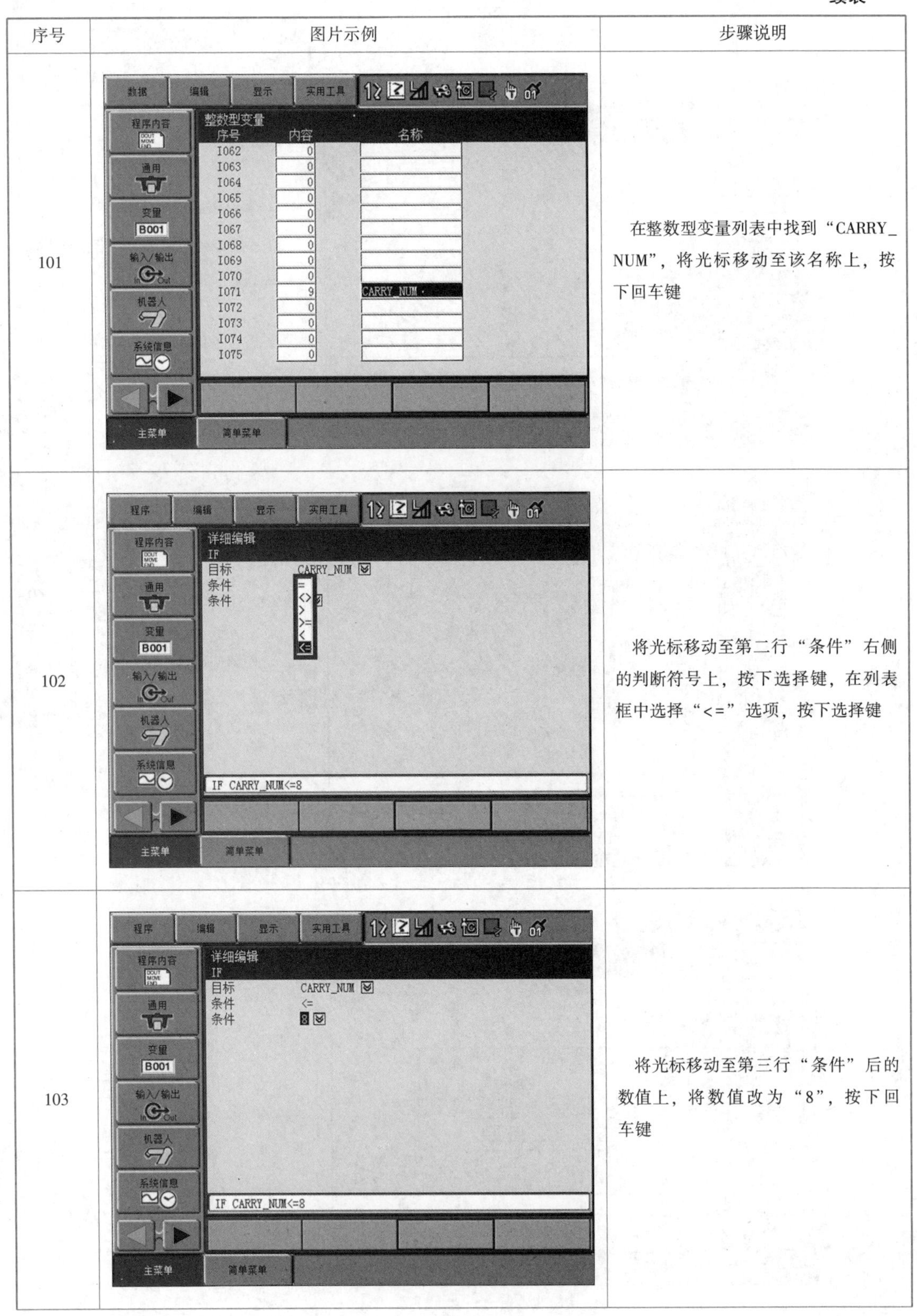

序号	图片示例	步骤说明
101		在整数型变量列表中找到“CARRY_NUM”，将光标移动至该名称上，按下回车键
102		将光标移动至第二行“条件”右侧的判断符号上，按下选择键，在列表框中选择“<=”选项，按下选择键
103		将光标移动至第三行“条件”后的数值上，将数值改为“8”，按下回车键

续表

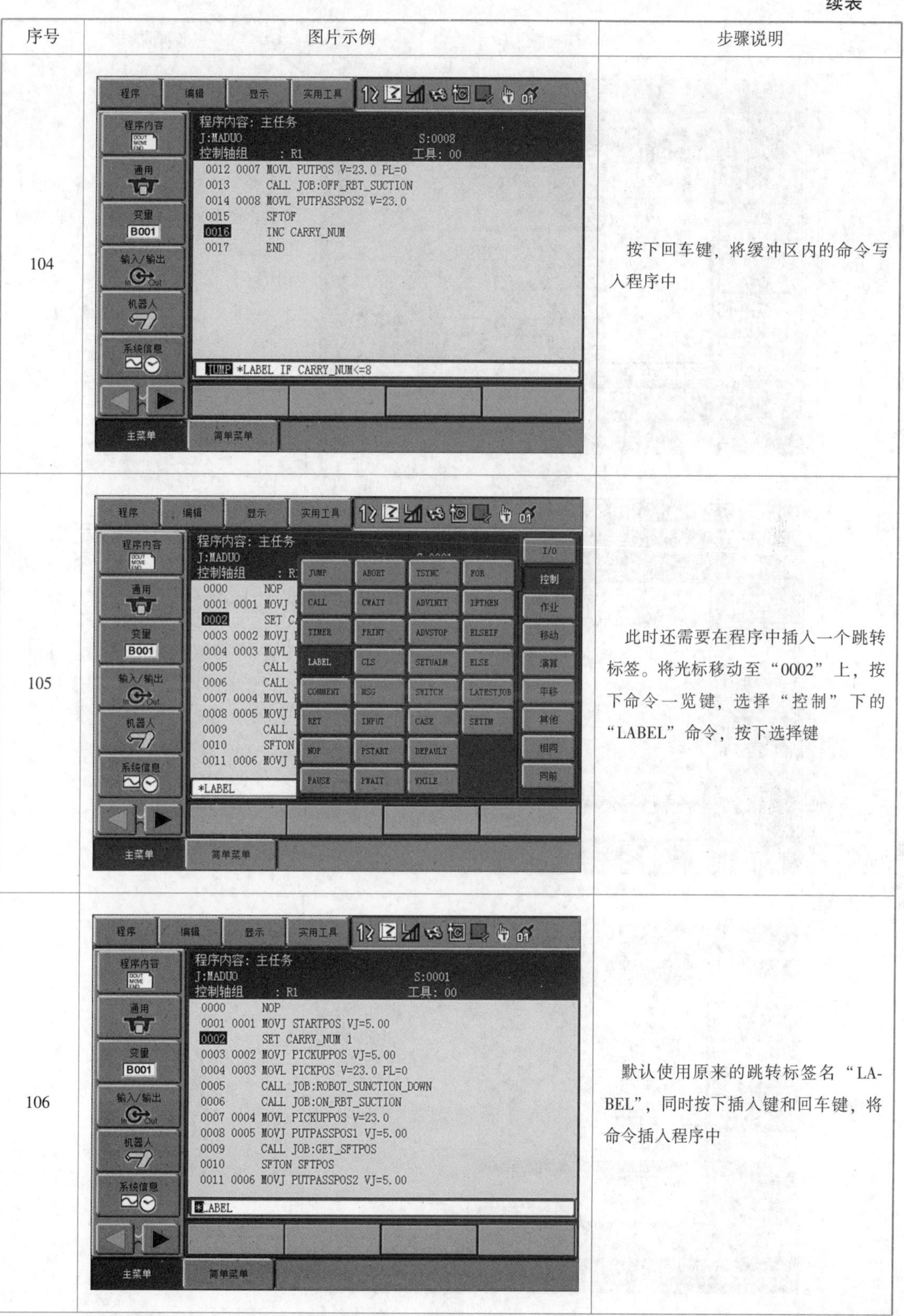

序号	图片示例	步骤说明
104		按下回车键，将缓冲区内的命令写入程序中
105		此时还需要在程序中插入一个跳转标签。将光标移动至“0002”上，按下命令一览键，选择“控制”下的“LABEL”命令，按下选择键
106		默认使用原来的跳转标签名“LABEL”，同时按下插入键和回车键，将命令插入程序中

续表

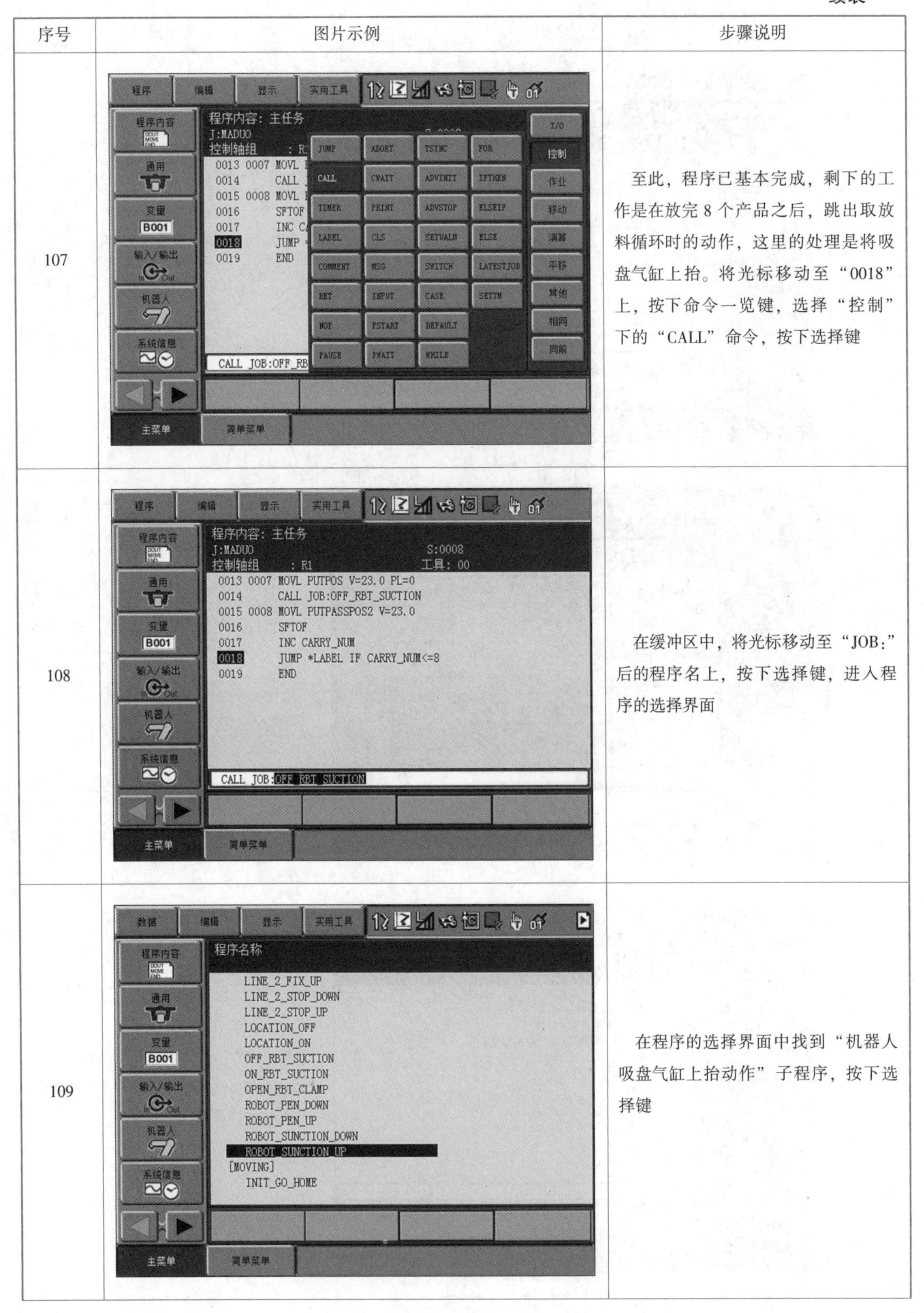

序号	图片示例	步骤说明
107		至此，程序已基本完成，剩下的工作是在放完8个产品之后，跳出取放料循环时的动作，这里的处理是将吸盘气缸上抬。将光标移动至“0018”上，按下命令一览键，选择“控制”下的“CALL”命令，按下选择键
108		在缓冲区中，将光标移动至“JOB:”后的程序名上，按下选择键，进入程序的选择界面
109		在程序的选择界面中找到“机器人吸盘气缸上抬动作”子程序，按下选择键

续表

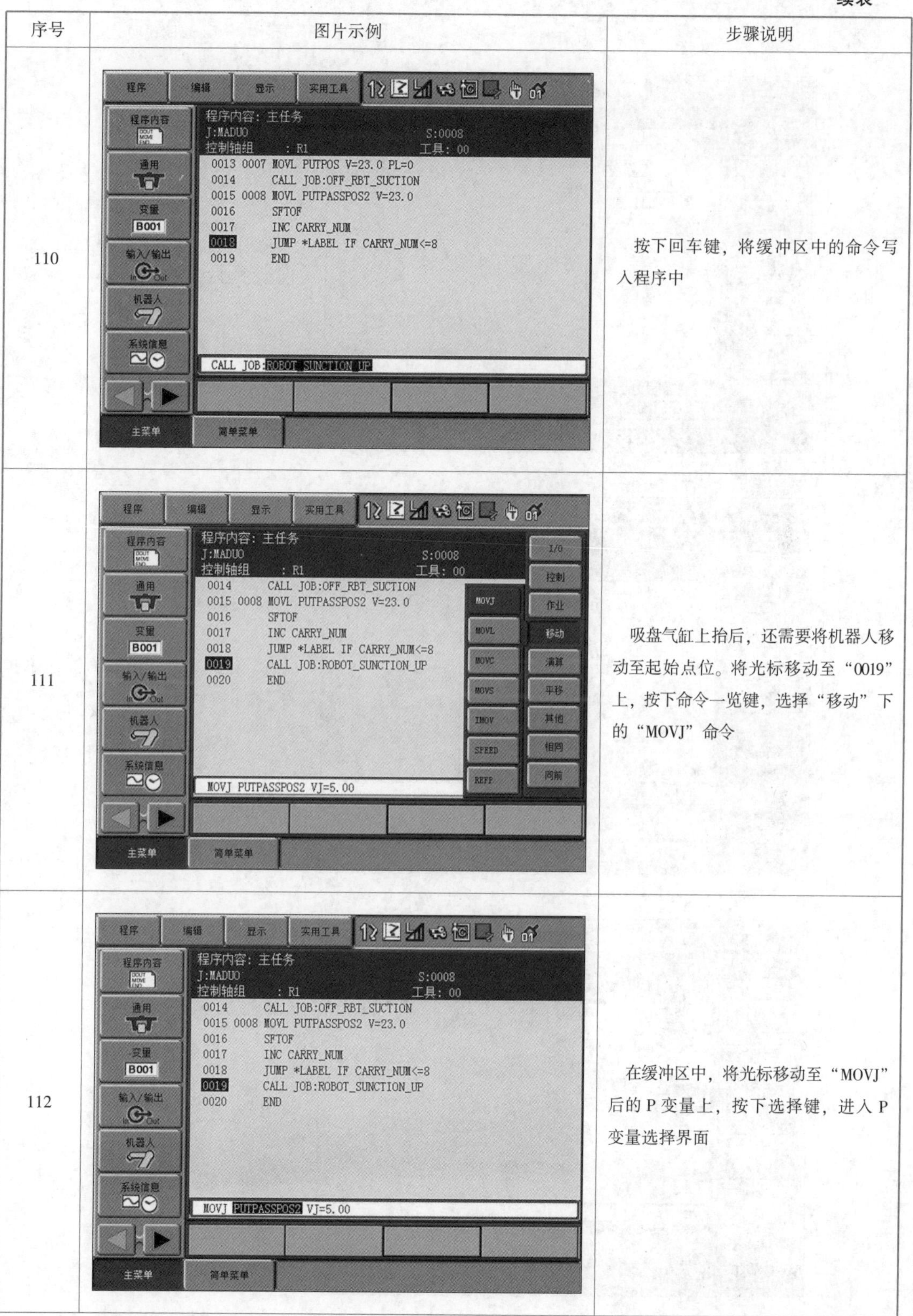

序号	图片示例	步骤说明
110		按下回车键，将缓冲区中的命令写入程序中
111		吸盘气缸上抬后，还需要将机器人移动至起始点位。将光标移动至“0019”上，按下命令一览键，选择“移动”下的“MOVJ”命令
112		在缓冲区中，将光标移动至“MOVJ”后的 P 变量上，按下选择键，进入 P 变量选择界面

续表

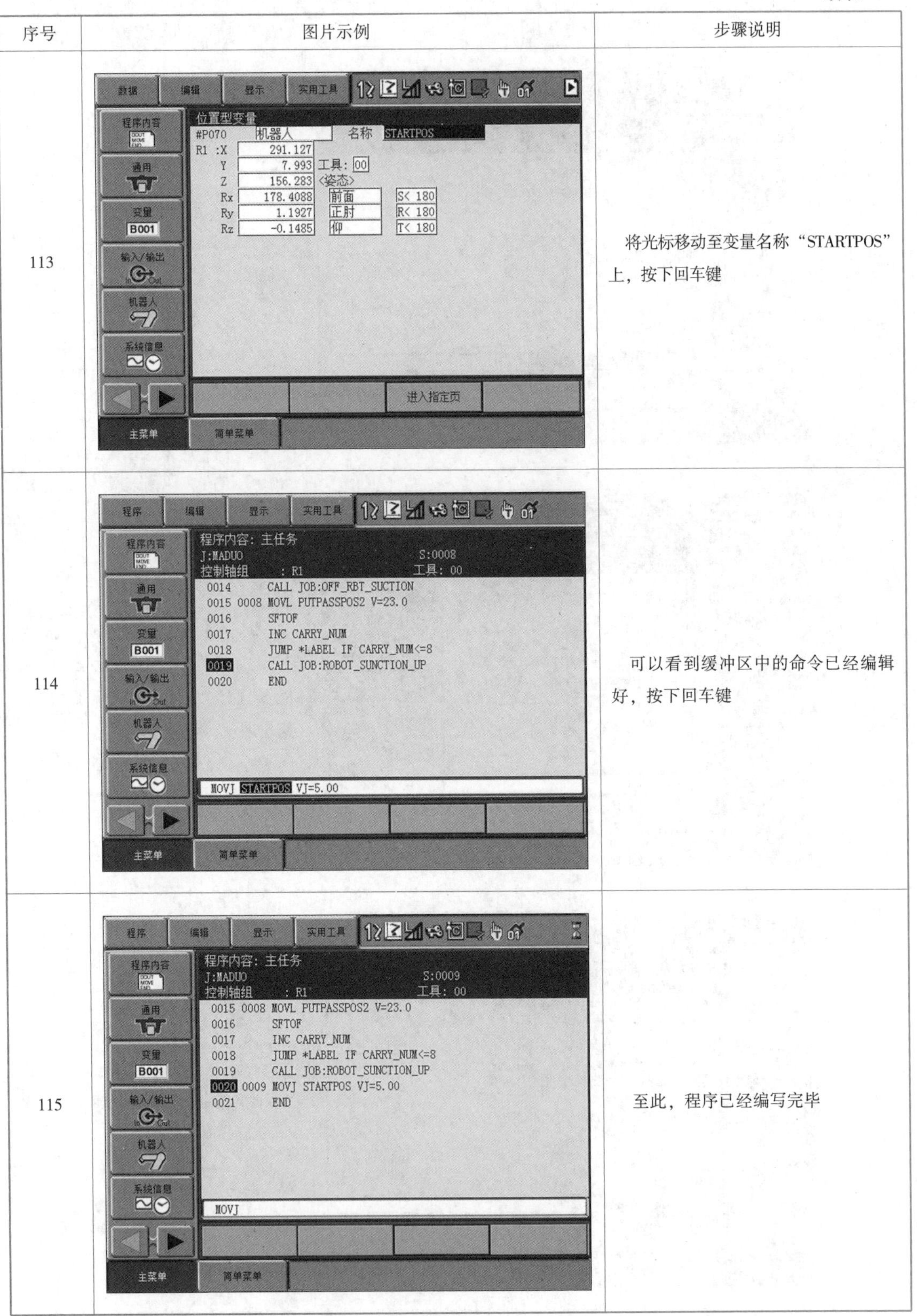

序号	图片示例	步骤说明
113		将光标移动至变量名称“STARTPOS”上，按下回车键
114		可以看到缓冲区中的命令已经编辑好，按下回车键
115		至此，程序已经编写完毕

7.4.5　参考数据

1. P 变量设置

移动机器人至固定取料点位时，需要规定对应的 P 变量，将目标点位保存至对应的 P 变量中。P 变量设置如表 7-10 所示。

表 7-10　P 变量设置

P 变量编号	变量别名	说明	坐标系	工具编号
P070	HOMEPOS	待机位置	机器人	0
P071	PICKUPPOS	取料上方过渡位置	机器人	0
P072	PICKPOS	取料位置	机器人	0
P073	PUTPASSPOS1	放料过渡点位 1	机器人	0
P074	PUTPASSPOS2	放料过渡点位 2	机器人	0
P075	PUTPOS	放料点	机器人	0
P076	SFTPOS	平移距离记录点位（根据所放位置进行改变）	机器人	0

2. I 变量设置

I 变量设置如表 7-11 所示。

表 7-11　I 变量设置

变量编号	变量别名	说明
I071	CARRY_NUM	记录当前摆放的位置数

3. D 变量设置

D 变量设置如表 7-12 所示。

表 7-12　D 变量设置

变量编号	变量别名	说明
D071	SFT_X	用来记录 x 方向的平移量
D072	SFT_Y	用来记录 y 方向的平移量
D073	SFT_Z	用来记录 z 方向的平移量

“获取当前平移量的值”子程序编写的平移量记录在 P076 中，每次放产品前，需要根据摆放物料的个数计算出平移量。

7.5　调试程序

参照搬运的操作与编程任务“6.4 调试程序”中的步骤，进行该程序的调试。

参考文献

[1] 汪励，陈小艳. 工业机器人工作站系统集成[M]. 北京：机械工业出版社，2021.

[2] 刘小波. 工业机器人技术基础[M]. 北京：机械工业出版社，2022.

[3] 张爱红. 工业机器人应用与编程技术[M]. 北京：电子工业出版社，2015.

[4] 王承欣，宋凯. 工业机器人应用与编程[M]. 北京：机械工业出版社，2019.

[5] 叶晖，管小清. 工业机器人实操与应用技巧[M]. 北京：机械工业出版社，2016.

[6] 叶晖. 工业机器人典型应用案例精析[M]. 北京：机械工业出版社，2015.

[7] 屈金星. 工业机器人技术与应用[M]. 北京：机械工业出版社，2021.